The Genesis Period
of Modern Architecture

现代主义建筑的起源

杨晓龙　著

中国建筑工业出版社

图书在版编目（CIP）数据

现代主义建筑的起源/杨晓龙著. —北京：中国建筑工业出版社，2012.5
ISBN 978-7-112-14146-3

Ⅰ.①现…　Ⅱ.①杨…　Ⅲ.①现代主义 - 建筑艺术 - 研究　Ⅳ.① TU-86

中国版本图书馆CIP数据核字（2012）第051050号

现代主义建筑的起源是一个复杂的过程，许多问题的根源可以追溯到更早的年代，但是建筑思想和风格的主要转变都发生在19世纪末20世纪初，这一时期是现代主义建筑的准备时期和过渡时期，是从传统建筑向现代主义建筑过渡的重要发展阶段，现代主义建筑的若干基本特征都在起源期形成。这一时期产生了多种不同倾向的建筑思想、风格和流派，反映了先驱者艰辛的探索历程，这些先驱者经过多年研究和实践后终于找到了现代建筑发展的正确方向。

本书从现代主义建筑产生的背景、现代技术的冲击和影响、功能主义建筑的产生、建筑时空观念的转变，以及现代主义建筑美学观念的形成等方面分析现代主义建筑的起源，论述现代主义建筑起源时期的建筑特征和思想内涵，从建筑理论层面剖析现代主义建筑的价值，对当代建筑理论研究和建筑发展具有借鉴价值。

本书可供建筑院系师生、建筑历史与理论研究工作者、文物建筑保护与管理工作者、建筑设计工作者使用，也可供文物建筑爱好者参考。

* * *

责任编辑：吴宇江
责任设计：董建平
责任校对：肖　剑　陈晶晶

现代主义建筑的起源

The Genesis Period of Modern Architecture

杨晓龙　著

*

中国建筑工业出版社出版、发行（北京西郊百万庄）
各地新华书店、建筑书店经销
北京嘉泰利德公司制版
北京云浩印刷有限责任公司印刷

*

开本：880×1230毫米　1/16　印张：14¼　字数：438千字
2012年6月第一版　2012年6月第一次印刷
定价：36.00元
ISBN 978-7-112-14146-3
（22189）

前言

现代主义建筑的起源是一个复杂的过程，是从传统建筑向现代主义建筑过渡的时期，现代主义建筑的若干基本特征都在起源期形成。这一阶段不但有很长的时间跨度，而且期间出现过多种思想、风格、流派，各自具有不同的观念和看法，经过长期的探索之后才终于找到建筑发展的正确方向，是世界建筑史的重要发展阶段。多年来，对其研究和介绍的成果不胜枚举，现代主义建筑的起源似乎已经是一个耳熟能详的研究课题。但是相关研究并不完备，随着时代发展与观念的不断更新，一些旧有问题需要从新的视角开展多层次的研究工作。正如英国学者理查德·韦斯顿（Richard Weston）在《现代主义》（Modernism）一书中所说："现代主义曾经掀起过轩然大波，也曾经有过无数的宣言与评论，并且试图向迷惑不解的公众作出各种各样的解释，然而，几乎一个世纪已经过去，人们的迷惑仍然不减当年！"[①]具体到现代主义建筑的起源也是如此，历史研究无论在广度上还是深度上都是没有止境的，现代主义建筑的起源仍是一个值得深入探索的有重要理论意义和实际应用价值的研究课题。

关于现代主义建筑的起源有着不同的诠释，由于各自的观点和侧重点不同，其结论也有很大的差异，这是学术研究领域的正常现象。多层次的史料筛选，多种研究观念的表达，多元化的诠释与论述反映了研究工作的进步，有利于学科的健康发展。越来越多的研究者已经认识到，不能脱离时代背景单纯研究建筑现象，科学技术的发展，艺术与文化等相关学科的发展对建筑的影响都不可忽视，随

① 转引自萧默主编．建筑意（第三辑）[M]. 北京：中国建筑工业出版社，2004：24。

着研究工作的进展，对现代主义建筑起源的诠释将更为深入。

几十年来，西方建筑界对现代主义建筑起源的研究和介绍做了很多卓有成效的研究工作，包括基本史实的发掘、整理，基本学术观点的提炼，以及研究成果对当代建筑理论的启迪价值等。西方建筑理论界有关现代主义建筑的研究成果和学术专著相当丰富，这些成果和著作从各自的角度研究现代主义建筑产生与发展的进程，大多涉及现代主义建筑的起源。早在1932年，美国历史学家亨利－鲁塞利·希契科克（Henry-Rusell Hitchcock）和建筑师菲利普·约翰逊（Philip Johnson）就合著出版了《国际式：1922年以来的建筑》（The International Style: Architecture Since 1922）一书，将现代主义建筑介绍给美国。不过早期的研究大多只是简单地列举实例并略加介绍，直到1958年的希契科克所著的经典著作《建筑：19世纪和20世纪》（Architecture: Nineteenth and Twentieth Centuries）仍是如此，虽然具有宝贵的史料价值，但是吝于评述，只介绍史实而较少分析研究其来龙去脉。随后的研究者则长于分析，早在19世纪，黑格尔（Georg Wilhelm Friedrich Hegel）的辩证法就深刻影响到建筑理论研究，他提出的历史进步论产生很大影响，大批建筑理论家和历史学家都受到他的影响，认为建筑是在发展进步当中，因此新建筑应该是比前代更为先进的建筑风格，他们对现代主义建筑的起源和发展的研究获得许多成果。现代主义建筑起源于一个特定的历史时代，其产生和发展必定与这个时代息息相关，对此，不同的研究者有着侧重点不同的诠释。首先当然是各类通史，如《弗莱彻建筑史》（Sir Banister Fletcher's A History of Architecture）等，对建筑历史进行了通贯性论述，并对每个时代的社会背景进行详细介绍，认为这些因素是建筑发展演变过程中不可忽视的因素。有的研究者进一步认为现代主义建筑的起源代表着当时的时代精神指向，但是其成就主要是由西方的个别建筑师取得的，然后再由这些精英人物影响到其他建筑师，如尼古劳斯·佩夫斯纳（Nikolaus Pevsner）1936年出版的《现代建筑与设计的源泉》（The Sources of Modern Architecture and Design）就明确表现出这一思想，不过佩夫斯纳更强调社会和道德等人文因素；同样认为时代精神是现代主义建筑起源的基础的西格弗里德·吉迪恩（Sigfried Giedion）在1942年出版的名著《空间、时间和建筑：一种新传统的成长》（Space, Time and Architecture: The Growth of a New Tradition）一书中则认为现代主义建筑的起源是技术和文化同时作用的产物。有的研究者把建筑的古典渊源提高到很高的高度，认为建筑是人类文化的产物，也是人类文明延续的寄托，因此，建筑历史就是人类智慧的凝聚，他们将西方古代建筑和现代建筑进行类比，从中找出相似和有延续性的地方，进行并置分析，这一思想很有市场，直到1986年大卫·沃特金（David Watkin）的《西方建筑史》（A History of Western Architecture）仍然秉承这一思路。有的研究者抓住现代建筑产生与发展的因素之一进行剖析，政治、经济、技术、理性主义等因素都有人涉及。例如雷纳·班纳姆（Reyner Banham）1960年出版的《第一机械时代的理论和设计》（Theory and Design in the First Machine Age）就抓住了现代主义建筑起源于机械时代这一特征，对技术和机械时代对现代主义建筑起源的影响进行了深入分析；彼得·柯林斯

（Peter Collins）则在 1965 年出版的《现代建筑设计思想的演变》（Changing Ideals in Modern Architecture, 1750–1950）一书中对多种因素对建筑的影响进行了分析。有的研究者更注重建筑之外的环境和条件，例如社会条件的影响，意识形态对建筑的影响等，如受到马克思主义影响的比尔·里斯贝罗（Bill Risebero）明确提出他受到马克思主义历史发展观的影响；受到马克思主义影响的还有曼弗雷多·塔夫里（Mafredo Tafuri），他的《建筑学的理论和历史》（Theories and History of Architecture）和《现代建筑》（Modern Architecture）均是名著，他在《现代建筑》一书中提出由于传统的社会劳动分配方式的改变造成我们对建筑学的认识有所改变，思维方式要适应生产结构的需要，因此他的研究从这一角度入手。还有的研究者通过建立比较的分析范畴来强调理论问题，如皮埃尔·弗朗卡斯泰尔（Pierre Francastel），他更多地以注释式的研究探索易于为前人忽视的建筑问题。德夫特里·普菲尔斯（Demetri Porphyrios）也以和他类似的方法进行研究，认为建筑不应该根据风格、主题、意识形态、艺术家、个别杰作来分别分析，而是应该研究特定时刻的建筑知识领域，对此作出分析评价，成为一种批判性的建筑史。这一思路有着广泛的呼应，例如肯尼斯·弗兰姆普敦（Kenneth Frampton）的名著《现代建筑：一部批判的历史》（Modern Architecture: A Critical History）就以批判为名。与普菲尔斯类似的研究者很多，他们关注建筑的社会背景，对常规式建筑史论述中的形式主义感到不满，认为建筑是一个整体性的概念，我们要关注的不仅是建筑或者建筑设计本身，人们对建筑的立项、建造和使用与设计一样重要，要关注一种全面的建筑，而不是简单的风格流派，如斯皮罗·科斯多夫（Spiro Kostof）1985 年出版的《建筑史：场所与仪式》（A History of Architecture: Settings and Rituals）。

国内建筑理论界对此也做了很好的研究工作，取得了很多有价值的成果，对中国的建筑理论研究和建筑发展起到了促进作用。但是仍然存在研究工作不够深入，资料发掘不尽充分，研究结论具有分歧的情况。因此对现代主义建筑的起源仍然有必要做分门别类的深入细致的研究工作。简而言之，本书的意义在于，专题研究现代主义建筑运动起源的具体问题，揭示和探索现代主义建筑运动的起源这一现象背后的原动力及其因果关系。这一研究工作不仅对外国建筑史的深入研究有着理论意义，对中国今天的建筑理论和实践也有现实的借鉴价值，顺应时代要求的现代主义建筑的起源必然有其特有的规律性，研究和总结这一规律对正在现代化道路上快速发展的当代中国建筑是有借鉴价值的。

现代主义建筑指“20 世纪中叶在西方建筑界居主导地位的一种建筑。这种建筑的代表人物主张建筑师摆脱传统建筑形式的束缚，大胆创造适应于工业化社会的条件和要求的崭新的建筑，具有鲜明的理性主义和激进主义的色彩。”[①]现代主义建筑虽然出现于 20 世纪初期，但是其酝酿和准备过程却可以追溯到 18~19 世纪，从现代主义建筑的萌芽出现之后至现代主

① 中国大百科全书编辑委员会，中国大百科全书出版社编辑部编．中国大百科全书（建筑、园林、城市规划卷）[M]. 北京：中国大百科全书出版社，1988：470。

义建筑正式产生的时期即“现代主义建筑起源期”，由于这一时期是现代主义建筑各项特征产生和发展的时期，本身已经具备了现代主义建筑的部分特性，因此也被称为“前现代主义”（Pre-Modernism）时期。

现代主义建筑产生于现代社会的大背景下，是“现代主义”（Modernism）运动的一部分。“现代主义”运动是一场范畴广阔的变革，是现代时期在社会文化条件全面转变的前提下，艺术、建筑、音乐、文学和工艺美术等范畴针对现代文化进行的改革，是一场反对过时的传统，接受现代观念，适应现代社会的革命，主要发生在19世纪中期到第一次世界大战之间的西方社会。“现代主义”运动完全改变了人们的思想观念，使他们接受和欣赏工业化时代带来的新兴事物，在这场运动之后，西方社会进入了一个全新的时代。“现代主义”运动基于科学发展和社会时代的变革，摒弃一切阻碍社会发展的传统，“现代主义建筑”（Modernism Architecture）即是这一运动的成果之一，同样具有这些特征。现代时期的建筑均可以称为“现代建筑”（modern architecture），第一次世界大战之前，建筑界的情况十分纷杂，传统建筑和变革传统适应现代社会的各种尝试交相混杂，同时并存，相互斗争，而追寻新建筑的人们也各自秉持不同的观念，造成了建筑界长期的混乱状况，最终，人们终于认识到所面对的真正问题和正确的解决方法，从而走向现代主义建筑。现代主义建筑的源头大多存在于现代建筑之中，本书所述也大多是现代建筑这一部分的内容。

现代主义建筑是一个庞大的研究课题，关于现代主义建筑的特征，不同的研究者也会有不同的看法，这在很大程度上取决于其研究观点和研究视角。如从强调社会因素的研究视角分析，现代主义建筑的产生与生活条件的变化密切相关。工业革命之后，西方城市逐渐发展成为工业和商业中心，很多城市人口迅速增长，人口密度过高，居住环境恶化，如何解决现代城市面临的问题，解决大多数普通人的生活环境问题成为建筑界需要面对的重要问题。建筑师认识到他们要承担社会责任，建筑是为社会服务的。不过这在很大程度上已经属于社会学的研究课题，而不仅仅是单纯的建筑史学课题。经济因素也是建筑活动中不可忽视的制约因素。现代主义建筑倡导的功能主义和建筑造价有着不可分割的关系；现代主义建筑的理性的审美观也与经济因素相关，反对装饰的理由之一就是不必要的装饰增加了建筑成本。第一次世界大战使欧洲各国满目疮痍、经济凋敝，用最小的代价完成战后重建成为当时社会面临的重大问题，现代主义建筑无疑是解决问题的有效途径。经济因素是现代主义建筑得以发展的重要因素和推动力量。但是经济因素同样属于影响现代主义建筑发展的社会因素，从全方位的建筑史学视角考察，经济因素是主导影响因素。但是本书的基本出发点是从建筑自身的发展规律开展研究，从这个出发点考虑，经济因素并非根本性影响因素。与此类似的还有理性主义。众所周知，现代主义建筑具有理性主义特征，但是理性主义在西方有着悠久的历史，在建筑中强调理性主义不是现代主义建筑的专利，也不是影响现代主义建筑发展的独特要素，理性主义始终是影响西方建筑发展的重要因素，理性和非理性之争的历史几乎和西方建筑的历史一样悠久。从这个出发点考虑，本书也未将理性主义列为现代主义建筑的基本特征。总之，本书研究的目标和立足点是从纯建筑视角探究现代主义建筑的起源，对它区别于之前建筑的根本性特征的产生过程进行剖析，追索其发展演变过程。

故此，本书探讨了技术因素对现代主义建筑起源产生的影响，新时空观念的出现，功能主义的产生，以及新建筑美学观的形成。现代主义建筑起源的基础之一是新建筑科学技术，一项事物的产生和发展离不开物质和精神两方面的因素，现代主义建筑起源的物质基础就是新工程结构技术、新建筑材料和结构科学，这也是新时代的建筑不同于凭借经验建造的古代建筑的重要特征。西方古代建筑将不同空间分别分隔，各空间之间缺少连通和渗透，随着艺术和哲学等领域的探索，现代时空观念有了很大的转变，建筑也接受了这一转变，空间的连通和渗透逐渐成为建筑设计的常用手法。建筑并非纯艺术作品，具有鲜明的功能要求，之前的建筑虽然也强调建筑的实用性，但是往往更注重建筑形式等因素，而现代建筑师逐渐认识到功能是建筑的首要因素和设计的出发点，并上升到功能主义的高度。新建筑风格必然具有独特的美学特征，这也是区分各个建筑时代的重要标志。上述四点是现代主义建筑起源期对建筑的重要贡献，也是现代主义建筑的重要特征，本书分别分析这四项特征，探寻其产生和发展的轨迹。

这四项特征的起源相互关联，又具有相对的独立性，产生的过程相互交叉，产生的背景和原因也不尽相同，例如技术进步可以追溯到工业革命，而功能主义则要到 19 世纪末才真正产生影响，因此本书根据其发展过程分别探讨这四项特征。在地理空间上，现代主义建筑基本起源于欧洲和美国，随后以欧美为中心影响全世界，因此，研究的地理空间范围限定在欧洲和美国。在时间上，各项特征的萌芽和形成的时间不一，形成时间可以得到相对明确的确认，萌芽出现的时间则是相对模糊的概念。从狭义的范畴讨论，只有真正具有某对象某方面的显著特征才可以认为是该对象的萌芽状态；而从广义的范畴讨论，具有了与研究对象类似的思想特征或形式特征也可以说是该对象的萌芽状态。这两种说法本身都没有错误，采用何者取决于研究者的研究目的和研究方法。本书采取介于两者之间的态度，一方面不死板地以必须具有相同特征来确定现代主义建筑的源头；另一方面，也不无限度地追溯历史渊源，大致认为现代主义建筑起源于 19 世纪，部分内容可以追溯到 18 世纪。

前言

现代主义建筑的起源

第1章

现代主义建筑产生的背景

现代主义建筑的起源有一个漫长而复杂的历史演变过程，但溯本追源，可从物质层面和精神层面两个方面作一诠释。物质层面的基础主要指建筑材料和建造技术等方面的发展，没有这些物质基础，就不会产生与之适应的新建筑风格。如没有钢铁或钢筋混凝土框架结构，仍然用厚重的外墙承重，无法打破古典建筑的厚重外观，新建筑美学观就无从谈起，取消承重墙和任意分隔室内空间的设计构思就无法实现，新建筑时空观也就不可能产生。精神层面的基础则是指建筑思想与建筑审美观的变化，只有在思想上打破传统建筑的桎梏，主动寻求适应社会发展需求的建筑风格，新建筑才会出现。在新建筑材料和新结构形式出现的初期，建筑师往往不能充分发掘、表现其特征，用新材料、新结构去模仿旧形式，或者根本就不敢使用新材料新结构。在铁结构和混凝土结构发展初期，情况就是如此。只有在建筑师有意识地主动使用现代材料和现代结构建造符合时代精神的建筑之后，现代主义建筑才得以诞生。简而言之，在物质层面上，科学技术革命与新材料新结构的产生为现代主义建筑的起源提供了可能性；在精神层面上，社会风气的转变、哲学和艺术思想发展的影响促成了建筑师对新建筑风格的探索。因此，现代主义建筑的产生与社会文化、科学技术及艺术的发展息息相关。

1.1 现代主义建筑起源期的社会与文化背景

美国著名建筑历史学家文森特·斯库利（Vincent Scully）在其《现代建筑：民主的建筑》（Modern Architecture: The Architecture of Democracy）一书中说："现代主义建筑是西方文化的产物。其形成始于18世纪后期，始于民主和工业革命塑造的现代社会。和其他时代的建筑一样，现代主义建筑试图为人类生活创造一个特殊的环境，来表现人们为达到理想中的目标而产生的思想和行动。"[①]建筑艺术作为人类文化的一个组成部分，其发展趋势是与社会发展的整体趋势一致的，社会和文化背景对其有着重要的影响。从某个角度来讲，资产阶级的兴起带来了和传统建筑不同的服务对象，他们需要与过去不同的使用需求和文化象征，现代主义建筑就始于这一转变；另一方面，思想的解放也使人们试图摆脱过去的一切束缚，新的思想文化影响到建筑的发展，从而塑造了新的建筑。

欧洲资产阶级革命始于1640年的英国资产阶级革命，这也是世界近代史的开端。17世纪初，英国的资本主义已经有了较大发展，资产阶级和新贵族的力量日益壮大，而当时的英国国王查理一世（Charles I）和贵族却在鼓吹"君权神授"，希望巩固专制统治，甚至解散议会来控制立法权并任意征税，造成工商业萧条，严重阻碍了英国资本主义的进一步发展，加剧了英国社会的阶级矛盾，造成人民起义。1648年查理一世政权被彻底击败，次年查理一世被处死，英国宣布成立共和国，资产阶级和新贵族掌握了政权。虽然1660年查理二世（Charles II）复辟，但1688年又被推翻。1689年，英国议会通过《权利法案》（全称《国民权利与自由和王位继承宣言》，An Act Declaring the Rights and Liberties of the Subject and Settling the Succession of the Crown），以明确的条文，从立法权、司法权、税收权、军权等方面限制王权，

① Vincent Scully Jr. Modern Architecture: The Architecture of Democracy [M]. London: Prentice-Hall International, New York: George Braziller, 1961: 10.

用法律形式肯定议会的权利，建立了君主立宪制，这标志着资产阶级统治在英国的确立。在英国资产阶级革命的影响下，随后欧洲大陆其他国家也先后爆发了资产阶级革命。

资产阶级统治在英国的确立，是工业革命的政治前提。英国随后推行殖民统治，掠夺拓展海外市场和廉价原料产地，并在国内通过圈地运动获得大量雇佣劳动力，这是英国工业革命的经济前提。而不断涌现的发明创造则是工业革命的科学技术前提。从 18 世纪 60 年代起，英国棉纺织业开始使用机器，工业革命由此开始，随后机器生产扩展到采煤、冶金、交通运输等各行各业，特别是瓦特发明的改良型蒸汽机投入使用后，大大推动了机器的普及和发展。欧洲工业革命的结果是以机器为主体的工厂取代了以手工技术为基础的手工作坊，首先在英国开始，后来影响到法国、美国、德国等国家。它不但是生产领域里的革命，也是社会关系的重大变革，极大地提高了社会生产力，发展了资本主义，巩固了资产阶级的统治。同时，这一时期对工厂、仓库、交通建筑和大量工人住宅建筑等建筑类型的需求也促进了建筑界对建筑功能和建筑效率等方面的思考，是现代主义建筑起源的先声。

17 ～ 18 世纪的欧洲，资产阶级虽然逐渐掌握了国家的经济命脉，但是在政治上还处于弱势，于是资产阶级发动了反对封建专制主义和教权主义，为自身争取权益的思想运动，史称“启蒙运动”。自然科学的发展，使理性学说有了科学依据和强大的生命力，资产阶级知识分子强调人的价值和权利，以宣传理性为中心的启蒙运动，涉及上帝、理性、自然、人类等基本概念及其相互关系，力求破除迷信和神秘主义，宣传当时称为自然哲学或简称哲学的科学以及理性思想。早在 17 世纪，英国就出现了早期启蒙思想，托马斯 · 霍布斯（Thomas Hobbes）认为国家并非神造，而是人根据契约创造的，约翰 · 洛克（John Locke）提出人们成立国家的目的之一是保护私有财产，所以君主不能损害人民的财产。伏尔泰（Voltaire）是法国启蒙运动的领袖，他旗帜鲜明地反对天主教会和君主专制，认为人生来平等自由，有追求生存和幸福的权利，法律要以人性为出发点，而且法律面前人人平等，人们应该享有言论、财产和信仰的自由。孟德斯鸠（Baron de Montesquieu）主张君主立宪制，提出了“三权分立”（Checks and Balances）的制度，奠定了资产阶级国家和法律的理论基础。卢梭（Jean Jacques Rousseau）认为国家的主权属于人民，统治者的权利源于他和人民签订的契约，如果统治者侵犯了人权，人民就有权推翻他的统治，这就是“社会契约”（Social Contract Theory）的思想。18 世纪中后期，启蒙主义在法国达到高峰，多名思想家和学者一起编纂了一本《百科全书》（Encyclopédie），宣扬科学和理性，并形成了以伏尔泰、孟德斯鸠和狄德罗（Denis Diderot）、达朗贝尔（Jean Le Rond d'Alembert）等人为首的百科全书派。

启蒙运动解放了当时人民的思想，使自由、平等和人权深入人心，促进了科学、经济、社会和政治变革的发展。民主思想横扫整个欧洲大陆，普通人纷纷加入阅读、写作和学习的队伍，行使着曾经是上层阶级特权的受教育的权利，而教育又使更多的人崇尚民主和自由，形成良性循环。科学和理性是启蒙运动的两个主要思想主题，启蒙运动推动科学和知识的传播，力图用技术改造和征服自然以服务人类，使理性和实证的科学精神成为时代精神。18 世纪的科学深深渗入到当时的文化和社会语境之中，科学的怀疑和批判精神也在启蒙运动中得到发扬，以牛顿（Isaac Newton）的思想为代表的自然哲学研究方法不仅在科学中应用，而且也被积极引进到科学之外的社会问题研究中，从而塑造了人们的新思维方式。18 世纪的自然哲学家相信，科学革命正在改变人类的一切活动，理性是正确方法的关键，现代主义建筑起源期的建筑师继承了这一思想，以科学和理性思想指导设计，同时，理性主义的兴起也是功能主义的源泉之一。

18 世纪的法国是欧洲大陆上的典型封建专制国家，国王将人民分为 3 个等级，分别是教士、贵族和代表多数人的市民，市民被称为第三等级，国家对他们来说罕有权利而只见负担，启蒙思想的传播和严酷的现实使人们反感专制统治，为革命提供了思想准备。1789 年，在三级会议上，第三等级者要求制定宪法，限制王权。路易十六表面同意，暗地里却调动军队准备镇压，激起巴黎人民的武装起义。7 月 14 日，起义者攻占了法国封建专制统治的象征巴士底监狱，发布《人权宣言》(Declaration of the Rights of Man and of the Citizen)，实行君主立宪制。在随后的数年里，形势几度反复，一共爆发了三次起义，结束了法国 1000 多年的封建统治。法国大革命促进了法国资本主义的发展，提出了所有人生来自由平等，人民应只效忠某一个统治者或政府，此外应享有自治权利等主张，为其他欧洲国家树立了榜样，是启蒙运动的一大胜利。

1775 ~ 1783 年的美国独立战争也是资产阶级民族民主革命，它赢得了民族独立，建立了民主共和国。英国在控制北美殖民地之后，对殖民地实行严格控制，采用高压政策，最终导致了美国人民的反抗，经过长期的战争，美国获胜，1783 年英美签订《巴黎和约》(The Treaty of Paris)，英国承认美国独立。美国独立战争是世界历史上第一次大规模的殖民地人民争取民族解放的资产阶级革命战争，实现了北美殖民地的独立，为美国资本主义和现代文明的发展开辟了广阔的道路。1776 年在大陆会议上诞生的《独立宣言》(United States Declaration of Independence) 在人类历史上第一次用正式文件宣布民主和自由的原则。美国独立战争第一次将欧洲启蒙运动的自由哲学思想大规模付诸实践，体现了一种新的进步的政治精神和价值观念，其中所体现的资产阶级的进步政治精神给欧洲乃至全世界都带来了深刻的影响。

由于封建主义与资本主义的矛盾及民族矛盾尖锐化，1848 ~ 1849 年爆发了欧洲 1848 年革命，这是主要发生在法国、德意志、奥地利、意大利、匈牙利等国家的资产阶级民族民主革命。1848 年革命是 19 世纪上半叶欧洲经济、政治、思想发展的必然结果，19 世纪中期的欧洲大陆，随着工业革命的扩展，资本主义得到发展，资产阶级思想深入人心，新兴的工业资产阶级力量日益壮大，但仍然处于封建势力的压制之下；另一方面，遭受外来压迫的东南欧各国希望结束外国统治，取得民族独立；当时的农业歉收和经济危机成为革命爆发的导火索。1848 年，意大利首先爆发资产阶级革命，驱逐外国统治者。2 月，法国发生革命，推翻七月王朝，建立共和国，3 月，德国、奥地利爆发了声势浩大的人民革命运动和武装起义，迫使封建王朝实行共和制，随后，匈牙利、罗马尼亚、捷克、波兰等国都相继出现了要求民族独立、反对封建统治的革命。虽然革命先后失败，但是沉重打击了封建专制制度，为资本主义的发展扫清了道路。

随着一系列资产阶级革命和启蒙精神的传播，社会文化产生了深刻的变革，一个截然不同的社会形态给建筑师很大的冲击，建筑界对古代建筑的自信感消失了，他们接受了民主思想，建筑从为君权和神权等权贵服务转向为新兴的中产阶级乃至普通民众服务。在启蒙思想不断得到实现的激励下，人们对于未来的发展充满憧憬，当时的建筑家和理论家提出，每个时代的建筑都是特定时期的社会、文化、经济、思想和艺术状况的集中体现，不同的时代需要不同的建筑，因此传统建筑已经不再适合当时的时代，要有新建筑风格来表现新时代，基于这一思想，建筑师们进行了长期的探索；同时，资本主义经济的发展使城市中的商人、律师、代理人和职员等中产阶级以及产业工人的人数大增，由此也促进了建筑业的发展，构成了探索新建筑的物质需求；由于精神层面和物质层面的双重需求，对新建筑的探索就顺理成章地蓬勃开展起来。

欧洲的政治民主化使资产阶级的地位和财富不断提升，而为他们创造财富的产业工人的

图 1-1　19 世纪的伦敦贫民窟
来源：L· 贝纳沃罗 . 世界城市史 [M]. 薛钟灵，余靖芝，葛明义，岳青，赵小健译 . 北京：科学出版社，2000：793。

生活条件却没有得到改善，工业城市人口暴增，而城市规划相对落后，开发商往往利用他们手中的土地，修建尽可能多的建筑，造成拥挤不堪的建筑面貌，使城市布局混乱、环境恶劣，对此，建筑界的有识之士提出了相应的应对设想（图 1-1）。由于工业城市破坏了自然环境，对环境的恢复就成为探索的首要内容。如 19 世纪初，罗伯特 · 欧文（Robert Owen）和傅立叶（Charles Fourier）等的空想社会主义城市规划；19 世纪末，英国政府授权霍华德（Ebenezer Howard）对城市状况和居住问题进行调查并提出解决方案，他提出“田园城市”（Garden City）的设想，认为要控制城市规模，建立卫星城（图 1-2）；几乎同时，法国人托尼 · 加尼尔（Tony Garnier）提出“工业城市”（Industrial City）的设想，对城市进行明确的功能分区，对城市交通和居住都进行了分析；美国则将城市以方格网划分，来应对工业和人口集中的问题等（图 1-3）。这些规划思想虽然不能完全解决现代城市产生的问题，但是对城市功能和大量居住建筑的分析促进了对大量性建筑和功能问题的思考，对现代主义建筑的起源起到了积极的促进作用。

19 世纪 70 年代，第二次工业革命几乎同时发生在几个先进的资本主义国家。第二次工业革命时期的技术发明不同于第一次工业革命时期许多技术发明来源于工匠的实践经验，是建立在 19 世纪各门自然科学理论体系的建立和科学理论发展的基础之上的，表明了知识阶层的能力和贡献的提高。建筑师作为知识阶层的一分子，同样秉承了以自身知识造福社会的理念，越来越多的建筑师持有以建筑服务和改造社会的崇高理想，探索适合时代需要的新建筑自然成为建筑师们的目标。同时，新科学技术带来的社会变革也为艺术和建筑理论的探新

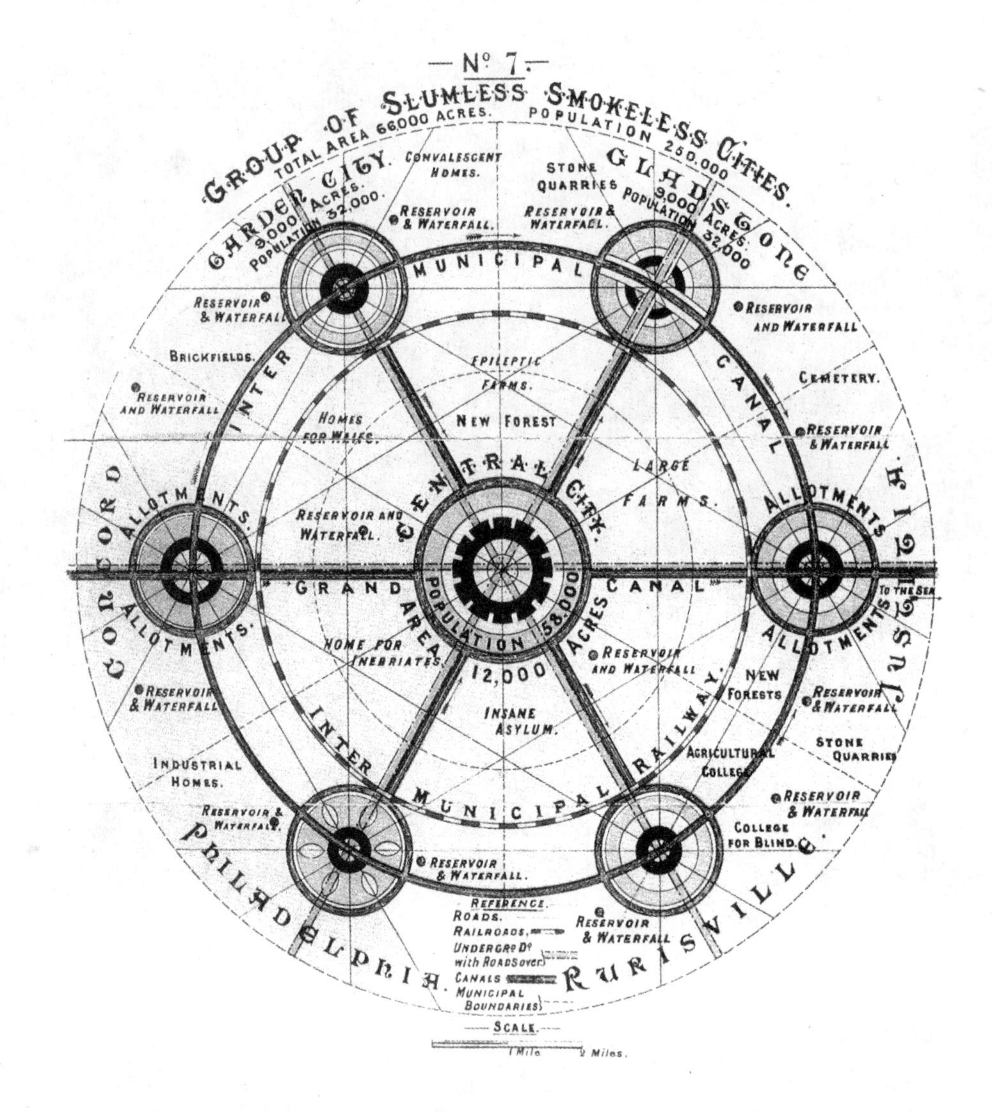

图 1-2 “社会城市”（Social Cities）图解
霍华德根据“田园城市”思想提出的一个设计方案
来源：斯皮罗·科斯托夫．城市的形成——历史进程中的城市模式和城市意义 [M]. 单皓译．北京：中国建筑工业出版社，2005：194。

提供了动力，人们已经普遍认识到旧有的理论和风格不再适应飞速发展的时代需求，而不断出现的新生事物促使他们在力图适应现有社会条件的同时还要积极进取，面向未来，这一时代精神促进了建筑的发展和进步。除了时代精神的影响之外，这一时期的经济繁荣也造就了建筑业的繁荣，大量的建筑需求为探索新建筑提供了动力和支持；科学技术的发展为新建筑提供了技术保障；新的交通通信工具等的产生还促成了现代时空观的出现。在经过世纪之交的纷扰之后，现代主义建筑已经呼之欲出。

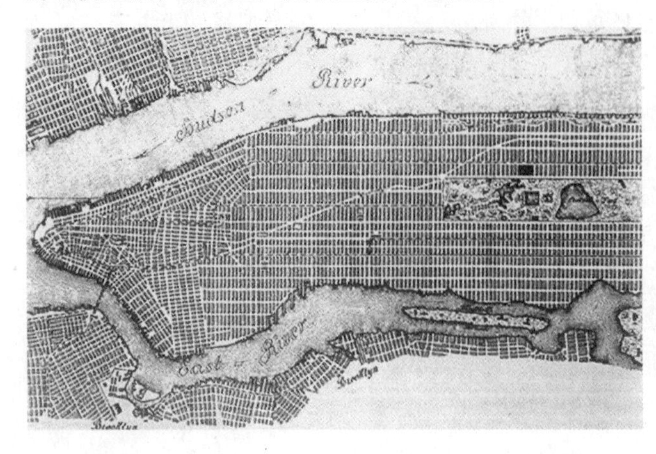

图 1-3 19 世纪初的美国纽约曼哈顿地图
来源：Carol Willis. Form Follows Finance:Skyscrapers and Skylines in New York and Chicago [M].New York：Princeton Architectural Press, 1995：36.

在第二次工业革命的推动下，欧美经济迅速发展，但是国家之间的经济政治发展并不平衡，新兴强国面对已经瓜分完毕的世界，只有采用战争手段来夺取殖民地，而且欧洲各国之间早已形成了不少矛盾，于是以萨拉热窝事件为导火索爆发了第一次世界大战。大战于 1914 年开始，1918 年结束，造成了惨重的人员和财产损失。战后的欧洲满目疮痍，急需重建，但是战争造成经济衰退、工业产能不足，这就需要建设本着节约和高效的原则进行，促使建筑师在设计中使用廉价高效的现代技术和材料，并自觉取消了靡费的装饰，发展出适合新技术新材料的新风格，现代主义建筑得以逐渐发展完善并确立了主导地位。

1.2　科学技术革命与新建筑产生的科学技术基础

科学和技术革命为建筑科学的发展提供了基础，在此基础上发展出的新材料、新技术、新建筑设备和新施工方法把建筑带上了新高峰。在钢铁和混凝土取代砖石用于建筑结构后，人们可以更加经济高效地进行建造，用较小的结构体积得到更大的结构强度，不断打破建筑高度和跨度的纪录；钢铁和钢筋混凝土框架结构取消了承重墙，为建筑带来了很大的自由度，建筑师可以任意布置外立面和室内空间；科学的结构计算方法的出现为建筑师对建筑极限的挑战提供了安全保证；这一切都是与科学和技术革命带来的科学技术进步分不开的。科学技术的发展为建筑的实现提供了新手段，建筑的发展反过来对科学技术提出了更高的要求，二者共同发展，相互促进，推动了建筑的发展进步。

16 世纪中叶到 17 世纪末叶的科学革命对人类文明发展产生了重大影响，使人们对自然界的认识从蒙昧转向科学，改变了人在自然界面前无知的状态，科学开始从哲学中分化出来，逐渐形成物理、化学、天文学等独立学科，这些独立学科不断系统化，形成了近代意义上的科学，随后在科学革命理论指导下产生了技术革命，开创了伟大的创造时代。

静力学的概念早在古代就已出现，古希腊数学家、力学家阿基米德（Archimedes）就用严格的几何方法论证力学的原理，确立了杠杆定律，他将熟练的计算技巧和严谨的证明融为一体，并在实践中将抽象理论和工程技术的应用紧密结合。1678 年英国科学家罗伯特 · 胡克（Robert Hooker）通过试验证明弹簧所受的外力与伸长量有成正比的关系，这就是胡克定律。后来线弹性材料在复杂应力状态下的应力应变关系称为广义胡克定律，它由实验确定，通常称为物性方程，反映弹性体变形的物理本质，弹性力学就此起步。莱布尼兹（Gottfriend Wilhelm Leibniz）和牛顿分别发明了建立在函数与极限概念基础上的微积分理论，为数学计算提供了新工具。自此，建筑结构科学随着理论和实践的深入逐步发展起来。

1709 年，亚伯拉罕 · 达比一世（Abraham Darby）建造了世界上首座高炉，并创造性地在这座高炉里以焦炭代替木炭作为能源来熔炼铁矿石。在此之前，铁矿石是放在填满木炭的小熔炉里熔炼的，效率很低，达比发现煤能够变为焦炭而且比木炭便宜得多，有了廉价的燃料和高效率的工具，从此铁可以批量生产，但产品中含有较多的碳杂质，只适用于浇铸。为了脱去碳杂质，冶炼出具有良好延展性的熟铁和钢，1776 年约翰 · 威尔金森（John Wilkinson）首先使用鼓风机向熔铁炉吹入空气，使空气中的氧与碳起化学反应生成一氧化碳或二氧化碳挥发掉。1784 年，亨利 · 科特（Henry Cort）通过对熔化的铁进行搅炼，使钢的生产大有改进。为了跟上制铁工业的不断增长的需要，采煤技术不断进步。蒸汽机用于矿井排水大大提高了效率，1815 年汉弗莱 · 戴维爵士（Sir Humphry Davy）发明了安全灯，减少了开矿中的危险。英国的煤产量从 1770 年的 600 万 t 上升到 1800 年的 1200 万 t，进而上升到 1861 年的 5700 万 t，同时，英国的铁产量从 1770 年的 5 万 t 增长到 1800 年的 13

万 t，进而增长到 1861 年的 380 万 t。而且成本不断降低，美国钢铁大王卡内基（Andrew Carnegie）声称 19 世纪末，他的钢铁厂“从苏必利尔湖开采 2 磅[①]铁矿石，运到匹兹堡；开采 1 磅半煤制成焦炭并运到匹兹堡；开采半磅石灰运到匹兹堡；在弗吉尼亚开采少量锰矿，运到匹兹堡——这 4 磅原料制成 1 磅钢，对这磅钢，消费者只需支付 1 美分”[②]。

铁已丰富和便宜到足以用于一般的建设，为铁路、货轮、蒸汽机和蒸汽机车的生产和建造提供了可能和保证，人类逐渐跨入钢铁时代。

随着煤和铁在工业生产中的重要性逐渐提高和国际贸易的增长，传统的工业中心逐渐从棉纺城镇转向采矿地区、钢铁城镇和造船城镇。离开贸易的生产是没有意义的，所以交通运输的重要性也逐渐上升，最初客货运交通网由公路和河海组成，在铁路的运输能力和速度超过马车和水运，成本也不断下降之后，投资迅速转向铁路，甚至造成了 19 世纪 40 年代起的“铁路狂热”（Railroad Enthusiasm）。新成立的铁路公司任命工程师进行铁路设计，并且负责监督选择承包商进行工作。总承包商则将工程分段再承包给分包商，工作量和酬金通过计算确定。18 世纪具备材料力学知识的工程师和结构的精确性造就的估算师使承包商可以精确控制成本，采用科学的施工方式进行建造，工匠式建筑师的时代彻底结束了。

在经历了很多工程事故之后，工程师们充分认识到结构计算的重要性，对重大工程还预先在大模型上进行试验，力学得到发展，工程结构理论逐步建立起来。18 世纪的铁路和铁桥建设的一系列成功充分说明了这一点（图 1-4）。这些结构工程经验随后用于建筑，铁在建筑中的地位逐渐得到提高，并从使用铁过渡到使用钢。

1856 年英国军事工程师贝塞麦（Bessemer）提出将熔化的生铁放入转炉内，吹进高压空气，使生铁中所含的硅、锰、碳、磷燃烧掉，从而炼出钢来，他发明了梨形可动式转炉，只花 10min 就可把 10 ～ 15t 铁水炼成钢，如果用搅拌法则需要几天时间，转炉炼钢法是一种生产率高、成本低的炼钢方法，成为冶金史上的一大创举。但是，贝塞麦发明的转炉是酸性转炉，在酸性转炉环境中，磷很难被氧化除掉。1879 年托马斯（Sidney Gilchrist Thomas）发明了用添加含镁的石灰石填料来吸收掉熔铁中所含的氧化磷或磷酸杂质的碱性转炉炼钢法。1856

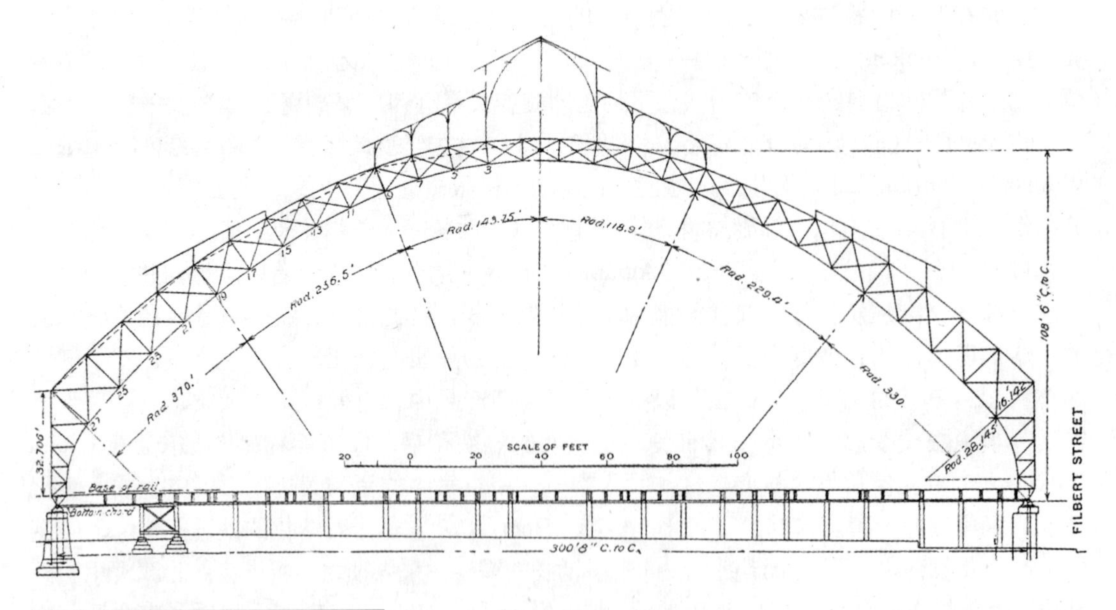

图 1-4　19 世纪美国费城火车站的精确结构

来源：Carroll Louis Vanderslice Meeks. The Railway Station：An Architectural History [M]. London: The Architectural Press, 1957：167.

① 1 磅 = 453.59237 克。

② [美] 斯塔夫里阿诺斯 . 全球通史: 从史前史到 21 世纪 [M]. 第 7 版 . 童书慧，王昶，徐正源译 . 北京: 北京大学出版社，2005：491，493。

年，德国工程师威廉·西门子（William Siemens）获得以蓄热原理用于所有需要大量热能的炉子的专利，1864年，法国工程师马丁（Pierre-Émile Martin）对此加以改造，发明了平炉炼钢法。同转炉炼钢法相比，平炉炼钢可大量使用废钢，而且生铁和废钢配比灵活；对铁水成分的要求不像转炉那样严格，可以使用转炉不能用的普通生铁；能炼的钢种比转炉多，质量更好。随着理论和材料的不断进步，高质量的钢铁开始大量应用在建筑工程上。

图1-5 伦敦西恩公园一部
来源：Werner Blaser. Metal Pioneer Architecture [M]. Zürich: Waser Verlag, 1996：78.

铁的材料性质比起砖石来具有明显的优势，随着纤细的铁柱代替承重墙，框架结构逐渐发展成熟，带来了和传统建筑完全不同的结构形式和美学特征，对建筑时空观和美学观的发展有很大的影响。在铁广泛用于建筑的同时，混凝土也得到大量应用，钢铁和混凝土的结合体钢筋混凝土是对现代主义建筑的起源意义最为重大的发明之一，它具有砖石可以具有的一切特征，而且性能远远超出，至此，传统建筑的一切印记都可以扫除，现代建筑师可以完全使用现代技术和材料进行设计，创造出完全符合现代时代要求的建筑（图1-5）。

19世纪，自然科学的重大突破，为新技术革命创造了条件。1870年以后，第二次工业革命来临，科学技术的发展主要表现在电力的广泛应用，内燃机和新交通工具的创制，新通信手段的发明和化学工业的建立等四个方面。电力的广泛应用源于电磁学的产生和发展。1831年，英国科学家法拉第（Michael Faraday）在实验中发现磁铁与金属线的相对运动是由磁生电的必要条件，证实了电磁感应现象；1865年，英国科学家詹姆斯·克拉克·麦克斯韦（James Clerk Maxwell）发表《电磁场的动力学理论》（A Dynamical Theory of the Electromagnetic Field），建立了系统的电磁学理论，进而推断出电磁波的存在，在此基础上，人类制成了发电机和电动机，并发明了电报和电话等新型通信工具；1882年，法国科学家德普雷（Marcel Deprez）发现了远距离送电的方法，美国发明家爱迪生（Thomas Alva Edison）建立了美国第一个火力发电站，优良而价廉电力能源的广泛应用，推动了电力工业和电器制造业等一系列新兴工业的迅速发展，电气时代正式到来。1876年，德国人奥托（Nicolaus August Otto）制成了四冲程内燃机，使用煤气为燃料；19世纪80年代中期，德国发明家戴姆勒（Gottlieb Daimler）和本茨（Carl Benz）提出了以汽油为燃料的轻内燃发动机的设计；19世纪80～90年代，德国工程师狄塞耳（Rudolf Diesel）设计了一种效率较高的内燃发动机，因为它可以使用柴油，又名柴油机。内燃机的发明解决了交通工具的高效动力问题，引起了交通运输领域的革命性变革。以内燃机为动力的汽车、内燃机车、远洋轮船、飞机的涌现宣告了交通运输新纪元的到来。另一方面，内燃机的发明还推动了石油开采业的发展和石油化学工业的产生。石油也像电力一样成为一种极为重要的新能源。此外，化学理论的发展使化学工业这一新兴工业部门日趋重要，塑料和人造纤维等化学发明改变了人类的生活，为工业的进一步繁荣作出了贡献。

技术革命带来的批量化大生产和预制装配原则对建筑产生很大影响，建筑构件的标准化预制生产导致了工艺技术的变革，而且建筑现场的施工工艺也随之机械化，工业上的需要还

图 1-6　土根哈特住宅（Tugend hat House）
来源：Arthur Drexler. Ludwig Mies Van Der Rohe [M]. Londen: Mayflower, 1960：58.

带动了暖气、通风、照明、卫生设备等新技术设备的发展，这些设备随后也用于其他类型的建筑。这些设备的出现也是和第二次工业革命分不开的，使用电力的设备完全改变了人们的生活，这一影响也在建筑中鲜明地体现出来。拥有全套现代化设备的建筑既给了建筑师更大的自由也带来了更多的挑战；一方面这些设备使建筑设计的限制减少，例如电灯的发明使自然照明的重要性下降，房间的进深可以增加，再如电梯和现代通风、防火、供暖技术的出现使高层建筑的适用性显著提高，形制更加自由；另一方面如何调整建筑设计以适应现代化设备的需要，并最大程度地发挥其优点也成为建筑师面对的重要课题（图 1-6）。

此外，新科学技术影响到社会风气，造成了多种观念的转变，包括现代时空观和建筑使用现代手段表现时代特征等。如何在变革了的环境背景中创造能与之适应的高品质建筑，如何适应新时代精神，发展新的审美观和建筑理念成为建筑师面临的首要课题，他们的选择无疑是现代主义建筑。

1.3　19 世纪与 20 世纪初的艺术发展概况

建筑作为一门艺术，不可避免地会受到社会整体艺术风气的影响。在众多艺术门类中，绘画和雕塑与建筑同属造型艺术，其关系非常密切，是对建筑影响最大的艺术门类，其他艺术门类对建筑的影响则属间接影响。

17世纪欧洲的代表艺术风格是巴洛克艺术（Baroque，图1-7），18世纪上半叶则是兴起于法国后来风靡欧洲的洛可可艺术（Rococo，图1-8）。18世纪下半叶，出现了两种不同的艺术潮流，对古罗马遗址的发掘激发了对古典文化的倾慕，从而引发了古典复兴（Classical Revival，图1-9），而出于对自然的美和对中世纪的迷恋，发展出浪漫主义（Romanticism，图1-10），这两种艺术风格同时并存，并延续到19世纪初期，这也是这一时期的主流建筑风格。随着资产阶级革命的胜利和工业化的进展，资产阶级的审美趣味逐渐影响到艺术的发展，意识到古典艺术限制了新生艺术风格的发展的艺术家们通过不懈地探索，最终将艺术引上现代之路。

19世纪中叶，新古典主义和浪漫主义渐趋没落，一部分艺术家不满足于固步自封，进行无休止的重复创作，决定抛弃古典艺术对宏伟和崇高的表现，将现实生活纳入作品，创造"当代的"艺术。法国画家库尔贝（Gustave Courbet）是法国"写实主义"（Realism）开创者和代表人物，他发表了著名的《写实主义宣言》（Realist Manifesto），认为绘画本质上是一种具体的艺术，只能描绘现实和存在的事物，美术在本质上是当代的，主张如实表现现实，反对因袭和模仿。这一思想不但对美术界有很大影响，还影响到当时的批判写实主义文学等。随后写实主义在法国流行起来，出现了杜米埃（Honore Daumier）、科罗（Jean-Baptiste Camille Corot）和米勒（Jean-Francois Millet）等著名写实主义画家，与科罗和米勒关系密切的一批画家还形成了"巴比松学派"（Barbizon School），他们的作品各有特色，总体上都力图忠实表现他们的生活环境。写实主义在东欧和美国也有很大的影响，如19世纪俄国最伟大的画家列宾（Ilya Efimovich Repin）等人都以描绘现实生活见长。1848年在英国还产生了"拉斐尔前派"（Pre-Raphaelite Brotherhood），这些艺术家反对学院派传统，希望绘画具有意

图1-7 普罗密（Francesco Borromini）圣卡罗教堂（S.Carlo Alle Quattro Fontane）（左）

来源：John Summerson. The Architecture of the Eighteenth Century [M]. London: Thames and Hudson, 1986：8.

图1-8 弗朗索瓦·居维利埃（François Cuvilliés）设计的阿玛琳堡（The Amalienburg Pavilion）室内（右）

来源：John Summerson. The Architecture of the Eighteenth Century [M]. London: Thames and Hudson, 1986：30.

图 1-9　巴黎歌剧院（Opera House，Paris）
来源：John Summerson. The Classical Language of Architecture [M]. London: Thames and Hudson, 1980：118.

图 1-10　英国国会大厦（House of Par liament）
来源：David Watkin. A History of Western Architecture [M] . 2nd edition. London: Laurence King, 1996：402.

大利文艺复兴时期的大师拉斐尔（Raffaello Sanzo）之前那样的淳朴风格和道德内容，能发挥改良社会的功能。写实主义艺术面向社会现实、反对传统的精神源自启蒙运动所提倡的人本和反传统的思想，建筑的发展同样受到这种思想的影响，提倡反映时代和为人的需要服务。

19世纪60年代，印象主义（Impressionism）兴起，并在70～80年代达到高峰。印象主义者在19世纪现代光学理论等科学的启发下，注重绘画中对外光的研究和表现，提倡走出画室，进行户外写生，用写生的方法捕捉自然界的景色，直接描绘阳光下的物象，描绘他们对世界的印象。他们根据画家自己眼睛的观察和直接感受，表现微妙的色彩变化，作品的内容和主题不再重要，要表现的对象主要是光色等视觉感受，创造出清新自然的艺术面貌。印象主义继承了现实主义对当代生活的表现，把这一风格推向了极致，同时印象主义在创作中弱化形体的结构以及轮廓，导致形体和背景的融合，成为现代艺术的萌芽。

19世纪末期，一些曾经受到印象主义影响的艺术家认为绘画不能仅仅像印象主义那样去模仿客观世界，而应该更多地表现画家对客观事物的主观感受，开始反对印象主义，其中最重要的有保罗·塞尚（Paul Cézanne）、梵高（Vincent van Gogh）和高庚（Paul Gauguin），他们被称为后印象主义派（Post-Impressionism）。塞尚试图创造一种新的坚实结构，力图对所见事物进行理性综合。他在创作后期趋于几何结构，1904年在致埃米尔·贝尔纳（Émile Bernard）的信中表示，他相信一切自然物体在艺术中都可以简化为某种基本形状：立方体、锥体、圆柱体，随后的立体主义（Cubism）和抽象艺术都受到他的影响。高庚力图摆脱古典和写实的画法，反对模仿自然，主张不要面对实物，要凭记忆作画，提倡综合性和象征性的美学原则，他对形、色和线的思考已经接近抽象艺术。梵高具有独特的个性和强烈的魅力，他的画风强烈表现了自己的个性，常用夸张或简化的手法，感情洋溢。后印象主义虽然没有创造出真正的现代艺术，但是塞尚、梵高和高庚对现代艺术的影响使人们尊他们为现代艺术之源。

随后，受印象主义的影响，出现了新印象主义（New-Impressionism），19世纪80年代后期，一些受印象主义影响的画家进行了技法改革，画面上不出现轮廓和线条，而是用色点或小笔触布满画面，由于人类的视觉会自动将色点混合成画面，所以观察者在一定距离上看到的还是完整的画面，这一画派将绘画感觉上升到理性分析，并使用了几何学和形式结构要素，向抽象艺术迈进了一步。

象征主义（Symbolism）是19世纪末期流行于欧洲的艺术思潮，与法国诗坛的象征主义运动有关联，并受到主张“为了艺术而艺术”的英国唯美主义文学运动（Aesthetic Movement）的影响。它反对印象主义和写实主义所标榜的原则，认为它们乏味而缺乏艺术应有的神秘感，企图用视觉形象表达神秘和隐蔽的感觉。1886年9月18日，诗人莫雷亚斯（Morèas）在巴黎《费加罗报》（Le Figaro）发表《象征主义宣言》（le Manifeste du Symbolisme），认为艺术的本质在于“为理念披上感情的外衣”。评论家阿尔贝·奥里奥（Albert Aurier）于1891年在《法兰西信使》（Mercure de France）发表论文，阐述象征主义的观念——艺术品唯一的理想在于表达观念，要以形式表达观念，并以一种普遍认知的模式来呈现这些形式和符号，它所描述的事物绝不是客观对象，而是主观认知观念的表征，必然是装饰绘画。象征主义将艺术由客观引向主观，其哲学认为艺术的唯一目的是对理念的表现，是欧洲艺术从传统向现代迈进的起点。

19世纪后期至20世纪初期有两次艺术运动和建筑的关系十分密切，这就是工艺美术运动（Arts and Crafts Movement）和新艺术运动（Art Nouveau）。工艺美术运动的主要人物有约翰·拉斯金（John Ruskin）和威廉·莫里斯（William Morris），他们为了抵制工业化对传

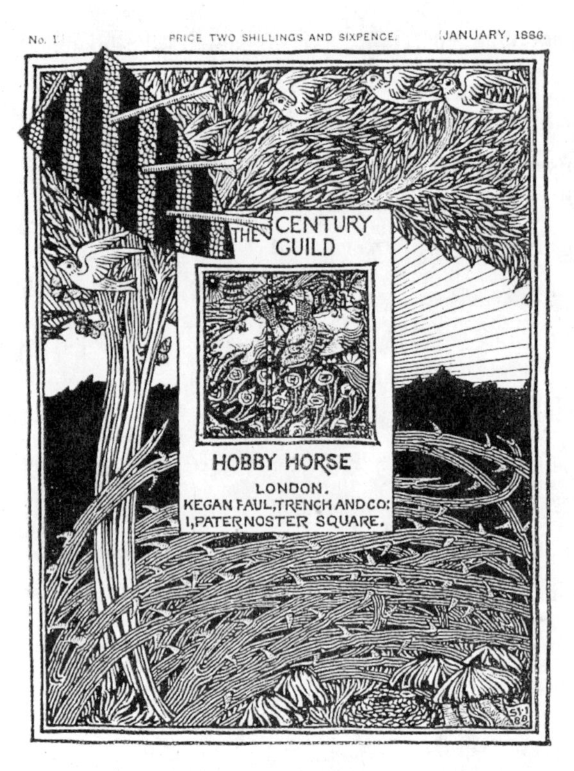

图 1-11 工艺美术运动封面设计
来源：Elizabeth Cumming, Wendy Kaplan. The Arts and Crafts Movement [M]. London: Thames and Hudson, 1991：24.

统建筑和传统手工业的影响，提倡复兴“真实”的中世纪的哥特式风格来对抗工业化制造，主张功能、材料和造型结合。但是工艺美术运动是基于对工业化的憎恶和向往自然的浪漫主义情调之上的，他们把机器看作是文化的敌人，向往过去的思想无疑是历史的倒退（图 1-11）。新艺术运动的名称源于萨穆埃尔·宾（Samuel Bing）在巴黎开设的一间名为“新艺术之家”（La Maison Art Nouveau）的商店，他在那里陈列的都是这一风格的作品。新艺术运动反对历史样式，要创造一种前所未有的，适应工业时代精神的装饰方法，使用铁制作植物形态的装饰（图 1-12）。工艺美术运动和新艺术运动同样反对当时流行的古典形式，虽然它们都没有找到正确的道路，但是它们对当时的建筑传统的质疑和颠覆打破了古典建筑对建筑的束缚，为探索新建筑开拓了道路。

进入 20 世纪，当时年轻的前卫艺术家们创造出了多样化的艺术风格，不同艺术之间，以及艺术与科学之间的借鉴和渗透产生了各种实验性的创新。野兽派（Fauvism）注重线条和色彩的表现力，用强烈的色彩和夸张的变形来创造艺术效果，艺术家的兴趣在于色彩构图，用简练的形式和强烈的色块对比来表达内心的情感。德国的表现主义（Expressionism）同样利用线条和色彩的夸张与扭曲达到表现激情的目的，如“桥社”（Die Brücke）和“青骑士”（Der Blaue Reiter）两个团体的作品。野兽派和德国表现主义的探索已经走向抽象艺术，“青骑士”的瓦西里·康定斯基（Wassily Kandinsky）后来成为抽象艺术的鼻祖。

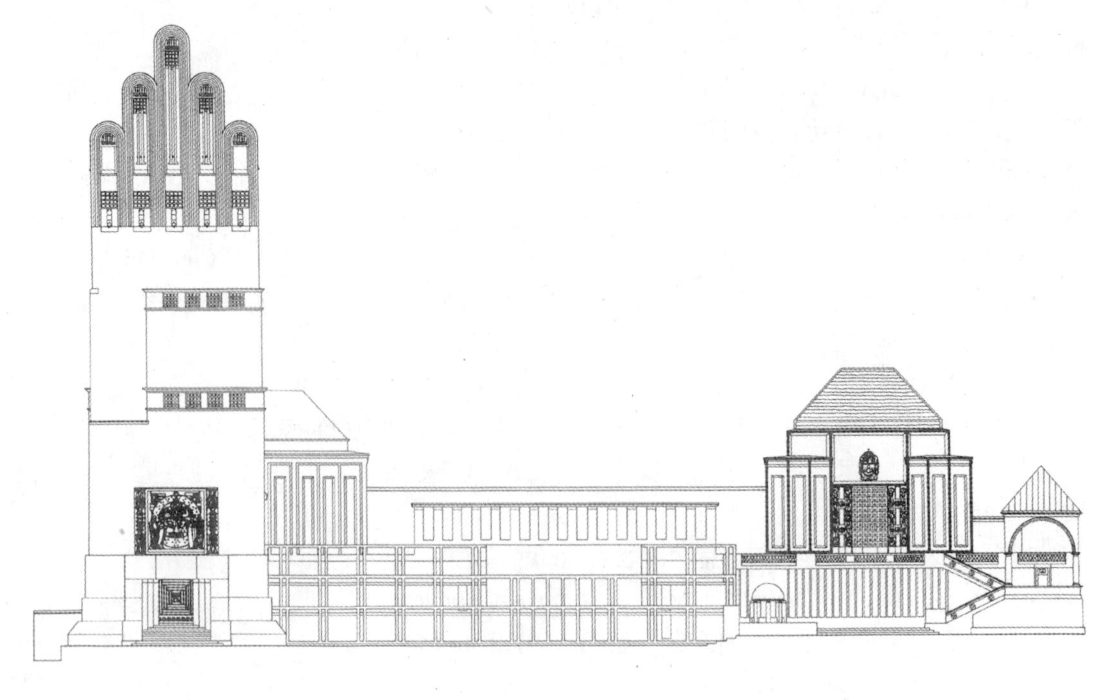

图 1-12 约瑟夫·马里亚·奥尔布里希（Josef Maria Olbrich）达姆施塔特（Darmstadt）婚礼塔（Wedding Tower）立面
来源：Frank Russell Ed. Art Nouveau Architecture [M]. London: Academy Editions, 1983：189.

抽象艺术是经过印象派和后印象派等艺术派别对形式的冲击后，在20世纪初逐渐出现的。19 世纪摄影术发明后，真实再现客观场景的绘画艺术失去了意义，艺术家们开始反思绘画的意义，认为对形式和色彩的个人表现才是绘画的发展方向。俄国人康定斯基是第一位真正的抽象艺术家。康定斯基在参观 1895 年莫斯科举办的印象派画展时第一次意识到，绘画可以表达感情，即便没有可以辨认的形体也是如此。他领悟到如果辨认出了画面上的实际物象，会使注意力从绘画本身的纯粹的形式和色彩转向了对物体的辨认，因此对作品的审美从形式下降到了功用的层次，而只有摆脱在欣赏中的功利性才能让人们真正欣赏绘画。于是，他走上了没有实际物象的抽象主义绘画之路。

1907 年开始的立体主义是视觉艺术中的彻底革命，代表人物有巴勃罗·毕加索（Pablo Picasso）和乔治·布拉克（Georges Braque）。立体主义追求形式的排列组合所产生的美感，它否定了从一个视点观察事物和表现事物的传统方法，把三维空间的画面归结成平面的、二维空间的画面。不从一个视点看事物，把从不同的视点所观察和理解的形体组合在画面上，同时表现不同时空，这是现代时空观的重要突破，对随后的艺术有很大的影响。1909 年开始的未来主义（Futurism）赞颂时代和运动，歌颂机器文明，未来主义者提出艺术要表现当时的工业化社会，他们对运动的推崇和表现也是现代时空观念的重要组成部分。

20 世纪初的主要前卫艺术流派都有一个共同的特征，那就是对传统的颠覆，尤其是反对写实风格，趋向抽象。从印象主义起的艺术风格逐渐从具象到变形，再演变为纯粹的抽象。第一幅完全抽象的作品是康定斯基在 1910 年创作的，1912 年他出版了理论著作《论艺术中的精神》(Concerning the Spiritual in Art)，系统阐述了抽象绘画理论，宣称时代的变化要求艺术形式进行相应的革新，而对应工业时代精神的就是抽象艺术，此后的艺术界进入了一个抽象的时代。新艺术流派趋向抽象代表了当时的艺术发展趋势，无论是建筑师直接受到艺术家的影响，还是艺术流派的发展中就包括建筑师的探索，又或是建筑师从社会流行的艺术风气中间接地受到影响，他们都不可避免地面对建筑是否应该和艺术同样趋向抽象的问题，而答案是显而易见的。建筑艺术处于这种大环境下也同样接受了抽象形式。

1.4 19 世纪与 20 世纪初的建筑发展概况

18 世纪，欧美各国资产阶级革命相继成功，新兴资产阶级需要一种新的建筑风格来象征新的时代，而旧有的巴洛克和洛可可建筑风格充斥着繁琐的装饰和奢华的格调，已经不适合接受了启蒙运动提倡的理性思想的人们的审美观。对古希腊和古罗马遗址的发掘打开了欧洲人的眼界，辅以对古代“理性国家”的向往的社会风气，建筑界的复古思潮自然而然地发生了。复古建筑思潮采取借用历史建筑形式的方法来传达文化概念，只是用一种形式来代替另一种形式，对于当时建筑界面对的新建筑类型、新功能、新技术、新材料等新问题的解决毫无助益。19 世纪欧洲的主要建筑类型已经不是宫殿、府邸和教堂，城市需要大量的公共建筑物，如市政厅、办公楼、银行、图书馆、博物馆、展览馆、画廊、旅馆、商场、学校、医院，还有更能代表工业时代特征的火车站、码头、高架桥、工厂和仓库，这些建筑类型有的是全新的，有着与过去完全不同的功能要求，把这些功能强塞进一个古典建筑的外壳里显然不是恰当的

图1-13 托马斯·杰斐逊的弗吉尼亚大学设计手稿
来源：Frederick Doveton Nichols. Thomas Jefferson's Architec-tural Drawings [M]. Charlottesville: University of Virginia Press, 2001：29.

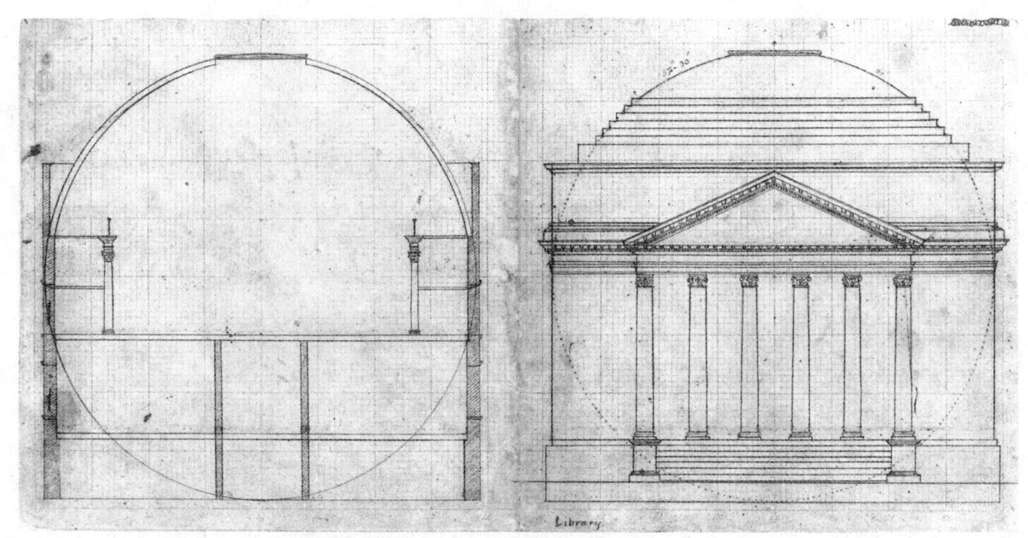

No. 27. University of Virginia: Rotunda, Section and Elevation (see 328 and 329)

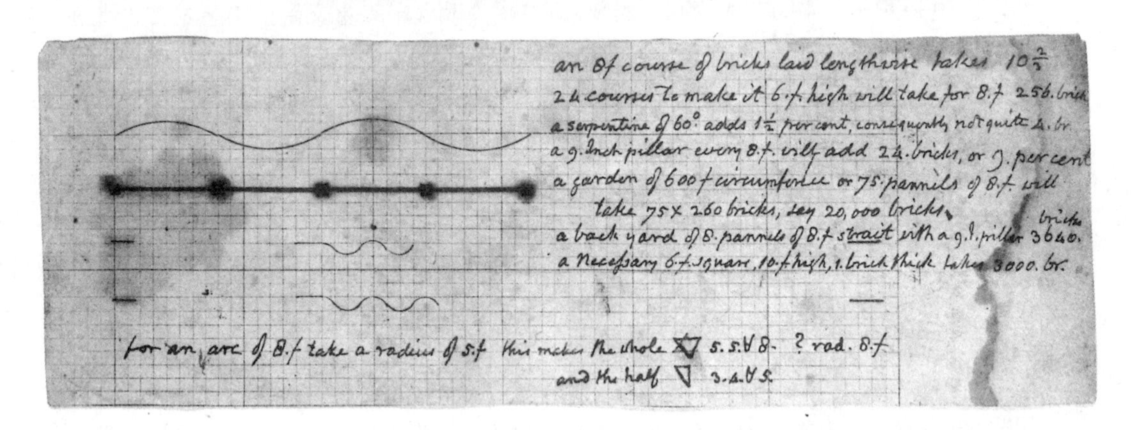

做法。钢铁、玻璃和混凝土在建筑中的大量使用也带来大量的问题，使用钢铁框架结构的建筑明明不再需要厚重的承重墙，而且结构体积大大缩小，建筑师却为了模仿古典建筑厚重封闭的外观，把真实的结构用本不需要的墙体包裹起来，建筑的理性和真实性无从谈起；混凝土是塑性的材料，本来可以创造出千变万化的形式，却为了仿古只能浇筑成横平竖直的呆板样式，无法发挥自身的特性，这样的设计已经脱离了“理性”和“真实”的时代精神（图1-13）。随着技术革命，欧洲的工业化进程发展迅速，建设量急剧增加，面对住宅等大量性建筑和讲求效益的工业建筑，古典形式繁复的装饰成为多余的累赘物，投资者显然不愿意将时间和金钱花费在线脚和花饰上，复古建筑显然已无法适应工业化时代的要求。在如此之多的问题面前，对新建筑的探索已经是箭在弦上。

早在19世纪20年代，德国建筑师申克尔（Karl Fredrich Schinkel）就意识到了建筑和工业时代的对应，并在设计中大胆尝试简化柱式和檐口，加大窗子和使用平顶。德国建筑师森佩尔（Gottfried Semper）认为建筑的功能应该反映在它的平面和外观上，建筑形式应该反映功能、材料和技术。法国建筑师亨利·拉布鲁斯特（Henri Labrouste）也认为形式需要适合功能，他在设计中大胆使用了铁、玻璃和混凝土，并且尝试满足特定建筑的特定功能需要。英国的帕克斯顿（Joseph Paxton）是成功的温室设计师，他利用设计温室的经验设计了1851年伦敦世界博览会展览馆“水晶宫”（The Crystal Palace），给当时的人们很大的冲击（图1-14）。法国人埃菲尔（Gustave Eiffel）是一个成功的工程师，他设计建造过很多铁桥以及法国赠给美国的自由女神像，他于 1889 年建成的巴黎世界博览会埃菲尔铁塔（Eiffel Tower）代表了当时建筑能在高度上取得的最高成就，同届博览会的机械馆（Gallery of Machines）则表现了建筑跨度的成就，在高度和跨度上的突破表明钢铁建筑可以满足当时建筑的任何需要。

19 世纪 50 年代在英国出现的工艺美术运动以拉斯金和莫里斯为代表，他们厌恶工业化造成的越来越恶劣的城市环境和粗制滥造的廉价工业品，认为机器是造成这一切的罪魁祸首。莫里斯为了反对劣质机器制品，寻求志同道合的人组成了一个作坊，制作精美的手工家具、铁花栏杆、墙纸和家庭用具等，由于成本太高，所以未能大量推广。他们在美学上抵制工业化对传统建筑手工业的威胁，以复兴哥特风格为中心，试图恢复中世纪的手工艺风气。在建筑上，1859 ~ 1860 年由建筑师菲利普·韦布（Philip Webb）在肯特建造的“红屋”（The Red House，Kent）就是其代表作，平面根据需要布置成“L”形，用当地产的红砖建造，不加饰面，尝试将功能、材料与艺术造型结合，对后来的新建筑有一定的启示作用（图 1-15）。工艺美术运动的积极意义在于对传统建筑美学的挑战和试图解决所处的工业时代的问题。但是莫里斯和拉斯金思想的消极方面，即把机器看成是一切文化的敌人，向往过去，主张回归手工艺生产，显然是向后看的落后观念。

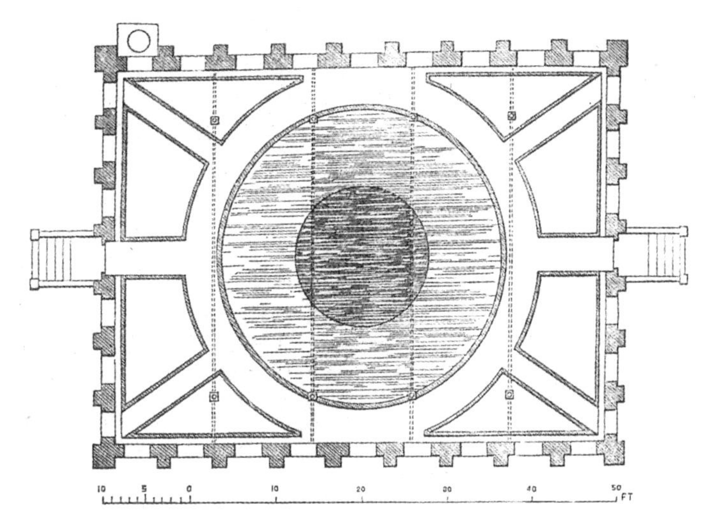

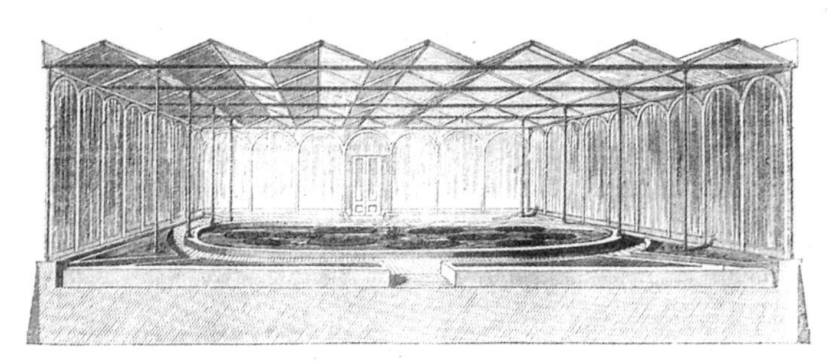

图 1-14　帕克斯顿设计的查茨沃思维多利亚百合花温室（Victoria Regia Lily House）
来源：George F. Chadwick. The Works of Sir Joseph Paxton: 1803-1865 [M]. London: The Architectural Press, 1961:89.

图 1-15　红屋
来源：Edward Hollamby. Arts & Crafts Houses I: Philip Webb Red House. New York: Phaidon，1999：23.

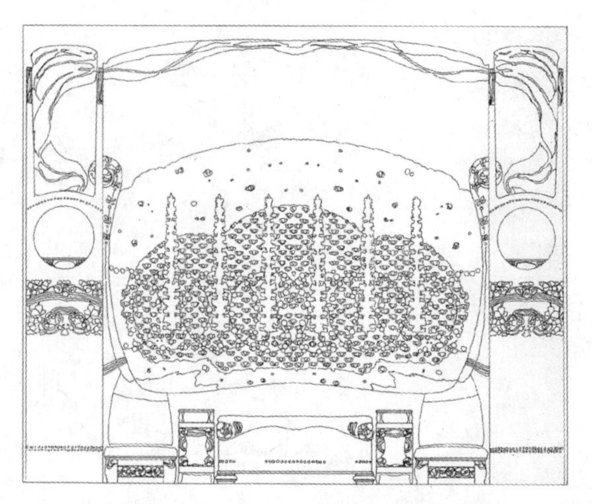

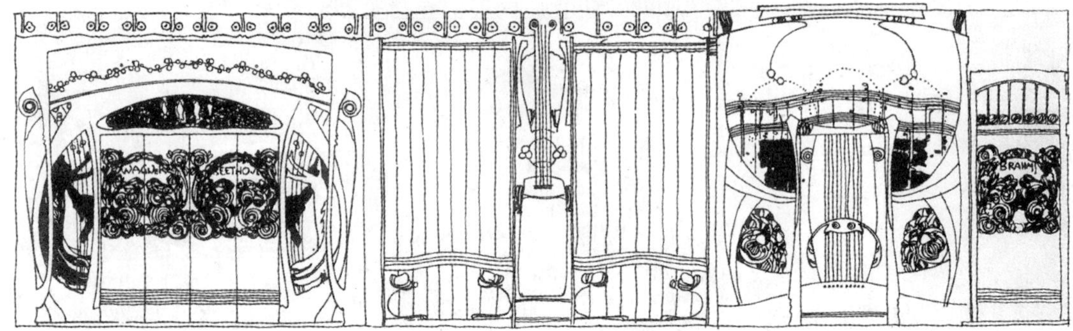

图 1-16　奥尔布里希 1899 年设计的维也纳贝尔住宅（Berl house）立面
来源：Frank Russell Ed. Art Nouveau Architecture [M]. London: Academy Editions, 1983：233.

比利时是欧洲大陆工业化最早的国家之一，工业制品的艺术质量问题在那里也显得比较尖锐，19 世纪中叶以后，布鲁塞尔成为欧洲文化和艺术的一个中心，艺术家们试图发展一种新的风格来解决这一问题。新艺术运动的创始人之一亨利·凡∶德·费尔德（Henry van de Velde）原是画家，19 世纪 80 年代起致力于建筑艺术革新，目的是要在绘画、装饰与建筑上创造一种不同于以往的艺术风格。亨利·凡·德·费尔德曾组织建筑师讨论结构和形式之间的关系，提出产品的形式应有时代特征，并应与其生产手段一致。在建筑上，他们极力反对历史样式，意欲创造一种前所未见的、能适应工业时代精神的装饰方法。当时新艺术运动在绘画与装饰主题上喜用自然界的草木形状的线条（图 1-16）。1884 年以后，新艺术运动迅速地传遍欧洲，甚至影响到了美洲。正是由于它的这些植物形花纹与曲线装饰，脱掉了折中主义的外衣，开创了对新建筑形式的探索。但是新艺术运动在建筑中的这种改革只局限于艺术形式与装饰手法，不过是试图以一种新的形式取代传统形式而已，并未能全面解决建筑形式与内容的关系，以及与新技术的结合问题，因此它在流行一时之后就逐渐衰落。虽然如此，它仍是现代建筑摆脱旧形式羁绊过程中的一个重要步骤。

19 世纪 70 年代，在美国兴起了芝加哥学派（Chicago School），它是现代主义建筑在美国的奠基者。南北战争以后，北部的芝加哥取代了南部的圣路易斯的位置，成为开发西部的前哨以及美国东南部航运和铁路的枢纽。随着城市人口的增加，经济的发达，对于办公楼和大型公寓的需求不断增加。特别是在 1871 年的芝加哥大火后，城市重建问题十分突出。为了在有限的市中心区内建造尽可能多的建筑面积，高层建筑开始在芝加哥涌现。这种没有先例的建筑该如何建造，是在原来的建造方法与美学观点下争取层数的增加还是应有较大的革新是当时摆在所有建筑师面前的问题，芝加哥学派就此应运而生。芝加哥学派的创始人是工程师詹尼（William le Baron Jenney），沙利文（Louis Sullivan）则是学派的得力支柱与理论家，

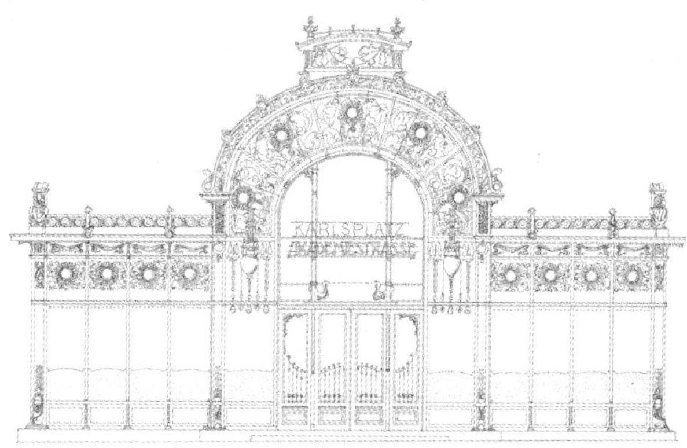

图 1-17 沙利文设计的盖奇大厦（Gage Building）（左）
来源：Albert Bush-Brown. Louis Sullivan [M]. London: Mayflower, 1960：75.

图 1-18 瓦格纳设计的卡尔广场地铁站（Karlsplatz Station）（右）
来源：Frank Russell Ed. Art Nouveau Architecture [M]. London: Academy Editions, 1983：239.

他的理论与实践使当时致力于探索高层建筑设计的芝加哥进步工程师与建筑师足以称为学派（图 1-17）。他首先突出了建筑功能并提出了"形式追随功能"（Form Follows Function）的口号。芝加哥学派在 19 世纪建筑探新运动中所起的进步作用是很大的，它提出了以功能为中心的建筑思想，初步摆脱了折中主义的形式羁绊，其建筑艺术反映了新技术的特点，设计适应工业化时代精神，走向建筑技术与艺术的统一。

19 世纪末 20 世纪初，在新艺术运动的影响下，奥地利形成了以奥托·瓦格纳（Otto Wagner）为首的维也纳学派（Vienna School）。瓦格纳 1895 年发表了《现代建筑》（Moderne Architektur）一书，指出新结构、新材料必然导致新形式的出现，反对历史样式在建筑上的重演。不过他认为"每一种新格式均源于旧格式"，因而主张对现有的建筑形式进行"净化"，使之回到最基本的起点，从而产生新形式。瓦格纳的代表作品是维也纳的地铁车站和维也纳的邮政储蓄银行（图 1-18）。车站上还有一些新艺术运动特点的铁花装饰；而银行的大厅里却线条简洁，所有的装饰都被取消了，玻璃和钢材被用来为现代的功能和结构服务。瓦格纳的见解对他的学生影响很大，到 1897 年间，维也纳学派中的一部分人员成立了"分离派"（Secession），宣称要和过去的传统决裂，他们主张造型简洁，常用大片的光墙和简单的立方体，只有局部集中装饰，他们的装饰主题常用直线，使建筑造型走向简洁。当时在维也纳的另一位建筑师阿道夫·路斯（Adolf Loos）是一位在建筑理论上有独到见解的人，当瓦格纳还没有完全拒绝装饰的时候，路斯就开始反对装饰，并反对把建筑列入艺术范畴。他主张建筑以实用与舒适为主，认为建筑之美与装饰无关，甚至把装饰与罪恶等同起来。他们的理论对建筑外观的简化和取消装饰起到了推动作用。

19 世纪末期，钢筋混凝土开始得到广泛应用，在此之前，欧美各国早已使用混凝土，钢筋混凝土既耐压又耐拉，还有很好的防火性能，是理想的建筑材料。法国建筑师奥古斯特·佩雷（Auguste Perret）是发展钢筋混凝土结构的先驱之一，他出身营造业世家，从20世纪初起就和兄弟一起自行设计建造钢筋混凝土建筑，具有很大的影响。勒·柯布西耶（Le Corbusier）曾经在他的工作室工作，学到了钢筋混凝土和标准化构件的应用。此外在欧洲和美国还有很多建筑师对此进行了探索，他们共同用钢筋混凝土塑造了20世纪的都市。

1890年以后，德国的工业家发现国际市场上德国工业产品的竞争力不及美国和英国，产品廉价却低质。他们认识到，德国既无廉价的原材料资源，又无现成的市场，只能用高质量的产品来争取世界市场。1906年，德累斯顿德国工艺美术博览会委员普鲁士贸易局官员及建筑师穆特修斯（Hermann Muthesius）、比利时设计师亨利·凡·德·费尔德和政治家瑙曼（Friedrich Naumann）一起反对由德国应用艺术联盟为代表的保守艺术家和手工艺者集团，他们三人严厉批评德国应用艺术界当时的状况。次年，他们成立了德意志制造联盟（Deutscher Werkbund），意图通过教育和宣传改变德国工业产品的落后状况，改变艺术家的手工业者时代的传统习惯，增进德国产品的品质和国际竞争力。德意志制造联盟中有多位著名建筑师，他们是建筑领域创新的坚决支持者，认为建筑应该和现代工业相结合，其中最著名的是彼得·贝伦斯（Peter Behrens），欧洲现代主义建筑大师格罗皮乌斯（Walter Gropius）、密斯·凡·德·罗（Ludwig Mies van der Rohe）和勒·柯布西耶都先后在他的事务所工作过，并受到他的影响。贝伦斯1907年被聘任为德国通用电气公司（Allgemeine Elektricitäts-Gesellschaft，简称AEG）的建筑师和设计师，全面负责公司的建筑设计、视觉传达设计和产品设计（图1-19）。他认为建筑应当是真实的，应该表现现代结构，以此产生前所未有的新形式。他于1909年设计的AEG透平机车间（AEG Turbine Factory）被誉为第一座“现代建筑”，产生了很大的影响。

第一次世界大战前后，建筑界出现了多种新风格。20世纪初，在德国和奥地利首先产生了表现主义，其设计理念是将建筑艺术用于表现个人的主观感受和体验，常用奇特、夸张的建筑形体来表现某种思想或精神。表现主义建筑多流于形式，不过表现主义建筑师在造型中对混凝土的应用对这一材料的使用和表现具有积极作用。1908年产生的未来主义涵盖广阔，它推崇现代技术，认为艺术要表现当时的时代，未来主义建筑师安东尼奥·圣伊利亚（Antonio Sant'Elia）认为面对着一个机器的世界，建筑不能再使用传统风格，要使用现代材料，在满足功能和需要的同时创造纯净的美学。这一运动有着符合时代潮流的一面，并对现代主义建筑时空观的形成有一定的影响。构成主义（Constructivism）将艺术创作和设计工作视为工业化生产，崇尚工业文明，崇拜机械结构中的构成方式和现代工业材料，认为要把目的、手段和建筑形象统一，也即内容和形式的统一，新时代的新生活要求新的造型，这种造型来之于新材料和新技术，在使用几何体、色彩、构图和时空观上对现代主义建筑有一定影响。风格派（De Stijl）追求艺术的抽象和简化，将物象简化到本原的艺术元素，形式上为平面、直线和矩形，色彩上也只使用三原色和黑白灰，

图1-19　贝伦斯的AEG工厂设计（Small Motors Factory）
来源：Stanford Anderson. Peter Behrens and a New Architecture for the Twentieth Century [M]. Cambridge: MIT Press, 2000：156.

用足够的明确、秩序和简洁建立起精确严谨的几何风格，主张纯抽象和淳朴，外形上缩减到仅有几何形状，风格派的探索是对形式的研究，其抽象几何形式对现代主义建筑有所影响。

以上建筑风格虽然多多少少接近了现代主义建筑，但是都没有真正达到这一高度，真正的现代主义建筑是在大批建筑师的共同努力下创造出来的。到 20 世纪 20 年代，一批遵循现代主义建筑思想的建筑师的成长和国际现代建筑协会（International Congresses of Modern Architecture，简称 CIAM）的成立，才是现代主义建筑真正成熟的标志。

1.5　现代主义建筑的四项基本特征

现代主义建筑起源于现代社会，是社会发展的成果。随着资产阶级的兴起，他们的地位和财富不断提升，成为兴建建筑的主导力量，资产阶级对建筑的要求有了很大的改变，工业生产和现代生活方式产生的新建筑功能和新建筑类型都需要建筑加以应对，现代城市的出现也为建筑提出了很多新课题。同时，资产阶级发动的反对封建专制主义和教权主义的思想运动也为人们解放了思想，开始主动寻求摆脱传统的束缚，开创新时代。作为西方工业化文明的产物，现代主义建筑的起源和工业革命带来的工业化息息相关，新科学和新技术为建筑的发展提供了物质保障，建筑师在设计中利用新建筑科学，使用新材料新技术新设备进行建造，新建筑的设计和建造手段都与古代截然不同，自然应该发展新的建筑思想和风格。建筑作为一门艺术，受到同时代艺术发展很大的影响，随着现代艺术的兴起，其新时空观念和抽象艺术观念都曾影响到建筑的发展。19 世纪前期的建筑界受到复古风潮的统治，不过已经有越来越多的建筑师认识到传统已经成为建筑发展的束缚，并开始试图摆脱这一束缚。随着 20 世纪初期建筑界对滥用装饰的批判和对建筑如何应对工业化问题的思考，走向现代主义建筑的一切障碍都已扫除。

现代主义建筑作为一种全新的建筑风格，具有四项与之前的建筑截然不同的建筑特征。

1.5.1　技术观

现代主义建筑赖以产生发展的基础之一是新建筑科学技术，对技术的态度也经过了长期的发展。17 世纪后期巴黎美术学院和法兰西建筑学院，18 世纪法国道路与桥梁学校和土木工程学校等院校的成立一方面标志着建筑学的专业化和建筑学科配备的完善，一方面标志着建筑师和工程师的分工，造成建筑和技术在一定程度上的分离。这是现代建筑技术发展的必然结果，新的工程结构技术和结构科学的发展使一个人不可能精通所有的建筑和结构知识，必须进行合理的分工。古代的建筑较为原始，建筑师处理的更多的是功能和外观等设计内容，对于规模较大的建筑，往往由工匠凭借经验直接进行建造，造成很多建筑的建造过程历时上百年，甚至屡建屡塌，在现代社会显然不能允许这些情况的发生。随着建筑技术知识和结构计算方法的逐渐完备，由专业人员保障设计的安全性和可实现性成为可能，但是建筑设计和建筑技术之间的分离也造成了一定的不良影响，在对新建筑的探索过程中多次出现唯形式的倾向，很大程度上与建筑师缺乏工程技术知识和意识有关。对新建筑的探索史同时也是工程技术的发展史，工程师在其中作出了很大的贡献，最终，在建筑中使用和表现技术成为共识，建筑和技术又重新结合在一起，形成不同以往的技术观——要使用和表现当代建筑技术。

1.5.2 功能主义

功能主义概念在很多学科中都存在，早在19世纪就系统地出现了，不过建筑界的功能主义概念与这些学科关系不大，是相对独立地发展起来的一种建筑观念，古代建筑的理性主义传统和原始功能主义概念以及19世纪后期与20世纪初期工业设计等制造领域的功能主义倾向对其有一定影响。建筑并非纯艺术作品，作为具有实际使用功能的建筑，无视其使用要求而片面追求艺术是不可取的，西方古代建筑师对此有着清晰的意识，维特鲁维就把“实用”作为建筑的三要素之一，其后的建筑师也不乏强调建筑功能的论述，不过他们都没有把功能上升为建筑设计的出发点。现代主义建筑认为房屋的形式应取决于用途、材料和结构等实际因素，将功能的地位提高到这一层次在建筑历史上还是第一次。

1.5.3 时空观

西方古代建筑注重外部形式，空间并不是建筑的重点，各个时期的建筑无不用厚重的外墙将建筑内部和外部空间明确区分，同时还将室内空间也截然分隔开来，这样的空间处理方法延续了上千年的时间，虽然文艺复兴时期透视法的发明和巴洛克时期对空间动态的重视提高了西方建筑中空间的重要性，但仅是走出了空间解放的第一步而已。西方古代将各个空间截然分开，每个空间承担一定的功能，相互之间互不联系，不相互干扰，很适合他们当时的生活状态，然而在现代生活中，这种将不同个人和不同生活过程片断化的方式已经过时，在高节奏的生活以及部分公共场所中，适当的空间交叉可以创造更高的效率和空间的丰富性。随着现代科技、经济和文化的发展，空间的渗透等观念也随着艺术和哲学思想的发展进入人们的生活。20世纪初期，现代主义建筑室内外空间的相互贯通渗透以及时间因素的引入是空间设计中革命性的变革，而这一变革又是和19世纪末20世纪初的科学、技术、文化背景及其他艺术领域的探索分不开的，先有艺术和哲学领域的现代时空观，随后这一观念也进入建筑。空间可以连续、渗透以及时间维度的引进形成的新时空观念是现代主义建筑与之前建筑的重要区别。

1.5.4 美学观

每个时代都有相对应的美学观念，每个时代的建筑也都有独特的风格，现代主义建筑时期也不例外。现代主义建筑的新美学观是建立在工业时代的基础上的，这既包括新时代为建筑探新创造的物质技术基础，也包括使用大规模生产的工业产品和利用工业精神设计建造建筑，还包括新时代精神的影响。在这多重关系的影响下，自19世纪起就产生了对传统的学院派建筑美学的质疑，然而随后却进入了在颠覆传统之后却无以为继的尴尬，直到20世纪初，运用抽象形式、符合时代精神的新建筑美学观确立之后，建筑界才又一次具有了公认的统一风格。实际上建筑风格的交替必然有着技术进步或者建筑思想的转变等内因的推动，而这些内因的外化必然产生独特的形式，而形式也成为区分不同风格的标志，现代主义建筑作为一种全新的风格，毋庸置疑会具有自己独特的美学观。

第2章 现代技术的冲击

身处新时代的建筑师面对的最大问题是传统建筑观念已经不适应新时代的需要，然而由于对时代和技术不知所以，导致他们无由创造新的建筑观念，以致游离于时代和社会需要之外，结果“19世纪建筑发展与建筑师关系不大，建筑师都去顾及风格，而不是技术，为市政厅、歌剧院、剧院、图书馆、博物馆建造建筑外衣，工程师则建造各种实用建筑，桥梁、高炉、井架、车间、工厂……建筑师和石工没有使用这一系列近乎有无限可能的新材料的经验……最大的困境是没有一种适应这些新建筑类型的风格，因此19世纪的‘建筑师们相互指责，外行指责建筑师，但是几乎所有人都同意新世纪初期的建筑平庸而令人厌烦’”。①解决这一问题的方法其实很简单，就是去了解时代和技术，并以之为基础形成新的使用和表现技术、适应时代的建筑观念，这一过程首先是被动地出现，随后认识到这一点的建筑师纷纷主动探索建筑与技术的结合。

2.1 建筑材料的进步

2.1.1 钢铁在桥梁中的使用

18世纪之前，铁很少用于工程，人们普遍认为生铁质脆，不能用作结构材料，当时铁多数用于机器制造。英国工程师约翰·斯密顿（John Smeaton）曾使用铁结构，他说：“当我第一次使用铁的时候，所有人都向我叫喊，连最坚固的木材都不能，你怎么会认为脆弱的铁可以耐久呢？”②科学技术的发展逐渐解除了人们的疑惧心态，工程师先是用铁建造桥梁，在积累了一定的经验后，又将钢铁用于建筑。

达比三世（Abraham Darby III）建造了世界上第一座铁桥——塞文河桥（The Severn Bridge），1781年新年塞文河桥正式开通，是使用铁结构建造桥梁的成功尝试（图2-1）。达比家族是英国最显赫的企业家世家，几代人都以制铁大师的称号闻名。达比家族的工厂位于伯明翰市西南约50km的科尔布鲁斯代尔，这个偏僻的地方交通不便，于是达比三世按照其父的计划，决定修建横跨塞文河的桥梁，最初的计划并没有采用铁结构，但是1773年就开始在桥梁设计中使用铁结构的工程师普里查德（Thomas Farnolls Pritchard）提出建议，认为铁比木材或砖石更坚固耐久。普里查德设计了砖石桥墩之间的半圆铁拱，主跨跨度100.5ft（约30.7m），由对称的两边各5条桥肋对拼而成，桥面也用铁构件制作。铁构件用砂模铸造，在现场支好脚手架，然后用绳索和铁链将左右两段桥肋大致定位并固定两端，然后开始降低桥肋中部一端的高度，直到两段桥肋在中点合拢。由于没有先例，他使用木工的燕尾榫形式的构件连接铁制桥肋。主跨建造耗时3个月，工厂和现场都没有发生事故，河道的水运也没有中断。最后的工作是加装铁栏杆，用黏土和铁渣铺设路面。工程于1779年当年完工，普里查德用铁作为抗压构件，纤细的铁制桥肋和当时其他桥梁的粗壮砖石桥拱形成鲜明对比，充分展示了铁的优良性能（图2-2）。塞文河桥开创了铁桥时代，是人类技术能力的象征，为纪

① Alan Blanc, Michael McEvoy, Roger Plank Ed. Architecture and Construction in Steel [M]. London: E&FN Spon, 1993：15.

② Bernard Graf. Bridges that Changed the World [M]. Munich: Prestel, 2005：62.

图 2-1　塞文河桥
来源：Bernard Graf. Bridges that Changed the World [M]. Munich: Prestel, 2005：63.

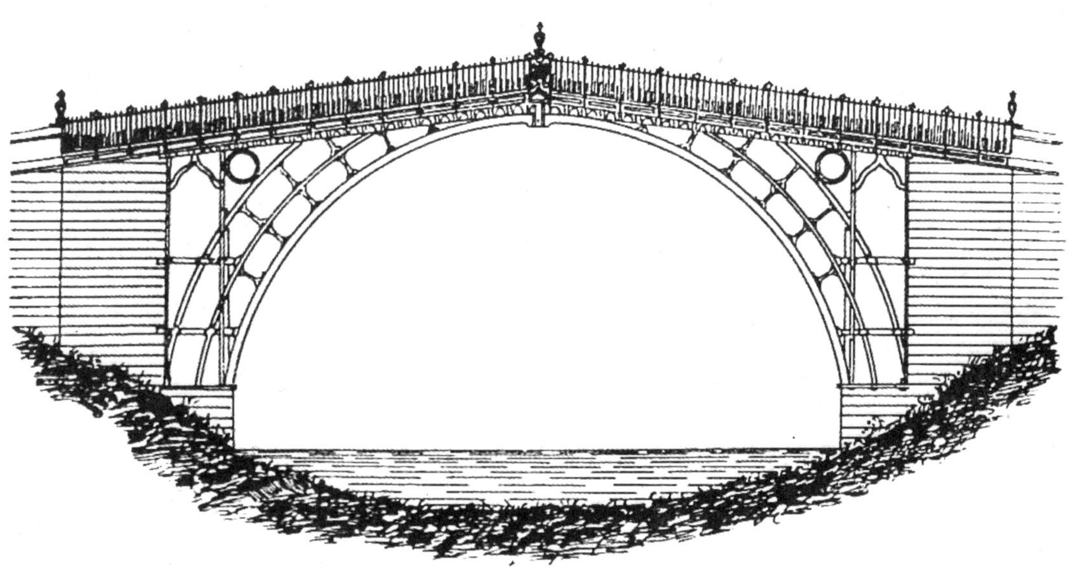

图 2-2　塞文河桥立面
来源：Werner Blaser. Metal Pioneer Architecture [M]. Weiningen-Zürich: Waser Verlag, 1996：22.

念这一成就，后来英国的半便士硬币使用了塞文河桥的图案。

1786 年，美国的佩因（Thomas Paine）设计了铁桥的模型，但是当时美国的技术实力还不足以建造这样的桥梁，他将自己的设计带到欧洲，随后伯登（Rowland Burdon）采用他的设计建造了桑德兰桥（Sunderland Bridge）。桑德兰桥于 1793 ~ 1796 年设计建造，同样使用砖石桥墩，中间用铁肋支撑桥面，6 条铁肋形成较平的弧形，对材料和结构性能的理解更为深入，跨度已经达到 236ft（约 72m）。桑德兰桥只比塞文河桥晚了十几年，在跨度和结构上已经有了长足的进步，反映了铁结构技术的迅速发展。不过桑德兰桥仍然没有形成完善的铁结构体系，如其券心使用铸铁板代替券心石，还没有完全摆脱砖石桥的影响（图 2-3）。

进入 19 世纪，铁已经成为经济许可条件下造桥的首选材料，但是用铁代替砖石和木材建桥拱并没有充分发挥铁的材料特性，金属的抗拉性能强于抗压性能，根据这一原理设计的悬索桥才充分发挥了铁的性能。1801 年芬利（James Finley）在美国宾夕法尼亚设计建造了一座铁悬索桥，主跨跨度 21m，宽 4m，同年他获得了悬索桥的专利，至 1811 年芬利共设计建造了 8 座悬索桥，最大的跨度超过 90m。英国人特尔福德（Thomas Telford）是著名工程师，1801 年他曾经建议用单跨 600ft（约 183m）的铸铁桥代替原有的泰晤士河上的伦敦桥（London Bridge）。随后他又掌握了悬索桥的设计方法，他设计的梅奈桥（Menai Bridge）主跨达到 176.5m，表现了悬索桥的大跨度能力，随后悬索桥在欧美普及开来。布律内尔（Isambard kingdom Brunel）设计的布里斯托尔克利夫顿悬索桥（Clifton Suspension Bridge）跨度 183m，他在桥墩之间左右各设计一组铁链，从这两组铁链悬索下拉熟铁桥面。这座桥在他去世后由其他工程师建造完成，由于跨度很大，形象十分舒缓，具有和传统桥梁完全不同的水平线条（图 2-4）。布律内尔生前为英国西部铁路设计的高架桥最大跨度更是达到 288m，充分体现了桥梁技术的进步。

法国人埃菲尔是天才的工程师，1858 年 26 岁时就负责设计建造了总跨度 500m 的波尔多加龙河大桥（Garonne River Bridge），后来又设计了巴黎 1867 年世界博览会展览馆 300t 重的钢铁屋架，1871 年法国赠送美国的自由女神像的骨架结构以及许多桥梁，他发明了用压缩空气和水压机加固地基的方法，还设计了一种方便的低造价预制桥梁，可以直接从工厂运到现场安装，达到“按尺卖桥”的境界。1877 年埃菲尔设计建造了葡萄牙波尔图的玛丽亚·皮亚桥（Maria Pia Bridge），这是欧洲当时最大的桥梁之一。因为河谷的深度和宽度都很大，无法使用中间有桥墩的多跨式桥梁，埃菲尔设计了一座单孔铁桥，大桥两端架在铁桥墩上，主跨由对称的两半对接而成，跨度 160m，高出水面 60 多米。这座大桥主要是一座铁路桥，下方用悬杆拉着一条人行桥面（图 2-5）。从这座大桥的巨大拱跨和精密的结构构件中可以看

图 2-3 桑德兰桥
来源：Sigfried Giedion. Space, Time and Architecture: The Growth of a New Tradition（5th Editon）[M]. Cambridge: Harvard University Press, 1969：171.

图2-4 克利夫顿悬索桥
来源：Bernard Graf. Bridges that Changed the World [M]. Munich: Prestel, 2005：65.

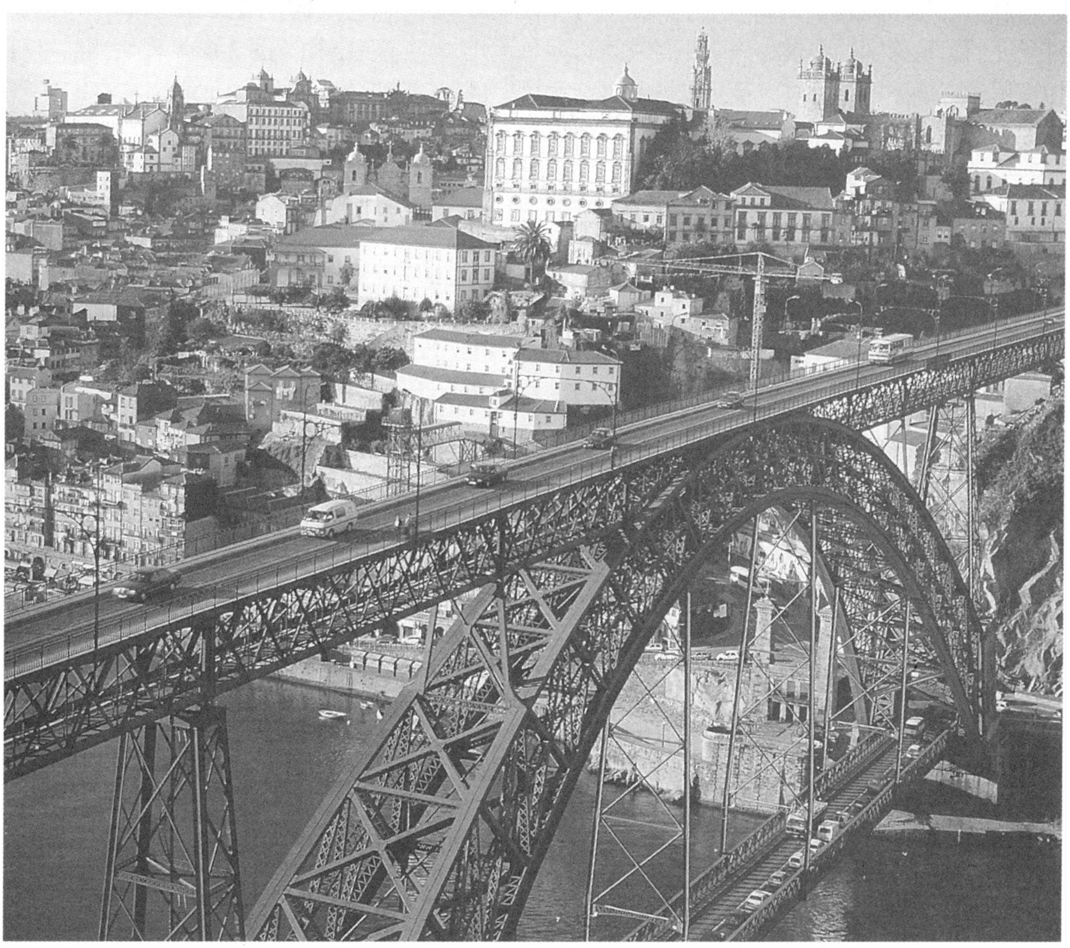

图2-5 玛丽亚·皮亚桥
来源：Bernard Graf. Bridges that Changed the World [M]. Munich: Prestel, 2005：75.

图 2-6　福思铁路桥
来源：Hans Straub. A History of Civil Engineering: An outline from Ancient to Modern Times [M]. London: Leonard Hill Ltd., 1952：190.

到后来应用于埃菲尔铁塔的铁结构技术，正是有了桥梁工程的技术积累，才会出现高度和跨度都远胜于前的钢铁结构建筑。

1856 年以后，低碳钢的生产和应用使钢结构材料又有进步。贝克（Benjamin Baker）设计的福思铁路桥（Forth Railway Bridge）是世界上第一个全钢结构构筑物，1890 年完成，大桥为悬臂结构，有铆接的管状钢材桁架和螺栓固定的锥形悬臂结构，最大跨度 523m，这超过了任何建筑跨度的要求，表明钢结构可以轻松承担一切建筑结构（图 2-6）。现代钢铁材料为工程和建筑提供了可以大量生产的高强度材料，铁和钢随后都大量应用于建筑。

2.1.2　铁在建筑中的早期使用

工业革命之后，铁大量生产，开始代替木材和石材用于建筑，首先用作石块之间的连接件等辅助构件。1752 年，葡萄牙阿尔科巴萨镇的一座建筑用一些铁柱支撑一个烟囱，形象十分怪异。1768 ~ 1772 年，里纳尔迪（Antonio Rinaldi）设计的俄罗斯圣彼得堡大理石宫（The Marble Palace，Saint Petersburg）使用了铸铁梁。1772 ~ 1774 年建造的英国利物浦圣安妮教堂（St. Annie Church，Liverpool）走廊使用了铸铁柱子，目的仅仅是实用。苏夫洛（Jacques Germain Soufflot）1755 年开始设计的巴黎圣热那维夫教堂（Church of St. Genevieve）[①]的门廊用很密的金属条网来保证上层挑檐的稳定，他根据应力排布铁条，不过还是把它们全都隐藏在石块之内（图 2-7）。1776 年，苏夫洛还计划为卢佛尔宫（Grand Louvre）的某一部分建造一个熟铁桁架屋顶，但是最终能够实现的只是铁楼梯扶手。

铁真正大规模进入建筑是为了防火，当时的建筑使用明火照明，很容易失火，于是建筑师想到用不易燃的铁来防火。早期剧院和仓库等建筑的木屋顶很容易着火，1786 年路易斯（Victor Louis）为巴黎法兰西剧院（Theatre-Francais）设计了熟铁屋顶，其铁梁的形式表明当时虽然还没有科学计算方法，但是建筑师已经有了惯性矩的初步概念。[②]早期的工厂内部

① 教堂形式仿照罗马万神庙（Patheon，Rome），法国人称其为巴黎潘泰翁（Pantheon，Paris）。

② Sigfried Giedion. Space, Time and Architecture: The Growth of a New Tradition [M]. 5th Editon. Cambridge: Harvard University Press, 1969：174-175.

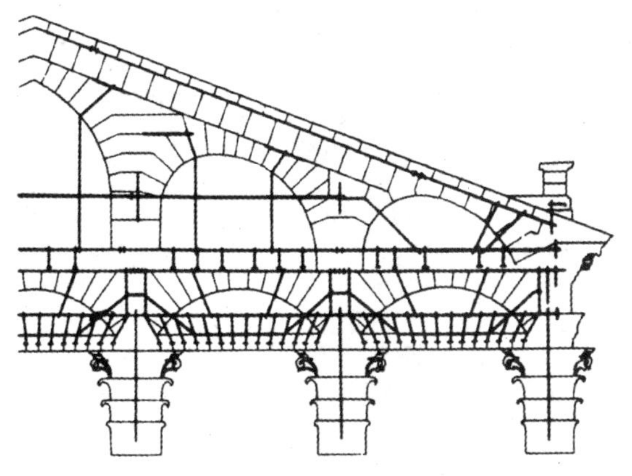

图 2-7　苏夫洛为先贤祠设计的铸铁加强构件（上左）
来源：查尔斯·辛格，E·J·霍姆亚德，A·R·霍尔，特雷弗·I·威廉斯．技术史：第 IV 卷 [M]．辛元欧主译．上海：上海科技教育出版社，2004：322。

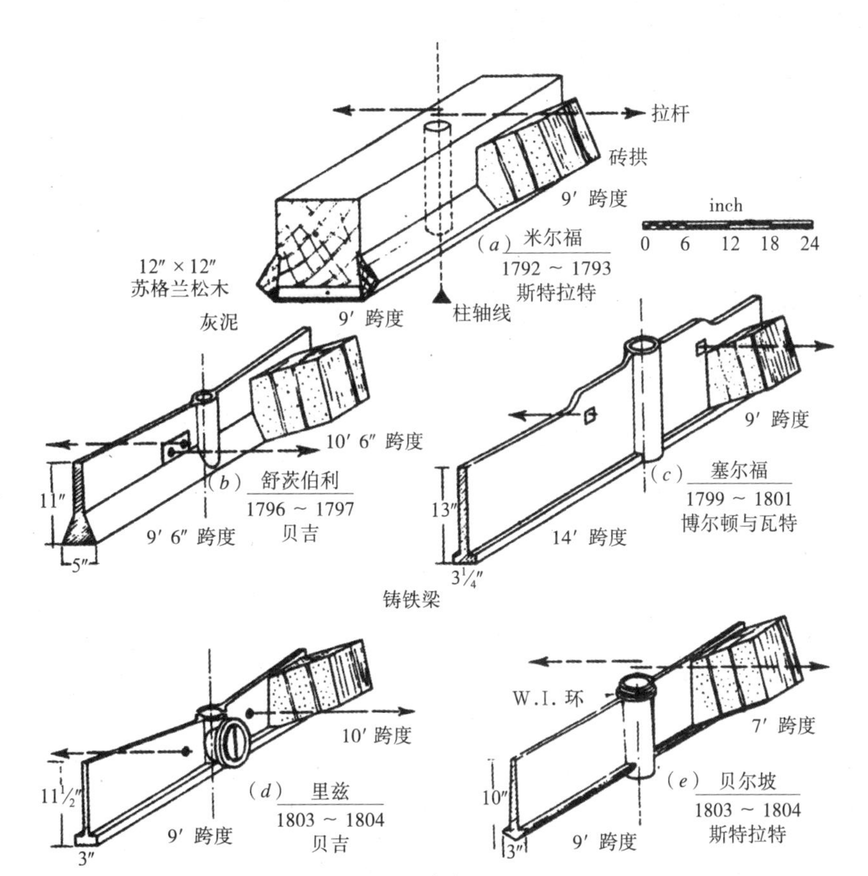

图 2-8　1792 ~ 1803 年间的防火设计（下）
来源：查尔斯·辛格，E·J·霍姆亚德，A·R·霍尔，特雷弗·I·威廉斯．技术史：第 IV 卷 [M]．辛元欧主译．上海：上海科技教育出版社，2004：323。

图 2-9　查尔斯·贝奇设计的什鲁斯伯里纺织厂（Spinning Mill, Shrewsbury），第一个金属骨架多层建筑（上右）
来源：The Iron Pioneers [J]. Architectural Review, 1961（7）：17.

大多是木结构，火灾成为重大隐患。18 世纪末英国厂房就开始使用铸铁，最初铁是作为木材的代用品，用铸铁柱支撑木梁。英国的斯特拉特（William Strutt）第一个想到用铁结构防火，1792 ~ 1793 年的英国德比郡棉纺织厂（Derby Cotton Mill）使用铸铁柱子支撑巨大的木梁，木梁的腹面用灰泥防火，上面是砖拱，是最早使用铸铁柱子的工业建筑（图 2-8）。经过和斯特拉特通信讨论使用铸铁梁的可能性后，英国的查尔斯·贝奇（Charles Bage）通过实验和计算证明铁可以用于制造梁，他 1796 年在什鲁斯伯里的贝尼昂和马歇尔麻纺织厂（Benyon and Marshall Flax Mill）中第一个使用铁梁柱体系（图 2-9）。[①]1818 年，英国皇家建筑师纳

① 参见 Alan Blanc, Michael McEvoy, Roger Plank Ed. Architecture and Construction in Steel [M]. London: E&FN Spon, 1993：2.

图 2-10　布赖顿皇家别墅（上左）
来源：David Watkin. A History of Western Architecture [M]. 2nd edition. London: Laurence King, 1996: 436.

图 2-11　圣热那维夫图书馆室内(上右)
来源：David Watkin. A History of Western Architecture [M]. 2nd edition. London: Laurence King, 1996: 383.

图 2-12　圣热那维夫图书馆剖面（下）
来源：Robin Middleton Ed. The Beaux-Arts and Nineteenth Century French Architecture [M]. Cambridge: MIT Press, 1982: 168.

什（John Nash）设计了布赖顿皇家别墅（Royal Pavilion），他用铸铁柱子支撑重达 50t 的铁制穹顶，这是铁构件第一次出现在“正式”建筑的室内，纤细的铁柱成为引人注目的室内景观（图 2-10）。

在法国，1811 年贝朗热尔（Francois-Joseph Belanger）建造了巴黎小麦市场（Halle au Ble）圆形大厅的铁制圆底穹顶；1824 年维尼翁（Vignon）建造了马德琳市场（Madeline Market）的铁制平屋顶；1830 年勒努瓦（Lenoir）在巴黎建成了一座全部使用铁建造的商店。1843 年，亨利·拉布鲁斯特设计了巴黎圣热那维夫图书馆（Bibliothèque St. Généviève），室内使用铸铁梁柱，用半圆形铁架支撑筒拱，大量使用预制构件，建筑于 1851 年完工（图 2-11 ~ 图 2-13）。随后他又设计了巴黎国家图书馆（Bibliothèque National），使用铁柱和铁桁架屋顶，书库的地面和隔墙全部用铁和玻璃建成，既解决了采光

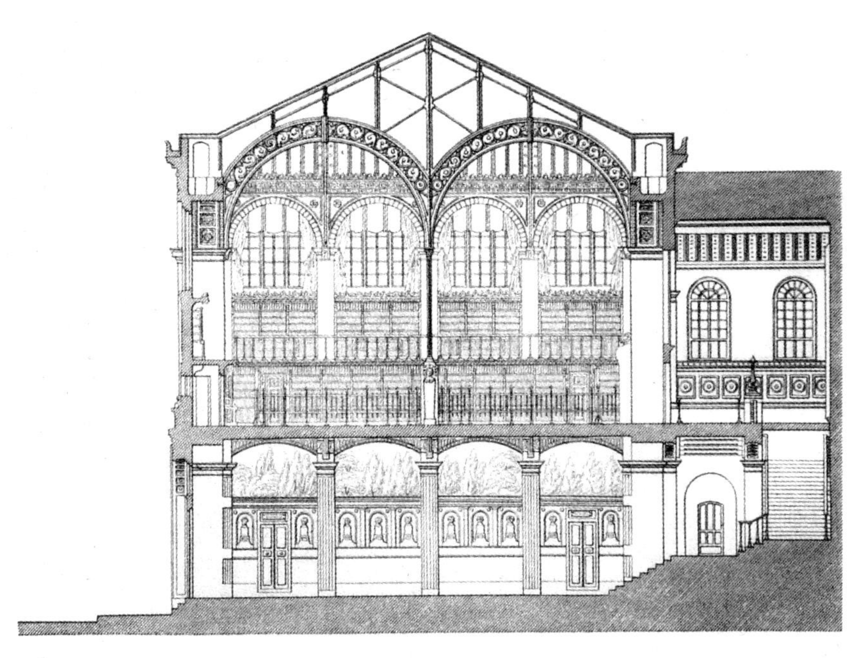

图 2-13　圣热那维夫图书馆剖面（左）
来源：Robin Middleton Ed. The Beaux-Arts and Nineteenth Century French Architecture [M]. Cambridge: MIT Press, 1982：169.

图 2-14　巴黎国家图书馆书库（右）
来源：Sigfried Giedion. Space, Time and Architecture：The Growth of a New Tradition [M]. 5th editon. Cambridge: Harvard University Press, 1969：224.

问题，又可以防火，阅览室用 4 排 12 根纤细的铁柱支撑 9 个覆赤陶瓦的穹顶（图 2-14）。这两座建筑的室内使用并表现了铁结构，但是外观仍然是传统砖石建筑。

铁尽管在建筑中从最初的代用材料逐渐发展成为独立的结构，但是当时的建筑师还囿于建筑传统，认为铁是不能登大雅之堂的粗陋材料，只能用于工程而不能堂而皇之地出现在建筑中，很多人在建筑内部使用了铁，外观上却仍然采用传统风格，丝毫没有表现内部的新颖结构和材料。在工业和军事等“正统建筑师”不屑一顾的“构筑物”中，约束远没有民用建筑和公共建筑那么多，反而出现了表现材料结构本来形式的建筑。1858 ～ 1866 年建于希尔内斯的英国皇家海军造船厂船库（Naval Dockyard Boat Store，Sheerness）的设计者是军事工程师格林（G. T. Green），这是第一个线形的多层铁结构建筑，建筑高 4 层，由铸铁和熟铁建造。建筑中央部分为单层，长 210ft（约 64m），横排着铸铁梁柱，支撑木材做的地板托梁和纵向的熟铁地板梁，跨度 30ft（约 9.2m），是第一个桥门结构（Portal Action）的建筑。① 立面的凹槽内设置窗户，之间用波纹铁皮相隔，构成简单而很功能化的立面，立面表现了结构和材料的特征，成为建筑进步的先声（图 2-15）。

18 世纪末 19 世纪初，铁成为普通的建筑材料，使用铁的建筑数不胜数，但是真正具有鲜明的技术思想，全部使用铁结构，真实表现材料和结构特征的建筑还是寥寥无几，随着铁和玻璃的结合，以及建筑师思想观念的转变，真实表现材料和结构特征的建筑才逐渐出现。

2.1.3　铁和玻璃的结合

1811 年贝朗热尔建造的巴黎小麦市场圆形大厅穹顶第一次把铁和玻璃结合在一起，为建筑内部提供了均匀采光（图 2-16）。很快，这种设计方法就得到温室设计师的青睐。早在公元 1 世纪古罗马的普林尼（Pliny）就记载了使用云母透光的原始温室②，16 ～ 17 世纪通过

① 参见 Alan Blanc, Michael McEvoy, Roger Plank Ed. Architecture and Construction in Steel [M]. London: E&FN Spon, 1993：19.

② 参见 John Hix.The Glass House [M]. Cambridge: MIT Press, 1974：9.

图 2-15　希尔内斯英国皇家海军造船厂船库
来源：Michael Raeburn Ed. Architecture of the Western World [M]. London: Orbis Publishing, 1982：213.

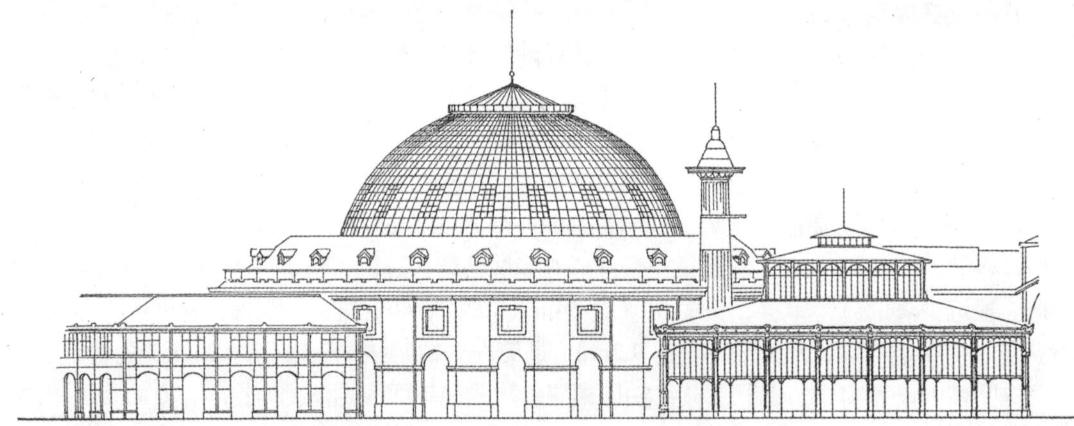

图 2-16　巴黎小麦市场
来源：Werner Blaser. Filigree Architecture: Mental and Glass Construction [M]. New York: Werf & CO, 1980：26.

海外贸易进入欧洲的异域物种和植物学的进步促进了温室的发展。1830 年，英国已经有了多座铁与玻璃的大型温室，积累了宝贵的经验（图 2-17）。同时，很多公共建筑也采用铁和玻璃结合的屋顶采光，轻巧的屋顶和下部厚重的砖石结构往往形成鲜明的对比。

英国园艺工程师帕克斯顿 1836 年设计了德比郡查茨沃思温室（Chatsworth Greenhouse），1841 年建成，温室长约 85m，宽约 40m，高约 20m，是一个壮观的早期铁和玻璃建筑实例。温室使用铸铁柱子和木结构支撑独特的双层拱顶，外观上纤细的铁骨架用帕克斯顿专门设计的蒸汽动力机器铣过，整个建筑的表面都闪闪发光，体现出金属和玻璃材料的特征（图 2-18、图 2-19）。建筑表面连续排布人字形小玻璃顶板，构成折板形外观，这是为使阳光在早上和傍晚也能通过折射进入温室，而中午则反射一部分阳光，使日照不至于太强烈。①这座温室具有简洁纯净的整体外观，不过帕克斯顿被要求和伦敦建筑师德西默斯 · 伯顿（Decimus

① Peter Gössel, Gabriele Leuthäuser. Architecture in the Twentieth Century [M]. Köln: Taschen, 2001：20.

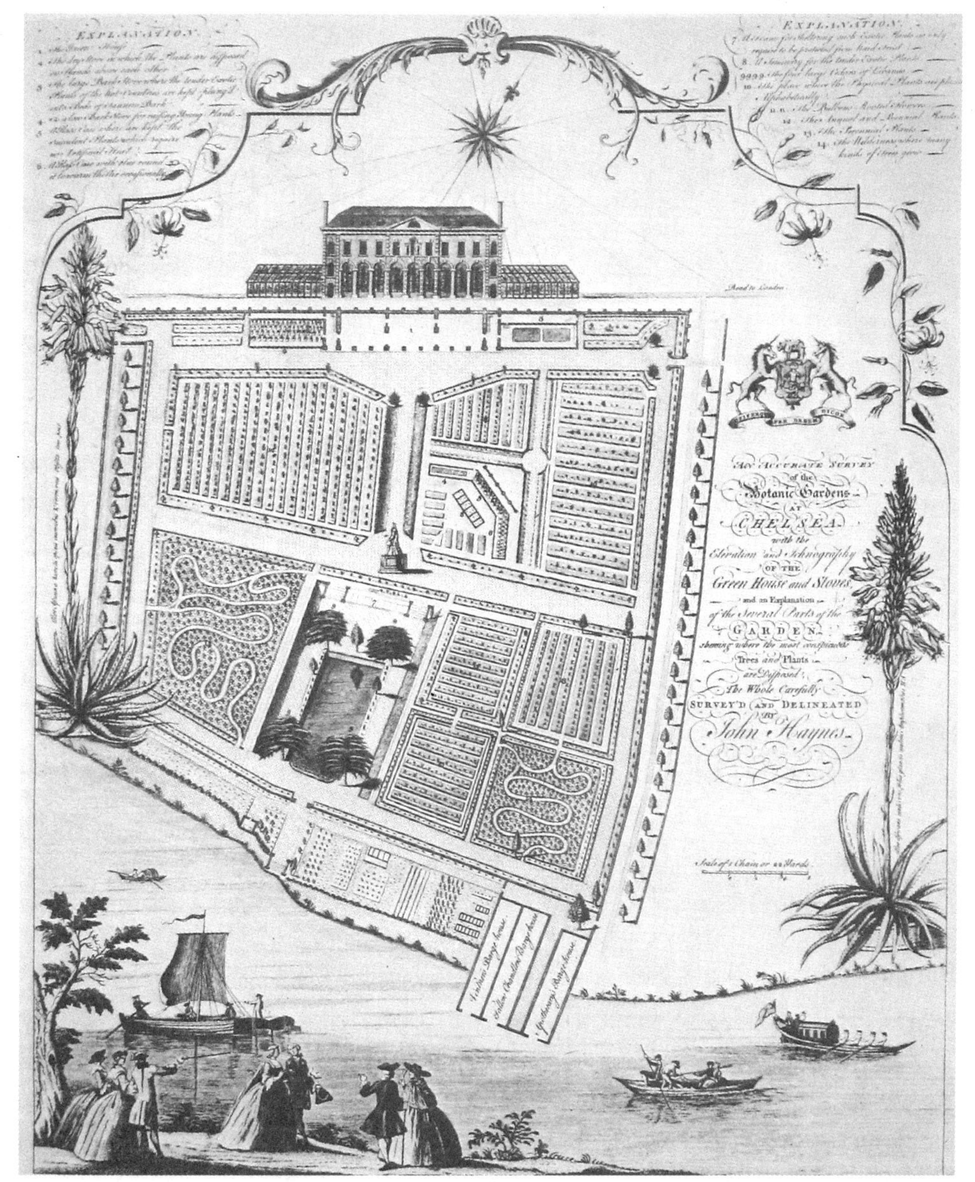

图 2-17 1673 年建造的伦敦切尔西草药园（Apothecaries Garden）1751 年加建的玻璃翼，菲利普·米勒（Philip Miller）设计

来源：John Hix. The Glass House [M]. Cambridge: MIT Press, 1974：11.

图 2-18 查茨沃思温室

来源：George F. Chadwick. The Works of Sir Joseph Paxton: 1803-1865 [M]. London: The Architectural Press, 1961：84.

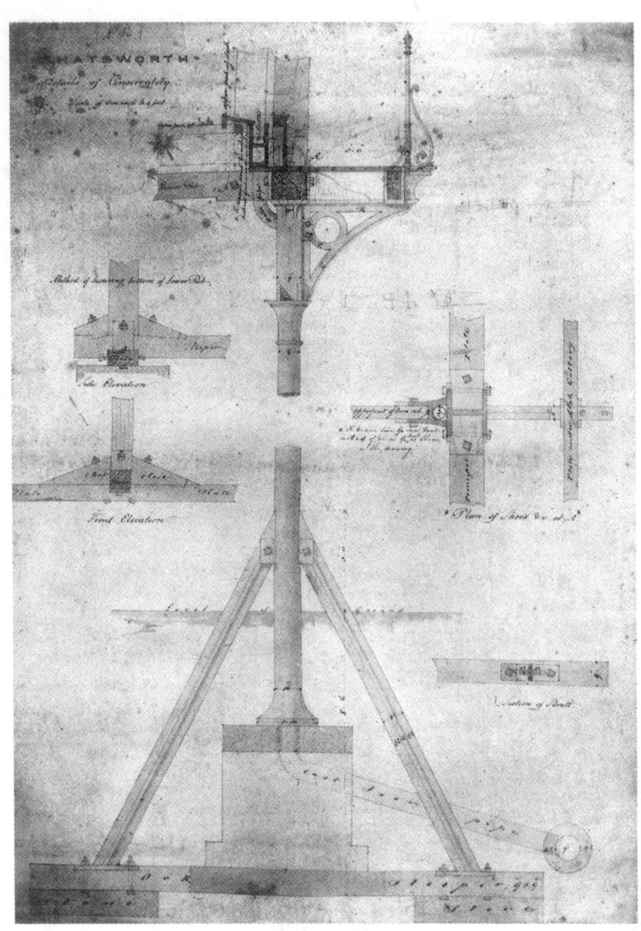

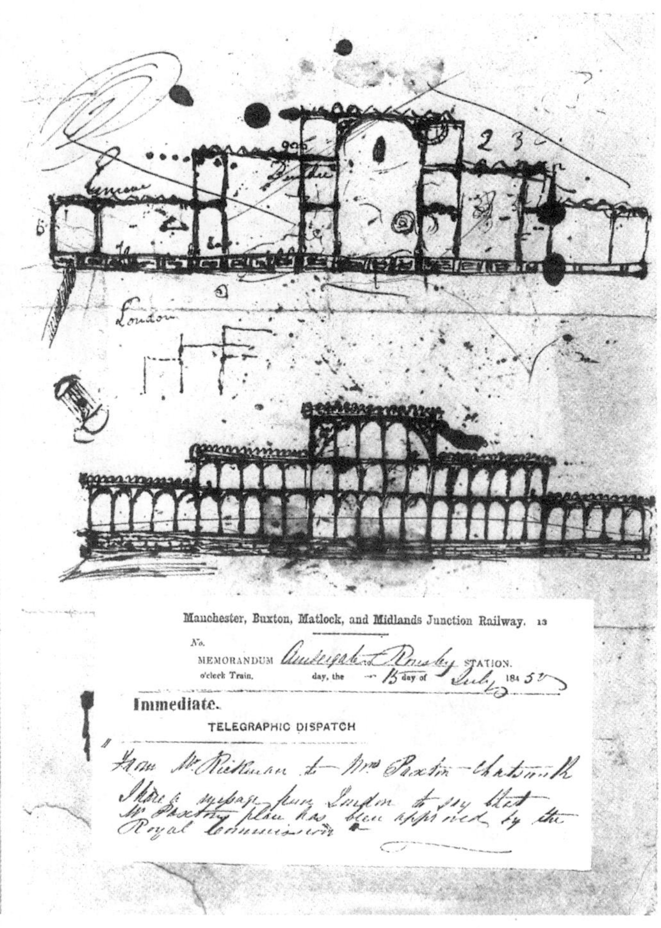

图 2-19　查茨沃思温室细部（左）
来源：George F. Chadwick. The Works of Sir Joseph Paxton: 1803-1865 [M]. London: The Architectural Press, 1961：87.

图 2-20　1850 年 6 月 11 日帕克斯顿的水晶宫草图及他向妻子通知设计中选的电报（右）
来源：George F. Chadwick. The Works of Sir Joseph Paxton: 1803-1865 [M]. London: The Architectural Press, 1961：92.

Burton）合作，入口处是伯顿设计的有柱子和山花的传统形式砖石门廊，大小可以通过维多利亚女王的马车，以作为对这一庞大结构的“美化”和“建筑化”，这一设计画蛇添足，损害了铁与玻璃的材料美感，不过对比当时使用砖石基座或者直接建造成开大玻璃窗的砖石建筑的温室，查茨沃思温室仍然相当进步。

帕克斯顿 1851 年设计的伦敦世界博览会展览馆水晶宫就要幸运得多，他遇到了工程主管欧文·琼斯（Owen Jones），虽然业主同样要求琼斯为建筑增加“建筑效果”，但是他没有为纯净的结构增加装饰，而是用色彩装点室内，为柱子涂上黄色，节点涂上蓝色，屋顶构架涂上红色，没有损害结构和材料的美感。水晶宫设计竞赛吸引了 245 位参赛者参加，但是包括获得头奖的埃克托尔·奥罗（Hector Horeau）根据巴黎的铁与玻璃的市场大厅发展的设计在内，都不能完全满足委员会的要求，难以快速建造和拆卸，不能重复利用，而且不能在 9 个月内按时建成。帕克斯顿随后提出的设计采用工厂化制作，标准化建造，很好地满足了委员会的要求。水晶宫采用网格化设计，构件使用 8ft（约 2.44m）为模数，建筑则使用 24ft（约 7.3m）为模数，可以预制构件，方便安装（图 2-20）。正如森佩尔 1852 年所言：“材料费用的下降，源于机器对它的处理。”①由于采用了标准化设计，水晶宫的构件可以工业化批量制造，并可以互换，最大限度地提高效率并降低造价（图 2-21）。英国作家查尔斯·狄更斯（Charles Dickens）描述它为：“伦敦的两个党，靠乡下的几个铁匠、玻璃匠和伦敦的一个木匠的精确技巧和良好信念，决心凑足一定资金，在 4 个月内建造一座占地 18 英亩（约 7.27 万 m^2），

① William J. R. Curtis. Modern Architecture Since 1900 [M]. 3rd Editon. Oxford: Phaidon Press, 1996：37.

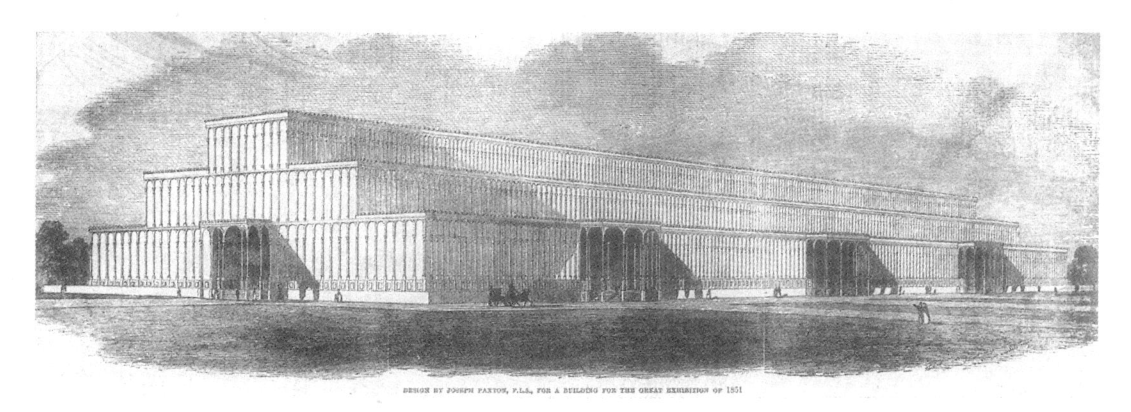

图 2-21　水晶宫设计方案
来源：George F. Chadwick. The Works of Sir Joseph Paxton: 1803-1865 [M]. London: The Architectural Press, 1961：126.

长 1/3 英里（合 1851ft，约 564m），宽 450ft（约 137m）的建筑物。为了实现这一计划，玻璃匠答应在规定的时间内提供 90 万 ft^2（约 8.36 万 m^2）分割成块的玻璃（重 400 多吨），这是有史以来数量最大的薄板玻璃；每块长 49ft（约 1.24m）。铁匠也保证，在一定时间内铸造出 3300 根柱子（长度 14.5 ~ 20ft，合 4.42 ~ 6.1m），34 英里的地下水管（约 87.47km，和每根柱子相连接），2224 根大梁和 1128 根支撑走廊的柱子。木匠则答应在一定时间内准备好 205 英里长的窗框条（约 330km 长）和面积 3300 万 ft^3（约 93.45 万 m^3）的铺地板材料，此外，还有许多木围栏、百叶窗和隔板。”①如此庞大的数字如果采用传统手工加工方式无疑是天文数字，但是在标准化预制条件下，不过是一个确定工序的重复罢了。尽管水晶宫的结构体系还有一些瑕疵，但是这是当时相对落后的结构知识所不可避免的。所有构件的加工和现场装配都在 9 个月内完成，水晶宫终于在博览会开幕之前顺利完工，造价远远低于传统建筑，这是工业化预制生产的胜利，是新建筑材料、新建造技术的伟大成功（图 2-22、图 2-23）。

图 2-22　水晶宫施工场景
来源：George F. Chadwick. The Works of Sir Joseph Paxton: 1803-1865 [M]. London: The Architectural Press, 1961：127-128.

图 2-23　水晶宫施工现场的蒸汽机
来源：Sanford Kwinter. Architectures of Time: Toward a Theory of the Event in Modernist Culture. Cambridge: MIT Press, 2002：24.

当时已经出现了很多铁与玻璃屋顶的建筑，大多是市场或商店，但是建筑主体还是砖石承重结构，而且当时的人们普遍认为工厂、温室和市场等只是构筑物而不是建筑，对这些建筑革新视而不见。水晶宫是第一个出现在重要场合的全玻璃围护的铁结构建筑，给全世界的人们很大的冲击，其纯净的铁与玻璃的建筑

① [意]L· 本尼沃洛 . 世界城市史 [M]. 薛钟灵，余靖芝，葛明义等译 . 北京：科学出版社，2000：90-94。

图 2-24　水晶宫之后的类似设计
来源：George F. Chadwick. The Works of Sir Joseph Paxton: 1803-1865 [M]. London: The Architectural Press, 1961：181.

乔治·卡斯滕森（Georg Carstensen）、查尔斯·吉尔德迈斯特（Charles Gildemeister）设计的1854年纽约博览会水晶宫

帕克斯顿设计的1853年都柏林博览会水晶宫

奥古斯特·冯·福伊特（August Von Voit）设计的1854年第一届德国工业博览会（First General German Industrial Exhibition）慕尼黑水晶宫（Glass Palace）

形象随着博览会的开幕而广泛流传，水晶宫向人们展示，无论他们赞同与否，一个新的时代已经到来，新的建筑材料和新的建筑结构不可忽视；同时，技术进步带来的建筑预制化装配工艺也具有同样重要的意义，大大提高了建筑的经济性和效率。随后，很多建筑师都盛赞水晶宫的艺术成就和技术成就，并继续进行这方面的探索，水晶宫为建筑艺术和技术的发展作出了杰出贡献（图 2-24）。

2.1.4　钢铁建筑的成就及意义

1889 年法国大革命 100 周年之际，巴黎举办世界博览会，举行设计竞赛，要求建造一座 300m 的高塔，700 多个参赛方案中，埃菲尔的设计获得评委一致通过（图 2-25）。但是舆论最初并不欣赏这一方案，他们认为“这样一个用钢板和螺丝安装起来的柱子”会损害巴黎的景色，还有 50 个文艺界的名人联名反对，说：“巴黎决不会长期容忍一个机器营造商的胡思乱想来破坏市容，有负它的盛名。”埃菲尔强硬地予以反击：“因为我是工程师，你们是不是就以为我不关心美观了？我们现在努力做的，正是要使铁塔更为坚固持久，而且美观大方。

为什么我们不努力去做到呢？难道刚劲有力与和谐协调是互不联系的吗？我认为建筑物四条符合计算数据的弧形支脚，会给人们留下深刻的印象，刚劲有力、美观大方。”①

埃菲尔铁塔四角有混凝土的基座，其余部分全部用铁建成，高 300m，有 3 层平台，分别位于离地面 57.6m、115.7m 和 276.1m 处，一、二层设有餐厅，第三层建有观景台，从塔座到塔顶共有 1711 级阶梯，也有电梯可供搭乘。塔身总重 7000 多吨，有 18038 个金属构件，250 万只铆钉（图 2-26）。这些构件都在巴黎郊区埃菲尔的工厂里预制，精度达到 0.1mm，随后组装成 5m 左右的大构件，再运往现场组装，基础工程耗时 5 个月，塔身的组装用了 21 个月（图 2-27）。埃菲尔铁塔高 300m，后来又加上了 24m 高的天线，共高 324m，是当时最高的构筑物，直到 1930 年 319m 的纽约克莱斯勒大厦（Chrysler Building）才超过它的原始高度。埃菲尔铁塔代表了当时的工业化制造水平和铁结构突破高度极限的能力。

同届博览会上的机械馆由工程师维克托·孔塔曼（Victor Contamin）等人建造，长 420m，由 20 榀净跨度 115m 的钢质三铰拱支撑，中间不用柱子，顶部开有大面积天窗。

图 2-25　埃菲尔铁塔立面图
来源：Werner Blaser. Metal Pioneer Architecture [M]. Zürich: Waser Verlag, 1996：78.

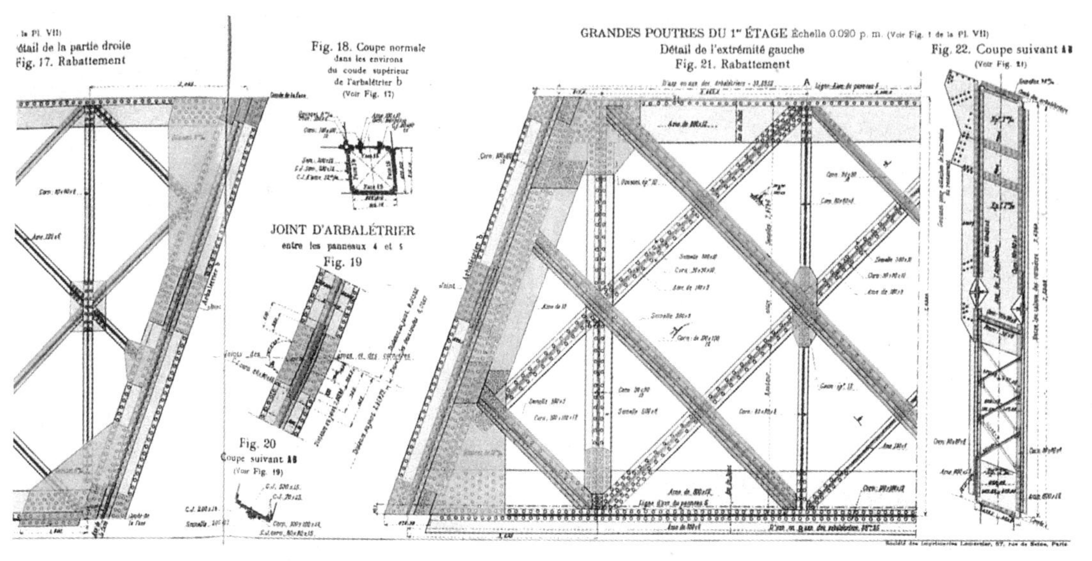

图 2-26　埃菲尔铁塔细部
来源：Erwin Heinle, Fritz leonhardt. Towers: A Historical Survey [M]. New York: Rizzoli, 1989：217.

①［法］伊夫·伊戈. 埃菲尔传 [M]. 钱继大译. 上海：上海译文出版社，1979：93-99。

图 2-27 埃菲尔铁塔建造
来源：Klaus Reichold, Bernhard Graf. Buildings That Changed the World [M]. Munich: Prestel, 1999：142.

图2-28 机械馆室内
来源：John Hix. The Glass House [M]. Cambridge: MIT Press, 1974：159.

三铰拱结构之前已经在德国车站等建筑中的应用证明可行，但是机械馆的三铰拱远远大于以前的先例，而且设计相当精确，钢三铰拱最大截面高 3.5m，宽 0.75m，越接近铰接点就越窄，两侧的铰不在中间的铰接点相连，而是用螺栓相接，与地面相接点也精确到点，每脚的集中压力有 120t 之多，如果不是设计极为精确到位，这样的庞然大物很难稳定地竖立起来。建筑内部不加掩饰地暴露结构和材料，表现使用的先进技术，获得了非凡的艺术效果（图 2-28、图 2-29）。

在埃菲尔铁塔和机械馆建成之前，跨度最大的建筑是古罗马万神庙（Pantheon，Rome）的 43.3m 和罗马圣彼得教堂（San Pietro）的 42m，最高的建筑是德国乌尔姆教堂（Ulmer Münster）的尖塔，高 161m。埃菲尔铁塔和机械馆远远超出了之前的历史记录，表现了当时

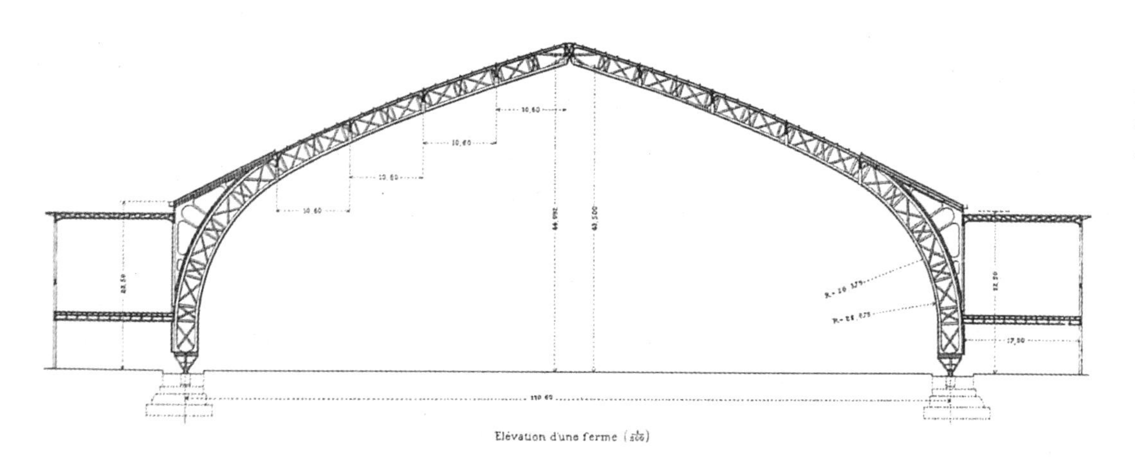

图2-29 机械馆剖面
来源：Werner Blaser. Metal Pioneer Architecture [M]. Weiningen-Zürich: Waser Verlag, 1996：9.

的技术能力，说明钢铁结构可以满足任何建筑的需要，成为钢铁结构建筑取得伟大成就的代表性作品。

1856年贝塞麦发明转炉炼钢法后，低碳钢逐渐成为建筑材料，它的很多特性超过了铁，但是作为一种“新”材料，很久之后才被建筑师和工程师接受。钢比铁更坚固，延展性更好，抗变形能力更强，抗拉、抗压能力更好，比铁更适用于高层建筑等建筑类型。最早的钢结构建筑出现于美国城市中心迅速发展的公共建筑和商业建筑，欧洲则大量应用于火车站和工厂等建筑（图2-30）。经过一段时间的发展，钢结构建筑在19世纪末20世纪初逐渐形成气候，但是此时钢筋混凝土结构也已经得到发展。比起钢筋混凝土，钢并不是框架建筑的最理想材料。尽管它的建造速度快，但不能防火，高温下会迅速变形，而且造价昂贵，因此钢筋混凝土结构迅速发展，很快就能够与钢结构分庭抗礼。

图2-30 法兰克福火车站

2.2 钢筋混凝土结构的发展

2.2.1 钢筋混凝土的发明

18 世纪 50 年代，人们发现掺有黏土的生石灰加水之后会硬结，这成为现代混凝土原理的基础。工程师约翰·斯密顿曾负责灯塔建设，1755 年埃迪斯通灯塔（Eddystone Light house）失火后，斯密顿用石灰、黏土、砂子和压碎的铁渣的混合物建造新灯塔的基础，这是古罗马时代之后建筑第一次使用混凝土（图 2-31）。后来，英国人约瑟夫·阿斯普丁（Joseph Aspdin）把石灰石和黏土粉末混合起来烧制，成为水硬性石灰。他把石灰石和黏土混合在一起，然后加水拌合成均匀的糊状，干后送入石灰窑烧干，去掉碳酸，然后加工成粉末，即可使用。1824 年，阿斯普丁获得了波特兰水泥（Portland Cement）的专利，这种水泥颜色青灰，和英国波特兰岛上的岩石颜色相似，因而得名，主要成分是硅酸盐，波特兰水泥是世界上第一种现代水硬性水泥。

将水泥和骨料混合搅拌就制成了混凝土，集料可以是细砂、粗砂、碎石、矿渣、灰渣以及烧过的页岩或黏土等，混凝土凝固之后，像天然石块一样坚硬，是优良建筑材料。但是，混凝土耐压而不耐弯，一旦遇到外力施加的弯矩，就很容易断裂，为了解决这一问题，人们作了很多尝试。

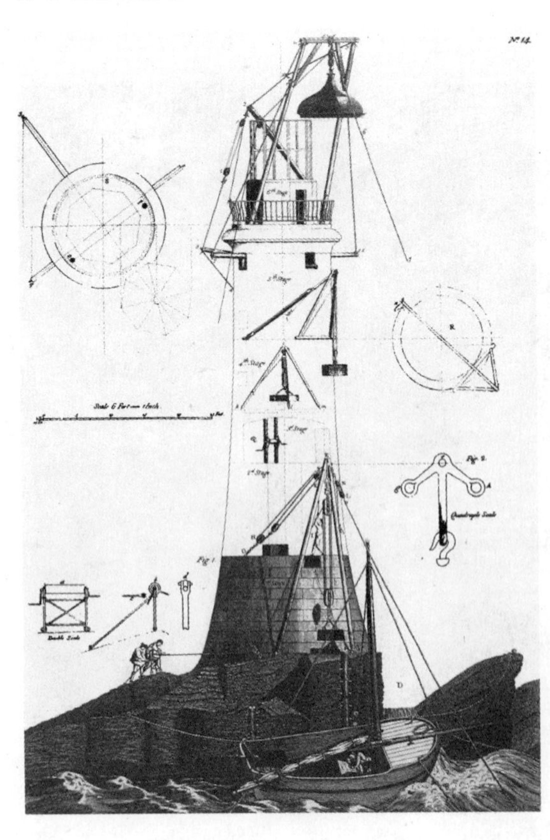

图 2-31 埃迪斯通灯塔重建
来源：Rowland J. Mainstone. Structure in Architecture: History Design and Innovation [M]. Variorum: Ashgate, 1999：391.

1848 年，法国人朗博（J. L. Lambot）在水泥中加入铁条和铁网来加固，制造了一条水泥小船。法国园艺师约瑟夫·莫尼耶（Joseph Monier）的园艺事业相当成功，他盖了一个大温室，需要大量大花盆来栽培植物，但是当时没有够大的瓦盆，木盆价格又太贵，莫尼耶听说水泥是一种好材料，于是用水泥做了一些大花盆，但是水泥花盆搬运时很容易破裂，造成了很多损失。一天他不小心打碎了一个花盆，发现水泥花盆四分五裂，但是盆中的泥土却聚成一团，完好如初，这使他很惊奇。弄碎泥土后，他发现植物的根系在泥土中盘旋勾连，把松散的泥土连接在一起，莫尼耶马上想到如果在水泥中预先放入一些网状结构的铁丝，应该可以增强水泥花盆的牢固程度。随后，他动手试验，制成了加入铁丝的水泥花盆。后来，一位建筑工程师见到他的发明，鼓励他把这种技术用到工程上。莫尼耶受到启发，1867 年申请了园艺用的铁网加固水泥水槽的专利，并在当年的巴黎世界博览会上展出；1868 年他又获得了铁网加固水泥管的专利；1869 年获得用于建筑覆面的铁网加固水泥板的专利，开始将这一发明用于建筑，但是他的发明缺乏理论依据，错误地将铁筋放在板的中心。1872 年，他用自己发明的铁网加固水泥建造了一座蓄水池，1873 年获得用铁网加固水泥建造桥梁和人行桥的专利，并在 1875 年成功地主持建造了 16m 长的世界上第一座铁网加固水泥桥，从一位园艺师转行成为一位成功的工程师。随后他又对钢筋混凝土进行研究，于 1878 年获得了钢筋混凝土梁的专利。

法国在钢筋混凝土建筑上居于领先地位，法国工程师弗朗索瓦·夸涅（François Coignet）1847 年就在圣但尼（St-Denis）设计了用铁筋加固的混凝土桥，1852 年建成。他很早就认识到这种新材料的潜力，1855 年巴黎世界博览会后就提出："水泥、混凝土和铁将取代石料"。[①]第二年，他取得了在混凝土中嵌入铁的专利。英国人威尔金森（W. B. Wilkinson）1854 年获得了名为"房屋等的防火结构"（Construction of Fireproof Buildings, &c）的专利[②]，实际上是铁条加固的混凝土板。威尔金森最早使用内部有铁条或铁索加强的混凝土板，是钢筋混凝土建筑的先驱者之一。随后，钢筋混凝土得到迅速发展，19 世纪末，这一新建筑材料逐渐从在水泥或混凝土中加入铁条或铁网走向在混凝土中加入钢筋的真正的钢筋混凝土。1877 年海厄特（T. Hyatt）发表各种钢筋混凝土梁的试验结果，1878 年他获得了钢铁与混凝土组合形成建筑材料的专利。1879 年德国工程师威斯（G. A. Wayss）购买了在混凝土中加入铁条的莫尼耶体系的专利权，发展出威斯—莫尼耶体系，使莫尼耶的发明进入实用阶段，他和鲍申格尔（J. Bauschinger）对钢筋混凝土材料进行研究，1887 年作出报告，促进了钢筋混凝土的推广使用。1892 年埃内比克（F. Hennebique）解决了钢筋混凝土结构如何牢固连接的问题，钢筋混凝土进入实用阶段。随后，无梁楼盖和预应力钢筋混凝土等重要发明也逐一出现。

钢筋混凝土是建筑史上的重要发明。钢筋和混凝土具有相近的线性膨胀系数，不会由于温度变化产生较大的温度应力和相对变形而破坏粘结力；混凝土硬结后，能与钢筋牢固地粘结在一起，共同传递应力，脆性的混凝土和延性的钢筋的结合改善了材料的承载力和性能，充分发挥出钢筋抗拉强度高，混凝土抗压强度高的特点，弥补了混凝土抗拉强度低的弱点；呈碱性的混凝土可以保护钢筋免受腐蚀，使材料具有较好的耐久性。两种材料的特性使钢筋和混凝土完美地结合在一起，具有耐久性好，耐火性好，塑性好，便于塑造建筑形式，现浇或装配整体式结构的整体性好，刚度大等许多优点，使钢筋混凝土成为 20 世纪最重要的建筑材料（图 2-32）。

2.2.2 钢筋混凝土结构的发展成熟及其意义

使用原始的铁筋或铁网混凝土的建筑 19 世纪中期才出现，第一座真正的钢筋混凝土桥 1889 年才建成，而第一座真正的钢筋混凝土高层建筑于 1902 ~ 1904 年在美国辛辛那提建造。随后短短的十几年时间，钢筋混凝土就成为最重要的建筑材料，这是和 20 世纪初的钢筋混凝土先驱们的积极探索分不开的。法国一向在钢筋混凝土材料的探索上领先，对它在建筑上的应用自然也不甘人后。雷纳·班纳姆曾指出："20 世纪初叶，巴黎的新建筑运动可以说是由钢筋混凝土引起的"[③]，反映了钢筋混凝土建筑在法国的兴盛。

---

① [英] 尼古拉斯·佩夫斯纳. 现代建筑与设计的源泉 [M]. 殷凌云等译. 北京：生活·读书·新知三联书店，2001：142。

② 1854 年英国专利 2293 号。

③ [英] 雷诺·班汉. 近代建筑概论 [M]. 第二版. 王纪鲲译. 台北：台隆书店，1975：38。

图 2-32 高迪（Antonio Gaudi）米拉公寓（Casa Mila）
来源：Frank Russell Ed. Art Nouveau Architecture [M]. London: Academy Editions, 1983：74.

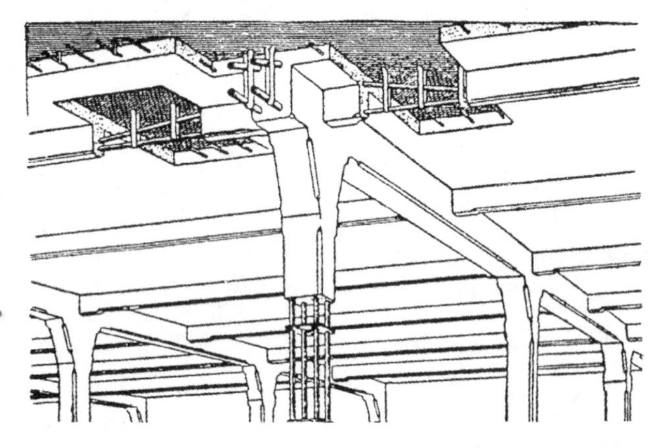
图 2-33 埃内比克体系
来源：约迪克．近代建筑史 [M]. 孙全文译．台北：台隆书店，1974：55。

图 2-34 巴黎蒙马特高地上的圣一让教堂
来源：Nikolaus Pevsner. The Sources of Modern Architecture and Design [M]. New York: Thames and Hudson, 1968：151.

法国建筑商埃内比克早在 19 世纪 70 年代就开始用钢筋混凝土建造房屋，他的事业迅速发展，遍及欧美，在多个国家具有很大的影响力，他制定了一些关于钢筋混凝土的标准，发展出称为埃内比克体系的钢筋混凝土框架结构体系，即用柱子支撑主梁，主梁支撑次梁，并共同支撑楼板的结构体系，这一发明确立了前所未有的钢筋混凝土结构体系，促进了钢筋混凝土建筑的发展（图 2-33）。

法国建筑师阿纳托尔·德博多（Anatole de Baudot）是拉布鲁斯特和欧仁一埃马细埃尔·维奥莱特一勒一杜克（Eugene-Emmanuel Viollet-le-Duc）的学生，他继承了他们使用现代技术和材料的思想，不过德博多手中的新材料已经不是铁而是钢筋混凝土。1894 年他设计的巴黎蒙马特高地上的圣一让教堂（Church of Saint Jean de Montmartre）于 1904 年建成，使用钢筋混凝土结构，建筑室内直接暴露着钢筋混凝土柱子、拱顶和墙，但是外立面却用砖把这一切都遮掩起来，形式上大量使用哥特风格的元素，使这一建筑虽然使用了最新的结构体系，却仍然沿袭传统建筑的外观形式（图 2-34）。这符合所有新材料刚刚发明使用时的情况，建筑师虽然使用了新材料、新结构，但是却不能立刻摆脱旧材料、旧形式的习惯性束缚。但是短短几年之后，奥古斯特·佩雷的建筑就坦率地将钢筋混凝土暴露在立面上，这一速度与铁从进入建筑到出现在建筑立面上经历的近百年历程相比，显得相当迅速，这是和 20 世纪初期运用钢筋混凝土的先驱特别是佩雷的天才和个人贡献分不开的。

佩雷生于比利时，是一个成功的营造商的儿子，他曾经在巴黎美术学院学习，不过这一学习经历对他拟议中的营造商生涯没有帮助，所以他并没有正式毕业。佩雷和他的兄弟建筑师古斯塔夫·佩雷（Gustave Perret）继承了他们父亲的建造公司，开始使用钢筋混凝土进行建造的实践，很快就成为混凝土设计的专家。1900 年前后的法国，仍在遵守拿破仑一世制定的巴黎只能建造 7 层高的建筑的规定，这一规定限制了新材料对自身能力的表现，建筑师们也懒于探索这一新材料的特性，只是把钢筋混凝土作为石材的代用品来使用。佩雷追随他在巴黎美术学院的教师加代（Guadet）的思想，认为只有结构才能赋予建筑真实的品格、比例和尺度。他在使用钢筋混凝土进行建造的过程中思考了其材料特性，认为钢筋混凝土结构并非类似砖石结构，而是与木结构类似，钢筋混凝土梁柱能够很好地满足结构需要，因此钢筋混凝土的真正结构体系应该是框架结构体系。

建于 1902 ~ 1904 年的巴黎富兰克林公寓（Rue Franklin Apartments）位于两座建筑之间，基地很宽，但是进深不足，佩雷兄弟在建筑背面布置辅助部分，正面两侧各凸出一间房间以增加使用面积，这种平面形式复杂的建筑不利于使用砖石结构，当时的巴黎有很多这样的地块，平面处理方法也都类似，结构一般采用铁框架，富兰克林公寓是此类建筑中第一次使用钢筋混凝土框架结构（图 2-35）。佩雷相信建筑中不能有单独存在的装饰，但是可以把整个支撑结构转化为装饰，他厌恶当时流行的砖石饰面，认为应该采用内外一致的设计手法，提出结构是建筑师的母语，建筑师是用结构来思考和发言的诗人。富兰克林公寓使用钢筋混凝土框架结构，建筑中部分隔墙可以取消，留下只有钢筋混凝土柱的空间，和随后的现代主义者一样充分表现了框架结构的特性，其区别只是程度上的差异。建筑立面上大胆地表现了钢筋混凝土材料，不过佩雷还是对当时的流行风格作了让步，在基座部分使用了石材，而且他用混凝土塑造了各种纹理和花饰，并没有抛弃装饰因素（图 2-36）。不过无论如何，在 20 世纪初钢筋混凝土应用的初期就设计出这样的作品使佩雷获得了巨大的声誉，富兰克林公寓也成为 20 世纪的经典建筑作品。

图 2-35 富兰克林公寓（左）
来源：Jonathan Glancey. 20th Century Architecture: the Structures that Shaped the Century [M]. London: Carlton, 1998：126.

图 2-36 富兰克林公寓墙身的花饰（右）
来源：Nikolaus Pevsner. The Sources of Modern Architecture and Design [M]. New York: Thames and Hudson, 1968：155.

图 2-37　百年大厅
来源：David Watkin. A History of Western Architecture [M]. 2nd edition. London: Laurence King, 1996：513.

此后，他设计了很多钢筋混凝土建筑作品，但是始终在发展一种新的适合钢筋混凝土的风格和继承发扬古典风格之间踌躇不决。他发现最适合钢筋混凝土的结构体系是框架结构，也在建筑中内外一致地对此加以表现，他迷恋于创造“完美”的材料，大胆地裸露混凝土，减少外加装饰，混凝土表面的精细纹理要求在模板的准备过程中使用最熟练的木工，将钢筋混凝土建筑发展到了很高的高度。但是他却没有将框架体系作为一个整体来看待，仍然认为它是梁和柱的结合，钢筋混凝土框架应该浇筑成一个整体，而不是像古典建筑的梁柱体系那样相互搭接，佩雷没有认清这一点，虽然他已经发现钢筋混凝土柱子的稳定性不像石头柱子那样在于重心的位置，而在于节点的连接，但是由于他醉心于古典建筑，最终还是没有走向整体结构而是转而寻求与古典的联系。佩雷的建筑越到晚期，形式越接近古典主义，他用钢筋混凝土模拟柱式等古典建筑元素，把钢筋混凝土结构和古典构图原理结合，关注细部和材料的肌理。尽管他认为钢筋混凝土是高于石材的材料，却仍然对不同材料进行分别处理，并没有发展出一种完全的钢筋混凝土的建筑。但是无论如何，佩雷用自己的建筑促进了钢筋混凝土建筑的成熟和传播，为钢筋混凝土建筑的发展作出了巨大贡献。

瑞士工程师罗伯特·马亚尔（Robert Maillart）1910 ~ 1912 年间参加了一些桥梁工程竞赛，尽管评委比较倾向于传统的方案，但是他还是凭借高品质和低造价获得了几座桥梁的建造任务。他的设计充分发挥钢筋混凝土的材料特性，没有使用梁和拱，而是根据需要直接使用平直或弯曲的钢筋混凝土板创造了结构化的桥梁形式，使用整体化的钢筋混凝土结构，完成了佩雷没有做到的革新。随后建筑师也在建筑中使用整体框架结构，继续发展钢筋混凝土结构，创造出大量优秀建筑作品。马克斯·贝格（Max Berg）1913 年为布雷斯劳展览会设计的百年大厅（Jahrhunderthalle，Breslau）是一幢圆形平面建筑，用大跨度钢筋混凝土构件覆盖大空间，穹顶直径达 67m，是当时世界上最大的穹顶。穹顶由 32 条向心混凝土肋支撑，它们一端从大厅的环形墙壁顶部的圈梁伸出，一端止于穹顶中心的环形梁，圈梁由下方的 4 个巨大帆拱支撑，大厅之外还有弧形钢筋混凝土梁帮助抵抗侧推力。建筑外观有多层同心圆玻璃窗带，采用古典主义风格处理，遮掩了真正具有革新意义的粗壮的钢筋混凝土结构。建筑室内是均一的大空间，没有用装饰掩饰巨大的结构，直接暴露的壮观的钢筋混凝土结构形成了具有力量和韵律的结构美，这是材料和结构造成的真实动人的美，气势宏伟雄健，充分体现了混凝土的结构能力和艺术魅力（图 2-37、图 2-38）。到 20 世纪 20 年代，建筑师们已经相信钢筋混凝土的能力无比强大，“整个现代建筑都将建立在这个革命性的构造过程上……科学创造了新的美学，形式完全改变了”。①钢筋混凝土建筑的结构和形式都与传统建筑完全不同，这一全新的建筑材料和建筑结构带来了一种全新的建筑（图 2-39）。

① Reyner Banham. Theory and Design in the First Machine Age [M]. Oxford: Architectural Press, 1971：202.

图 2-38 百年大厅局部（左）
来源：Vincent Scully Jr. Modern Architecture: The Architecture of Democracy [M]. London: Prentice-Hall International, New York: George Braziller, 1961：52.

图 2-39 1916 年欧仁·弗雷西内（Eugene Freyssinet）的法国奥利（Orly）飞艇库房
来源：J. M. Richards. An Introduction to Modern Architecture [M]. Baltimore: Penguin Books, 1959：187.

2.3 现代建筑科学、技术和设备的进步

2.3.1 结构科学的发展

古代建筑没有科学建造的概念，也没有真正意义上的建筑师，更没有结构工程师，建筑结构由经验积累决定，留有很大的安全系数，因此造成普遍的“厚墙肥梁胖柱”现象，造成结构与材料的大量浪费。但是，即便如此，也经常发生建筑倒塌事件，如 1247 年动工的法国哥特式教堂博韦主教堂（Cathedrale Saint-Pierre de Beauvais），其 1548 年修建的一座高达 152m 的尖塔就于 25 年后倒塌，这座教堂也始终未能建成，只修了东半部，有净高 48m 的大厅，是哥特式教堂中最高的大厅。由于古代建筑的结构简单，基本上使用天然建筑材料，以及砖瓦等手工制造的人工材料，可以凭经验或者直觉行事，建筑工匠或建筑师可以兼任工程师的角色。但是随着现代建筑的迅速发展，建筑的高度与跨度、建筑结构的复杂性都远远超越了古代建筑，缺乏力学和数学知识的建造者的经验或直觉已经无法满足建筑结构的需要，在建造过程中或者建成后倒塌的建筑增多。此外，新材料、新结构的应用也带来了很多结构问题，所有这一切为建筑界提出了许许多多迫切需要解决的新的课题，社会需求促进了结构科学的进步，结构科学得到迅速发展。

静力学的概念早在古代就已出现，古希腊数学家、力学家阿基米德就用严格的几何方法论证力学的原理，确立了杠杆定律，他将熟练的计算技巧和严格证明融为一体，并在实践中将抽象理论和工程技术的应用紧密结合。1637 年伽利略（Galieo Galilei）写成了世界上第一部关于材料力学和动力学的著作，开创了这两门新学科。17 世纪胡克和牛顿用数学公式来定量力的作用，开创了现代力学和结构力学体系。随后力学迅速发展成为包含广泛的科学门类，静力学、动力学和分析力学基本原理为工程计算提供了理论依据。牛顿在力学上提出三大运动定律和万有引力定律，总结建立了现代力学体系。莱布尼兹和牛顿分别发明了建立在函数

与极限概念基础上的微积分理论，为结构计算提供了数学工具。

1717年瑞士人约翰·伯努利（John Bernoulli）在一封信中提出了虚位移原理，创造了分析静力学，用它求解静力学问题极为简便。动力学是理论力学的一个分支学科，它主要研究作用于物体的力与物体运动的关系，奠定了现代力学的基础，也是许多工程科学的基础。

牛顿力学体系建立之后，理论上可以解决一切力学问题，但是他的力学体系还有不完善的地方，处理矢量力学的复杂问题时还有不足。18世纪的数学家们创立了分析力学，他们用更普遍的原理代替牛顿定律，用先进的数学工具解决力学问题，便于工程等实际工作中的分析和计算。力学的基本体系和原理形成之后，出现了很多分支，其中工程上具体应用的是固体力学，以及其分支材料力学和结构力学。

固体力学是力学中形成较早、理论性较强、应用较广的一个分支，它主要研究可变形固体在外界因素（如载荷、温度、湿度等）的作用下，其内部各个质点所产生的位移、运动、应力、应变以及破坏等的规律。固体力学的研究对象按照物体形状可分为杆件、板壳、空间体、薄壁杆件四类，它们都广泛应用于建筑工程。

弹性固体力学理论是在实践的基础上于17世纪发展起来的。1678年英国科学家胡克发现弹簧下挂的砝码重量越大，弹簧的伸长量就越大，他通过实验证明弹簧所受的外力与伸长量有成正比的关系，提出“在弹性物体上作用的力和物体产生的变形成比例关系”的胡克定律。后来弹性材料在复杂应力状态下的应力应变关系称为广义胡克定律，它由实验确定，通常称为物性方程，反映弹性体变形的物理本质，弹性力学就此起步，它适用于大多数工程计算。塑性力学又称塑性理论，是研究固体受力后处于塑性变形状态时，塑性变形与外力的关系，以及物体中的应力场、应变场及有关规律，其中的稳定性理论研究细长杆、杆系结构、薄板壳及它们的组合体在各种形式的压力作用下产生变形，以至丧失原有平衡状态和承载能力的问题。弹性结构丧失稳定性，指结构受压力后由和原来外形相近似的稳定平衡形式向新的平衡形式急剧转变或者丧失承载能力，对应的压力荷载即是所谓的临界荷载，适用于建筑结构分析。振动理论是研究物体的周期性运动或某种随机的规律的学科，了解这些知识之前，工程结构曾多次遭到共振破坏，在了解这一原理之后，就可以有针对性地进行设计，避免破坏的发生。

材料力学是固体力学中最早发展起来的一个分支，它研究材料在外力作用下的力学性能、变形状态和破坏规律，计算杆中的应力、变形并研究杆的稳定性，以保证结构能承受预定的载荷，为工程设计中选用材料和选择构件的截面形状与尺寸提供依据。它研究的对象主要是杆件，包括直杆、曲杆（如挂钩、拱）和薄壁杆等，也涉及一些简单的板壳问题。固体力学的各分支中，材料力学的分析和计算方法一般说来最为简单，但由于方法比较简便，又能提供足够精确的估算值作为工程结构初步设计的参考，所以常为工程技术人员采用。

结构力学是固体力学的一个分支，它主要研究工程结构受力和传力的规律，以及如何进行结构优化的学科。所谓工程结构是指能够承受和传递外载荷的系统，包括杆、板、壳及它们的组合体。结构力学的任务是研究工程结构在外荷载作用下的应力、应变和位移等的规律；分析不同形式和不同材料的工程结构，为工程设计提供分析方法和计算公式；确定工程结构承受和传递外力的能力；研究和发展新型工程结构。就基本原理和方法而言，结构力学是与理论力学、材料力学同时发展起来的。所以结构力学在发展初期是与理论力学和材料力学融合在一起的。19世纪初，由于工业的发展，人们开始设计各种大规模的工程结构，对于这些结构的设计，要作较精确的分析和计算，工程结构的分析理论和分析方法开始独立出来，到19世纪中叶，结构力学开始成为一门独立的学科。

力学和数学的进步为科学的结构计算提供了工具，而缺乏对结构的科学分析方法造成的工程事故使工程师们认识到结构计算的重要性，工程结构理论先是出现在铁路和铁桥建设中，随后也被引入建筑。①

简单杆件即梁和柱的主要理论和计算方法到 19 世纪初已经大体完备了；随后的结构力学致力于解决由若干杆件组成的杆件系统，19 世纪中期，连续梁和桁架理论的建立使结构力学从力学中分离出来，成为一门独立工程学科；19 世纪末期，人们已经掌握了一般杆件结构的基本规律和实际计算方法。19 世纪上半叶，弹性理论进入梁的弯曲研究阶段。对简单杆件的计算只是结构科学发展的第一步，实际上，大部分建筑都是连续梁结构。19 世纪初，德国工程师艾特魏因（Eytelwein）认识到连续梁是放在刚性支座上的弹性杆，得出双跨连续梁在自重和集中荷载下支座反力的计算公式，但是十分繁杂，无法实际应用。19 世纪中期，多名工程师相继独立发现了解决连续梁计算问题的三弯矩方程，1857 年，三弯矩方程的创立者之一，法国的克拉佩龙（Clapeyron）提出了简便的连续梁的计算方法，使连续梁计算进入实际应用。现代桁架及其理论是在建造铁路桥梁的过程中发展起来的。1847 年，美国工程师惠普尔（S. Whipple）提出静定桁架的计算办法；同期，俄国工程师儒拉夫斯基（D. J. Jourawski）提出了平行桁架的分析方法，随后他又进一步研究复杂桁架的计算。随后几十年间，学者们应用图解法、解析法等来研究静定桁架结构的受力分析，奠定了桁架理论的基础。1864 年，英国的麦克斯韦创立单位载荷法和位移互等定理，并用单位载荷法求出桁架的位移，得到了解超静定结构问题的方法；1879 年，意大利学者卡斯泰拉诺斯（Castellanos）论述了利用变形位能求结构位移和计算超静定结构的理论；接着摩尔（Otto Mohr）发展了利用虚位移原理求位移的一般理论。理论完备后，人们继续探索理论在实际工程中的应用，逐渐发明了各种实用的计算方法。②

20 世纪初，结构科学逐渐完备，为建筑的设计和建造提供了理论基础和科学支持。工程中应用结构科学是近代建筑区别于之前建筑的一个重要标志，建筑师面对复杂的建筑构造问题唯有依仗结构科学的力量，结构计算成为建筑设计中不可或缺的部分，促进了建筑和科学技术的结合，帮助建筑师扭转建筑是无关其余的纯艺术的观念。

2.3.2　建筑构造和建筑物理的进步

几千年来，西方建筑一直使用木材和石材等天然材料，以及砖瓦等人工材料，随着钢铁和钢筋混凝土等材料应用于建筑，建筑工程出现了飞跃性的发展，建筑的跨度和高度轻松地刷新了古代纪录，工程规模也是前人所不能想象的。工程师在探索中遵照逐渐成熟的力学和结构理论处理新材料和新结构，解决前所未有的高层和大跨度建筑探索中出现的问题，将建筑工程从经验上升为科学，20 世纪初，结构科学逐渐发展成熟，并转化为建筑结构工程实践成果，这需要解决许多具体的结构工程构造问题，当时现代结构技术已经可以解决当时各类建筑的基本结构问题。

框架结构把建筑从承重墙中解放出来，改变了建筑师和工程师的设计方法和设计思想，这在结构发展史上具有重大意义。框架结构脱胎于木石梁柱体系，不同的是钢铁和钢筋混凝土材料不必采用简单的搭接或者榫接，而是可以构成整体结构体系，使结构具有更好的强度、

① 参见吴国盛．科学的历程 [M]．长沙：湖南科学技术出版社，1995。

② 参见吴焕加．20 世纪西方建筑史 [M]．郑州：河南科学技术出版社，1998。

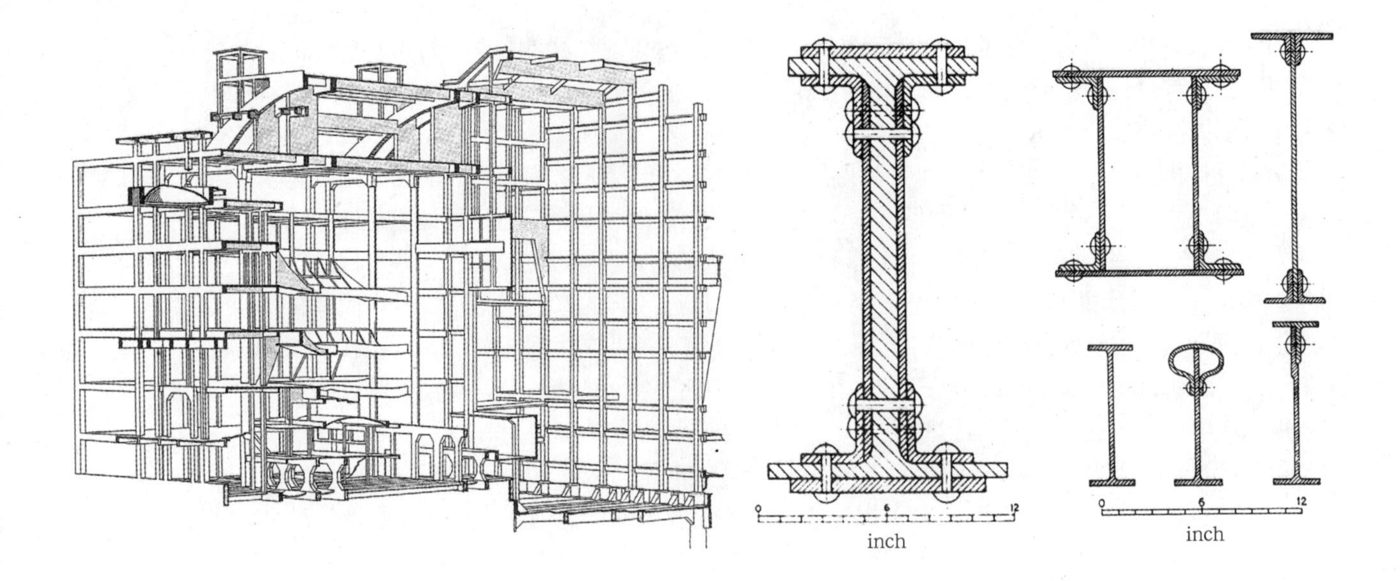

图 2-40　佩雷设计的巴黎香榭丽舍剧院（The Theatre des Champs-Elysees, 1911）混凝土框架（左）
来源：Nikolaus Pevsner. The Sources of Modern Architecture and Design [M]. New York: Thames and Hudson, 1968：155.

图 2-41　1847 年的熟铁梁专利（中）
来源：查尔斯·辛格，E·J·霍姆亚德，A·R·霍尔，特雷弗·I·威廉斯．技术史：第 V 卷 [M]. 远德玉，丁云龙主译．上海：上海科技教育出版社，2004：331。

图 2-42　费尔贝恩提出的熟铁梁截面（右）
来源：查尔斯·辛格，E·J·霍姆亚德，A·R·霍尔，特雷弗·I·威廉斯．技术史：第 V 卷 [M]. 远德玉，丁云龙主译．上海：上海科技教育出版社，2004：332。

刚度和性能。框架结构首先出现在铁建筑中，随后也被混凝土结构采用（图 2-40）。

铁建筑的时代从工业革命时期就开始了，铸铁是第一个系统用于建筑的金属，18 世纪晚期就开始用于建筑的梁和柱，19 世纪初期，熟铁也开始用于建筑。早期铁结构的进步在于使用更符合材料特征的构件截面，英国 18 世纪末期就有下部有小角度放脚和有下缘的 T 形截面构件了，最初的目的只是便于支撑砖拱。1824 年托马斯·特雷德戈尔德（Thomas Tredgold）出版的《铸铁等金属强度的应用文集》（Practical Treatise on the Strength of Cast Iron and other Metals）中就首次设想使用上下有凸缘的工字铸铁梁。1831 年数学家伊顿·霍奇金森（Eton Hodgkinson）和工程师威廉·费尔贝恩（William Fairbairn）结合数学计算、理论分析和 1826 ~ 1830 年间的实践经验，提出熟铁对于控制挠曲和抗拉更为有利，而加凸缘的工字梁是最经济的构件形式。工程师罗伯特·斯蒂芬森（Robert Stephenson）1840 年左右引入了预制的金属梁，包括不成直角的、平的、有下缘的等截面形式，并于 1841 年实际应用于韦尔河（Weer River）的铁路桥上。1850 年，熟铁梁有了很大发展，但是当时使用的铁柱大多还是铸铁材料制作的（图 2-41）。

英国工程师威廉·默多克（William Murdoch）最早发现铸铁的抗拉强度不足，需要在结构的抗拉部分使用熟铁，他把桁架根据受力分析分成铸铁和熟铁部件，上杆和撑杆使用铸铁，下杆和拉杆是熟铁。加筋铁铸件是 1849 年出现的，当时拉斯蒂克（J.N. Rastrick）在铸铁梁下缘使用熟铁板，并用水泥覆护以防火。同年晚些时候，彼得·W. 巴洛（Peter W. Barlow）介绍了在铸铁梁的下缘加入熟铁条来加强抗拉能力的技术方法。随后又出现了一些新设计思路，1854 年，费尔贝恩出版了《在建筑中使用铸铁和熟铁》（On the Application of Cast and Wrought Iron to Building Purposes），这是铁结构的重要技术文献，总结了铁在建筑中的应用，他还在书中第一个提出使用熟铁楼盖的设想（图 2-42）。格林 1858 ~ 1860 年设计建造的英国希尔内斯皇家造船厂船库中第一个使用了工字形柱子和桥门撑架。虽然建筑的每个部件都可以用铁制造了，但是建筑师们仍然没有想到完全用铁建造的建筑应该和普通建筑有什么不同，实际上这样的建筑已经出现了。

1835 年查尔斯·福勒（Charles Fowler）设计的伦敦亨格福德鱼市场（Hungerford Fish Market）是第一个独立式的铁框架结构，也是第一个有抗风支撑（Wind Bracing）的铁结构建筑（图 2-43）。1848 年，美国人詹姆斯·博加德斯（James Bogardus）在纽约建造了一座

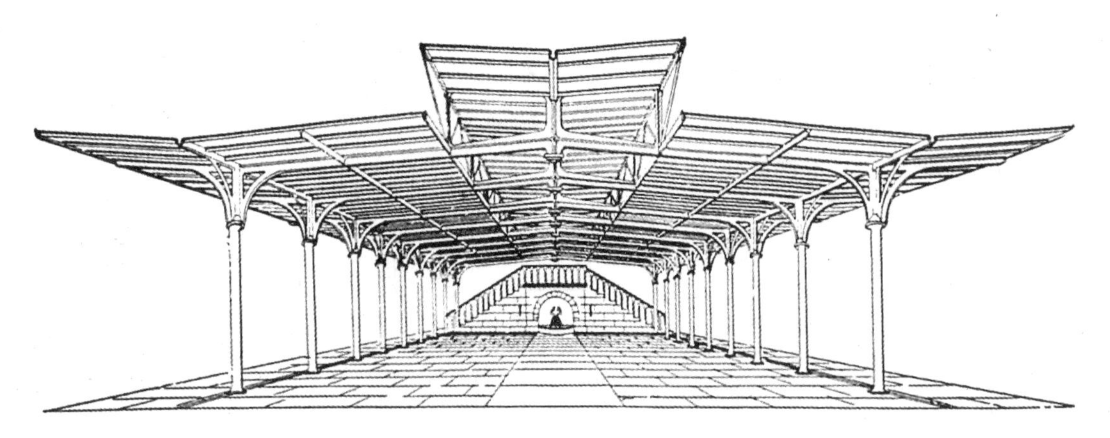

图 2-43 亨格福德鱼市场
来源：Sigfried Giedion. Space, Time and Architecture: The Growth of a New Tradition [M]. 5th editon. Cambridge: Harvard University Press, 1969：230.

铸铁框架结构的工厂，建筑高4层，通体采用预制铸铁构件，立面开有大面积玻璃窗，是美国框架结构的先驱（图 2-44）。欧洲第一个多层铁框架结构是伊波利特·方丹（Hippolyte Fontaine）1864 ~ 1865 年在巴黎设计的圣旺码头仓库（St-Ouen Docks Warehouse），建筑使用铸铁拱梁、铸铁柱子，大梁是预制的熟铁梁，跨度 26ft（约 8m），建筑中间有一排柱子，中间的柱子和两边的柱子间架有两排铸铁拱梁支撑楼板，跨度各 13ft（约 4m），建筑使用混凝土地面，比当时的一般仓库承载力高一倍。1867 年，移民英国的德国人奥劳斯·亨里齐（Olaus Henrici）在美国发表了《框架结构：特别是它们在钢和铁桥梁建筑中的应用》（Skeleton Structures : Especially in Their Application to the Building of Steel and Iron Bridges），主要论述桁架桥的建造，第一次明确提出和描述了框架结构，并且提出使用抗风支撑的必要性，随后其他工程师发表了很多论文对此进行探讨。①

图 2-44 纽约铸铁框架结构工厂
来源：查尔斯·辛格，E·J·霍姆亚德，A·R·霍尔，特雷弗·I·威廉斯．技术史：第 V 卷 [M]．远德玉，丁云龙主译．上海：上海科技教育出版社，2004：330。

虽然铁框架结构最先出现在英国，但是英国人并不重视它，而美国的芝加哥学派则发展了铁框架结构来建造高层建筑，并过渡到使用钢，后来钢框架高层建筑随着密斯风格的流行风靡全球。20 世纪初期，佩雷发展出钢筋混凝土框架，钢铁和钢筋混凝土这两种现代材料都同样采用适合自身特性的框架结构，这一结构方式取消了承重墙，使建筑平立面都可以自由布置，为建筑的发展提供了结构技术支持。

抗风支撑是现代建筑特有的结构构件，它的设计基于两个问题，空气的流动和它对于位于其流动路线上的物体的压力之间的关系，以及如何对抗这种力量以避免结构破坏。伯努利和牛顿发现流体力学原理后，很快就出现了针对不同流体运动产生的压力的研究。具体到研究风的力量，1687 年英国科学家胡克首先研究了风速和风压之间的关系；18 世纪 30 年代，法国军事工程师贝尔纳·福雷德·贝利多（Bernard Forest de Belidor）试图测量风压，研究灯

① 参见 Alan Blanc, Michael McEvoy, Roger Plank Ed. Architecture and Construction in Steel [M]. London: E&FN Spon, 1993.

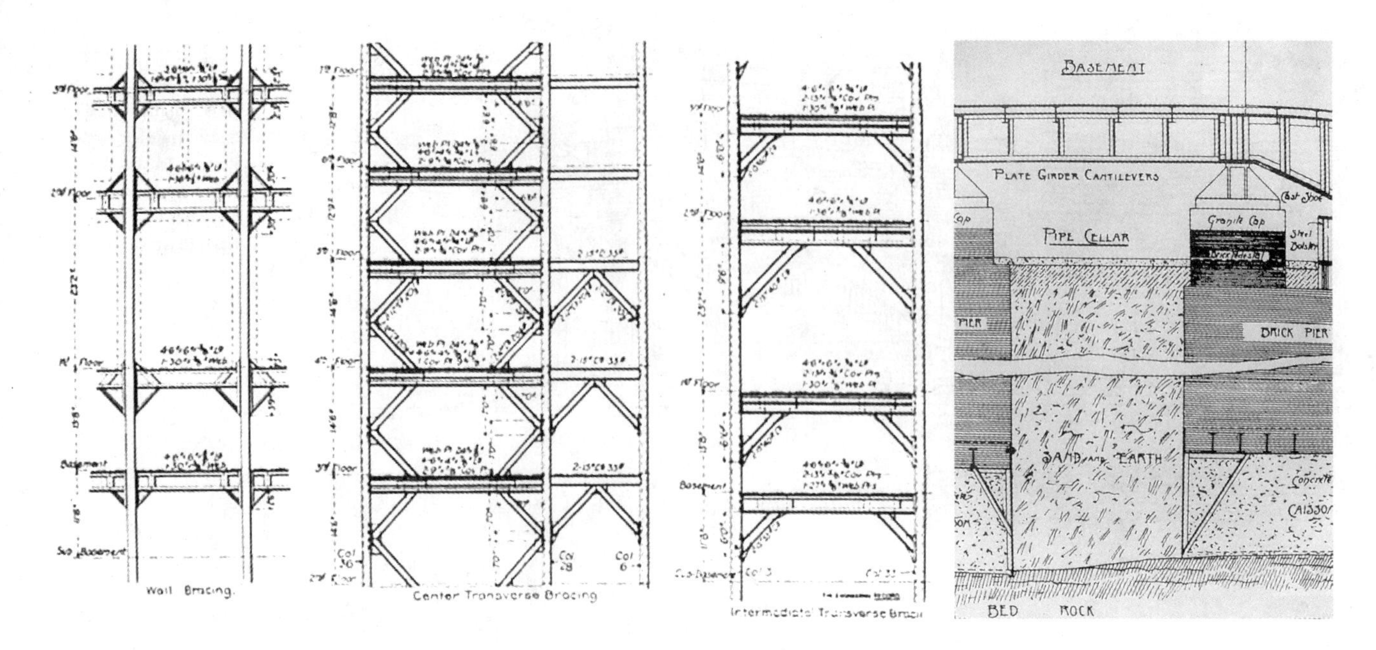

图 2-45　纽约富勒大厦（Fuller Building）的抗风支撑（左）
来源：Sarah Bradford Landau, Carl W. Condit. Rise of the New York Skyscraper, 1865-1913 [M]. New Haven: Yale University Press, 1996：304.

图 2-46　高层建筑基础（右）
来源：Sarah Bradford Landau, Carl W. Condit. Rise of the New York Skyscraper, 1865-1913 [M]. New Haven: Yale University Press, 1996：448.

塔需要的墙厚；18 世纪 50 年代，约翰 · 斯密顿利用风车进行了类似的研究；1763 年，法国物理学家和数学家让 - 夏尔 · 博尔达（Jean-Charles Borda）开始研究风速和压力；1832 年，法国政府灯塔顾问莱奥诺拉 · 费雷内尔（Léonor Fresnel）计算了一座灯塔受到的风压，成为计算风压和荷载的先驱。后来埃菲尔用他的方法来计算埃菲尔铁塔的风荷载，这座史无前例的高耸铁塔要承受巨大的风力，埃菲尔说："建筑美学的第一条原则规定，一座建筑物的主要线条必须完全符合其目的。那么，对于这座塔，我该考虑什么原则呢？无疑是要抵得住风力……同样，那些构件本身所包含的无数个空的空间，将使建筑物的表面有利于经受住强风的经常袭击，从而保证其稳定性。"[①]埃菲尔铁塔的结构有大量空隙，风的影响还不是很显著，高层建筑面对的风压问题要严重得多，以至于必须采用抗风支撑来避免结构破坏，可以说，如果没有抗风支撑构件和相应理论的成熟与应用，就不会有现在鳞次栉比的高层建筑（图 2-45）。

西方古代建筑就有砖石基础和放脚的做法，近代建筑最初只是在基础材料上有所进步，19 世纪后期，建筑的规模加大，大跨建筑和高层建筑出现，传统的墩基础已经不能适应新结构的要求。在建造桥梁的过程中，发明了用连有空气管的箱体沉入水底以保护工人健康的施工方法，即现在所称桥梁基础的压气沉箱施工法（The Pneumatic Caisson），这样工人可以在水下连续作业。受到这一启发，1830 年，英国工程师托马斯 · 科克伦（Thomas Cochrane）发明了封闭的桥梁基础，其中充有和周围环境压力匹配的气压，这一方法很快推广开来，19 世纪 90 年代这种基础开始用于建筑，为高层建筑的发展奠定了基础。后来人们又发明了桩基和各种适应不同地质条件的基础模式及施工方法，以满足各种条件下建筑工程的需要（图 2-46）。

现代消防和防火结构始于 18 世纪末法国的早期铁筋加强混凝土和防火地面专利。1782 年法国建筑师昂戈（Ango）发明了复合地板，在铁板上覆灰泥，铁结构有了灰泥隔热层后利于防火。英国的约翰 · 索恩（John Soane）1792 年起就在银行办公室设计中使用中空的陶构件来防火并减轻结构自重。1845 年法国政府试验铁结构覆灰泥，1849 年巴黎博览会上，承包商鲍迪（Baudrit）展出了包在灰泥里的工字梁。1860 年，美国纽约铁制造商约翰 ·B. 康奈

① ［意］L· 本尼沃洛 . 世界城市史 [M]. 薛钟灵，余靖芝，葛明义等译 . 北京：科学出版社，2000：110。

尔（John B. Cornell）取得了防火柱的专利，他的设计是2根同心铸铁圆柱，中间灌注烧硬的黏土以防火。同年，纽约和美国政府也相继立法要求建筑防火，从此，如何防止火灾灾害成为建筑师需要考虑的问题之一，这大大促进了建筑结构防火技术的发展，也促进了建立在结构科学发展的基础之上的现代建筑结构技术的普及。

2.3.3 建筑设备的现代化

古代建筑只是一个砖石外壳，而现代建筑如果要方便适用就必须具有给水排水系统，照明、信号、防雷、电梯等电气设备，空调和供暖，通风设备等等现代建筑设备。

1712年，英国约克就有了用蒸汽机驱动泵的压力供水装置，不过这一技术的发展很缓慢，到19世纪中叶才普及开。最早的水管是铸铁的，但是铸铁管抗弯力不够，又很难做到小直径，因此并不适用。1835年，英国斯塔福德郡温斯伯里的拉塞尔（Messrs Russell）发明了搭焊的熟铁管。熟铁管材料性能较好，可以做成较小直径，承受较大压力，很快就取代了铸铁管。18世纪末，主要由于英国工程师的贡献，抽水马桶、浴缸和有进水控制的厕所设备等卫生设备都齐备了，到19世纪中期，压力供水、排污、多向管道配件、控制设备，例如阀门、铅封、存水弯等设备全都发明完毕，给水排水设备很快就成为建筑的标准配备。

早期的建筑照明和古代没有什么区别，使用动物或植物油脂的灯，甚至是明火。后来发明了煤气灯，1779年，威廉·默多克在英国雷德鲁思他的家里安装了一套管道，为各处的煤气灯供气，但是这样很不经济，也很麻烦。1879年，爱迪生制成了第一盏真正有实用价值的电灯。为了延长灯丝的寿命，他又重新试验，大约试用了6000多种纤维材料，才找到了耐用的灯丝材料。配合发明不久的发电机和供电系统，建筑进入人工照明时代。在此之前，房间平面大小和布局都取决于自然光照明，例如最初的高层办公建筑都采用20～28ft（约6～8.5m）的“经济进深”，进深太浅则不经济，太深则采光不佳，难以出租。白炽灯发明后，情况有所改善，但是灯泡的热量仍然使人难以忍受，直到荧光灯发明才解决了这一问题（图2-47）。直到1923年，波士顿的高层办公楼，如果设计为25ft进深，每平方英尺租金2.6美元，15ft进深，3美元，50ft进深，只有1.65美元。[①]后者的平均建造管理费用与前二者相当，租金却只有一半，这无疑要在建筑师的考虑当中，影响到他的设计。

现代避雷针是美国科学家本杰明·富兰克林（Benjamin Franklin）发明的，他用试验证明闪电是一种放电现象。这样一来，如果将一根金属棒安置在建筑物顶部，并且以金属线细连接到地面，那么所有接近建筑物的闪电都会被引导至地面，而不至于损坏建筑物。1752年，他发明了避雷针，1754年，避雷针开始应用。

电梯是现代建筑的重要设备，没有电梯，高层建筑就难以使用，因而无法发展。利用人力或畜力运作的升降设备早已出现，维特鲁威（Marcus Vitruvius Pollio）在《建筑十书》（The Ten Books on Architecture）中就详细记述了当时使用滑轮的起重设备的制造方法。[②]18世纪，升降机开始利用机械力，蒸汽机发明后，很快就用于起重，1846年，第一部工业用水压式升降机出现，随着机器和工程技术的提高，各种动力的升降装置相继出现。但是当时的升降机只要起吊绳断裂，就会迅速坠落，无法安全载人。1852年时，伊莱沙·奥的斯（Elisha Otis）

---

① Carol Willis. Form Follows Finance: Skyscrapers and Skylines in New York and Chicago [M]. New York: Princeton Architectural Press, 1995：26.

② 这种设备称为“牵引机”，见[意]维特鲁威.建筑十书[M].高履泰译.北京：知识产权出版社，2001：264-267。

图 2-47 20 世纪初期办公室照明
来源：Carol Willis. Form Follows Finance: Skyscrapers and Skylines in New York and Chicago [M]. New York: Princeton Architectural Press, 1995：30.

图 2-48 奥的斯在纽约世界博览会上展示安全电梯
来源：奥的斯电梯公司 . 电梯史话 [Z]. 1974：10.

是纽约扬克斯的贝德斯泰德制造工厂的熟练工长，老板叫他制造一台升降货梯来装运产品，他不但成功地制造了它，而且设计了一种制动器，在升降梯的平台顶部安装一个货车弹簧，和一个制动杆，制动杆与升降梯井道两侧的导轨相连接，货车弹簧和起吊绳连接。这样起重平台的重量足以拉紧弹簧，避免它和制动杆接触。一旦起吊绳断裂，则弹簧不再拉紧，制动杆就立刻伸展开，和井道两侧导轨上的齿咬合，将平台固定在原地。安全升降梯得以发明。随后，他成立了奥的斯电梯公司，从事安全升降梯的生产。

1854 年纽约世界博览会上，奥的斯展示了他的发明。他站在高高的升降梯平台上，然后把悬挂平台的绳子砍断！现场一片惊呼，不过安全装置立刻起了作用，平台下降了几英寸就停了下来，他大声宣布一切安全，参观者只是虚惊一场，这一发明立刻引起了轰动（图 2-48）。后来升降梯开始使用电动机，成为真正的电梯，更加简单方便，安全电梯迅速进入建筑，促进了高层建筑的发展。因此，美国的一位作家曾说，由于对高层的需求，“作为一个独立的经验来说，美国的建筑业一开始便和升降机的发明与使用同时并存了”。[①]

不过在 20 世纪初，电气无齿轮电梯发明前，电梯采用液压或者用缠绕在鼓形设备上的缆绳拉动的方式来升降，技术的局限使它最高只能上升约 90m。无齿轮电梯和用滑轮在井中打水的原理类似，使用了对重设计、电气控制器和缠绕电梯绳索的凹槽轮，绳索的一端安装在电梯轿厢上，另一端安装在对重块上。设计简单合理，速度也大大增加。随后又发明了用

① [美] 奥的斯电梯公司 . 电梯史话 [Z]. 1974：14。

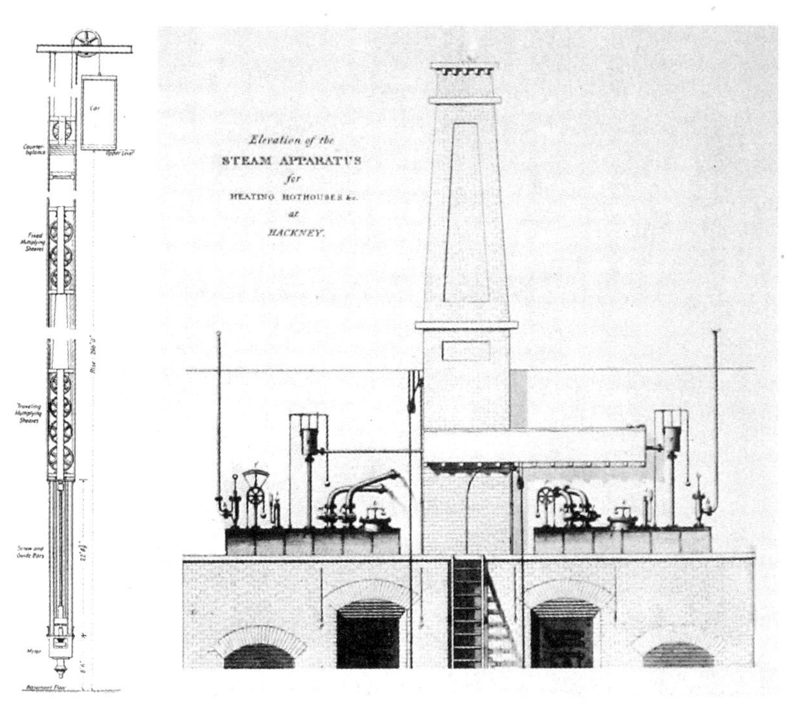

于载重的低速齿轮电梯，使用减速的变速轮通过牺牲速度来增加载重能力。后来，电梯继续发展，能力进一步增强，成为很多建筑中不可或缺的设备（图 2-49）。

19 世纪中期，美国就出现了原始的空调系统。1902 年，美国工程师威利斯·H. 卡里尔（Willis H. Carrier）发明了空调，但是最初空调只用于改善工业生产环境。1922 年，离心式空调机发明后，空调效率大大提高，走入了公共和居住建筑。供暖的历史则要长得多，1745 年，威廉·库克（William Cook）在英国皇家科学院的报告中就提出用一根连接锅炉的管道为 3 层楼房提供水暖，建筑内用 U 形管道散热。1777 年，一个叫做博纳曼（Bonnamen）的发明家在发明的孵卵器专利中使用了循环热水供暖系统，19 世纪初，这种装置开始用于建筑。1792 年，斯特拉特在英国德比郡的贝尔珀工厂（Belper Mill）使用热风系统供暖，1795 年，伊文思（Oliver Evans）在美国也这样做了。随后出现的是蒸汽供热，早在 1784 年，工程师们就在蒸汽采暖方面进行了实验。詹姆斯·瓦特（James Watt）就曾用由地下室的锅炉供应蒸汽的空铁箱为书房取暖，1800 年，他在曼彻斯特设计的棉纺厂中，让蒸汽通过支撑楼板的空心铁柱来循环供暖。这些供暖设备很快就接近了现代水平（图 2-50）。没有供暖设备，大面积玻璃窗和幕墙的建筑就无法在寒冷的天气中使用，对美学和时空的探索就会失去实现的基础（图 2-51）。

18 世纪之前，建筑师对通风还没有概念，1736 年，约翰·特奥菲勒斯（John Theophilus）发明了手摇风扇，来给船下层和英国住宅通风，后来人们又发明了利用鼓风炉发出的热对流使空气流动，但是效果仍然不理想。当电力用于采暖和通风后，才出现了这些设备的革命性进展。①

现代建筑再不是一个简单的外壳，而是装备了各种各样的建筑设备。这些设备有的赋予建筑师以自由，如电气照明使建筑摆脱了必须有良好自然光照的局限，平面布局更加自由，

图 2-49 1896 ~ 1899 年纽约公园街大厦（Park Row Building）的电梯系统（左）
来源：Sarah Bradford Landau, Carl W. Condit. Rise of the New York Skyscraper, 1865-1913 [M]. New Haven: Yale University Press, 1996：171.

图 2-50 乔治·罗狄吉斯（George Loddiges）1818 年在哈克尼的罗狄吉斯苗圃（Loddiges' Hackney Nursery）装备的供暖系统（中）
来源：John Hix.The Glass House [M]. Cambridge: MIT Press, 1974：35.

图 2-51 德绍包豪斯校舍中安装的暖气（右）
来源：Hans Engles, Ulf Meyer. Bauhaus Architecture 1919-1933 [M]. Munchen: Prestel, 2001：35.

① 参见 Carol Willis. Form Follows Finance: Skyscrapers and Skylines in New York and Chicago [M]. New York: Princeton Architectural Press, 1995.

供暖设备保证了开有大面积玻璃窗的建筑可以使用；有的则给它们以限制，例如电梯的平面位置必须确定不变，给水排水、供暖、通风等的管道也与此类似，建筑师要保证各种管道的上下顺通，要将卫生间等房间上下叠置，设置管道井等，为平面布局带来了一定的限制。这些便利和限制都时刻提醒建筑师，他们的建筑使用着各种各样的建筑设备，设计要考虑它们的存在。

2.3.4 现代建筑科学、技术和设备的代表性产物——高层建筑

建筑技术的发展为建筑发展带来的是创作自由还是创作限制，是仁者见仁智者见智的问题。早已取得共识的是，建筑工匠和建筑师兼管建筑结构、建筑结构是建筑附和物的时代早已成为历史，建筑技术已经发展成熟，已经成为建筑设计的重要组成部分，建筑师在建筑设计中再也不能无视建筑技术，只有建筑师与结构工程师相互配合、相互支持、相互理解，才能创作出一流的建筑设计作品。高层建筑几乎集中了当时所有的新建筑技术，是体现这一发展趋势的最佳范例。

高层建筑的历史始于19世纪70年代，美国纽约早在1840年左右就出现了14层的办公楼，不过19世纪70年代出现的有电梯等设备的建筑才是真正的高层建筑，新型建材、结构技术、施工技术，以及必不可少的电梯等现代设备使高层建筑得到迅速发展，在美国，高层建筑因其高耸入云的建筑形象而获得了摩天楼（Skyscraper）的称号。1875年，纽约出现有电梯的10层办公楼，1877年，伦敦建成了12层的安妮女王大厦（Queen Anne Mansions），19世纪80年代，芝加哥大火后的城市重建工作促成了高层建筑在芝加哥的大量建造，并且由于芝加哥建筑师的先行性探索而形成著名的芝加哥学派高层建筑。

早期的高层建筑一般采用砖石结构承重墙，铸铁柱，铸铁或熟铁梁，用砖拱支撑楼板。因此承重的外墙必须做得很厚，10层左右的建筑底层的墙体厚度会达到6ft（1.83m）左右，占用了很多建筑面积，而且大大限制了建筑立面的开窗面积，影响房间的采光，建筑内部本应大展拳脚的铁框架也成为支撑楼板的辅助结构。高层建筑这一新建筑类型受到传统建筑观念的严重束缚，需要一场彻底的变革（图2-52）。首先站出来的又是工程师，为芝加哥大火重建服务的第一代设计者中很多都曾经是工程师，其中比较著名的有詹尼、威廉·W. 博英顿（William W. Boyington）和范奥斯德尔（J. M. van Osdel）等人。

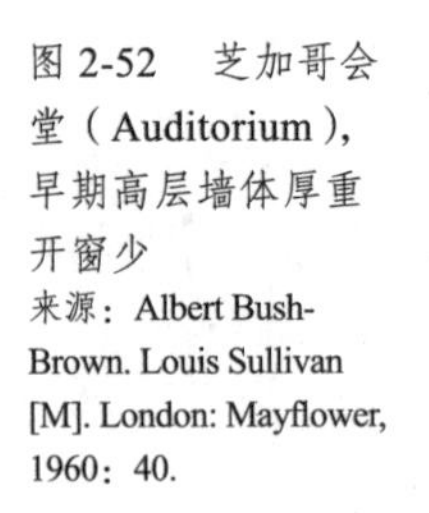

图2-52　芝加哥会堂（Auditorium），早期高层墙体厚重开窗少
来源：Albert Bush-Brown. Louis Sullivan [M]. London: Mayflower, 1960: 40.

芝加哥学派的创始人，工程师詹尼曾经在美国内战中负责破坏建筑和桥梁，从而掌握了钢铁结构的特性，战后他把战争中用于破坏的知识用于建设，针对高层建筑创造了钢铁框架结构。1879年，詹尼就设计建造了一座金属框架的多层大楼，不过他一开始仍然囿于传统，并没有在高层建筑设计中采用全金属框架结构。1884年，詹尼设计的家庭保险公司大厦（Home Insurance Building）使用全金属框架结构，

图 2-53 建造中的费尔百货公司（Fair Store）钢框架
来源：Carl W. Condit. The Chicago School of Architecture [M]. Chicago & London: The University of Chicago Press, 1964：46.

砖石墙体只起围护作用，只承担自重并帮助抵抗水平侧推力。建筑高 10 层，全部使用铸铁柱，5 层之下使用熟铁梁，而 5 层之上由于当时的卡内基钢铁公司（Carnegie-Phipps Steel Company）独具慧眼，认识到这一金属框架结构体系设计的重要性，提出用他们生产的钢梁代替原设计的铁梁，使结构更加稳固，这是美国第一次在建筑中使用钢梁。新的结构价格昂贵，但是有明显的益处，詹尼完全用金属梁柱代替砖石，结构重量仅为砖石结构的 1/3，墙壁成为薄薄的隔墙，这样，建筑的重量减轻了，可以提供更多的使用面积，并具有增加层数和开窗面积的潜力。这是第一座全金属框架高层建筑，在建筑史上具有重要意义，詹尼在设计中大胆采用先进的结构技术，推进了高层建筑的发展（图 2-53、图 2-54）。丹尼尔·伯纳姆（Daniel Burnham）说过："是詹尼先生创立了处理结构的原则，使结构成为精心平衡过的、稳固而防火的金属框架。此前没有任何人使用过这种结构，作为第一个做出工程业绩的人，他完全应该受到称赞。"①

芝加哥这座城市位于河滩上，属基础技术难以处理的软土地基，高层建筑必须使用箱形基础，因此对于芝加哥来说最经济的建筑高度是 16 ~ 17 层。1893 年，芝加哥市议会立法限定建筑高度不得超过 130ft（约 40m），大约是 10 ~ 11 层的高度。由于房地产商的压力，这一法规几经改动，1902 年，改为限高 260ft（约 79m），1911 年又改为限高 200ft（约 61m），1920 年又放宽到限高 264ft（约 80. 5m）。②而纽约则没有这一限制，纽约的高层建筑在 1889 年使用钢铁框架结构之后突飞猛进，1907 年就出现了高度达到 205m 的胜家公司大厦（Singer Tower）

① [意] L· 本奈沃洛 . 西方现代建筑史 [M]. 邹德侬，巴竹师，高军译 . 天津：天津科学技术出版社，1996：212。

② Carol Willis. Form Follows Finance: Skyscrapers and Skylines in New York and Chicago [M]. New York: Princeton Architectural Press, 1995：52.

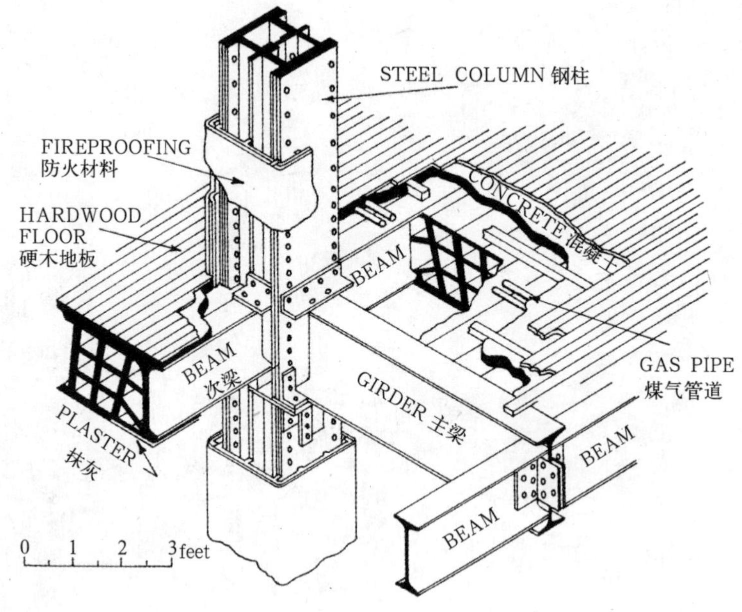

图 2-54 费尔百货公司结构节点
来源：Carl W. Condit. The Chicago School of Architecture [M]. Chicago & London: The University of Chicago Press, 1964：46.

图 2-55 1900 年的纽约天际线，高层鳞次栉比
来源：Carol Willis. Form Follows Finance: Skyscrapers and Skylines in New York and Chicago [M]. New York: Princeton Architectural Press, 1995：34-35.

图 2-56 胜家大厦
来源：Carol Willis. Form Follows Finance: Skyscrapers and Skylines in New York and Chicago [M]. New York: Princeton Architectural Press, 1995：147.

（图 2-55、图 2-56）。在芝加哥建筑师建造“忠于结构”的芝加哥风格高层建筑的时候，纽约建筑师追求的是高度和“单纯的视觉愉悦”，他们热衷于建造打破高度纪录的历史风格高层建筑。虽然其建筑美学观较之芝加哥学派严重滞后，但是在建筑技术上却居领先地位。19 世纪末 20 世纪初，只有纽约和芝加哥两座城市建造了大批高层建筑，高层建筑在欧洲和美国的其他城市还很少见，这两座城市，尤其是纽约的高层建筑代表了当时高层建筑的最高技术水平。

纽约曼哈顿可谓寸土寸金，例如华尔街的地块大多极小，有些地块极端化地在 30ft × 40ft（约 9m × 12m）左右的基地上建造高层建筑，如 1897 年的吉林德大厦（Gillender Building）是在 25ft × 73ft（约 7.6m × 22m）见方的基地上建造的 18 层高层建筑（图 2-57）。其原因一是对办公空间的需要，一是技术条件允许，表现了纽约工程师的结构技术水平。由于纽约的高层建筑高度很高，所以抗风抗震的要求也

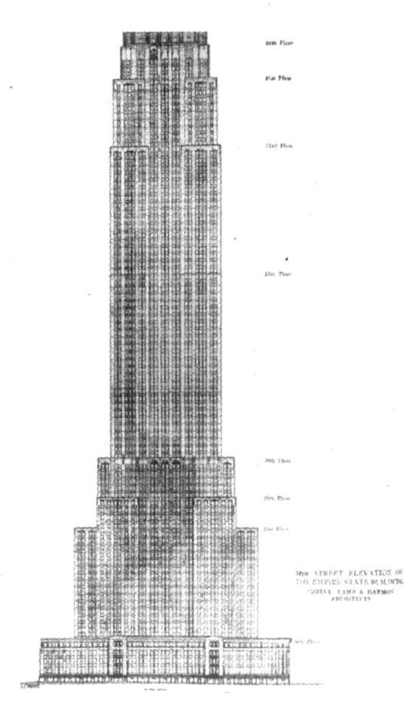

图 2-57　吉林德大厦（左）
来源：Carol Willis. Form Follows Finance: Skyscrapers and Skylines in New York and Chicago [M]. New York: Princeton Architectural Press, 1995：38.

图 2-58　帝国大厦（中）
来源：Carol Willis. Form Follows Finance: Skyscrapers and Skylines in New York and Chicago [M]. New York: Princeton Architectural Press, 1995：89.

图 2-59　帝国大厦立面（右）
来源：Carol Willis. Form Follows Finance: Skyscrapers and Skylines in New York and Chicago [M]. New York: Princeton Architectural Press, 1995：97.

很高，除了采用焊接技术和钢筋混凝土结构增加整体刚性之外，还采用了抗风支撑和剪力墙等结构方式增加结构刚度，取得了一定的成效。1931 年竣工的纽约帝国大厦（Empire State Building）高 381m，使用钢框架结构，曾经遭到迷航的 10 余吨重的 B-25 轰炸机的直接撞击而整体结构基本无恙，体现了当时美国结构技术的水平（图 2-58、图 2-59）。

高层建筑的设计受到结构与设备技术的很大限制，设计中要考虑结构形式，进行精密的结构计算，要考虑抗风抗震，要考虑建筑防火，要考虑电梯楼梯的垂直布置，要让各种管线上下贯通，使各种建筑设备合理适用。可以说，技术已经渗透到高层建筑设计的每一个角落，19 世纪末的人们就意识到了这一点，提出："现代办公楼是纯正的美国式建筑，与其说它是建筑风格的发展，不如说它是工程成就，结构上的创造赋予了其外观。建筑师的作用主要在于外观的设计。"①可以说，20 世纪初期美国的高层建筑不但是建筑技术和建筑艺术的结合，而且更多的是工程师的成就而不是建筑师的丰碑，工程师们的历史功绩不可埋没，这一情况促进了建筑师对工程技术的重要性的思考。

2.4　建筑师对待建筑技术的态度的转变

2.4.1　19 世纪建筑师对建筑技术的接受

巴黎美术学院（Académie des Beaux-Arts）于 1648 年由法国红衣主教马萨林（Cardinal Mazarin）授意夏尔·勒布兰（Charles Le Brun）在巴黎创办，最初是绘画和雕塑学院；法国建筑学院（Académie Royale d'Architecture）1671 年由法王路易十四（Louis XIV）政府的部长让·巴

① Carol Willis. Form Follows Finance: Skyscrapers and Skylines in New York and Chicago [M]. New York: Princeton Architectural Press, 1995：XIII.

图 2-60 大英博物馆
来源：John Summerson. The Classical Language of Architecture [M]. London: Thames and Hudson, 1980：103.

蒂斯特·科尔贝（Jean Baptiste Colbert）创办。1793 年二者合并，仍称为巴黎美术学院，开办建筑、绘画、制图、雕塑、雕刻、造型艺术和宝石切割等专业，从此建筑师成为科班出身的独立职业。路易十四将巴黎美术学院作为培养为皇家服务的艺术家的基地，1863 年拿破仑三世（Napoléon III）使其从政府独立出来，法文名称也改为“Ecole des Beaux-Arts”。

1716 年法国成立了法国公路与桥梁学院（Ecole Nationale des Ponts et Chaussees），培养为帝国建造道路的工程师，其首任校长让－鲁道夫·佩罗内（Jean-Rodolphe Perronet）是土木工程的先驱。最初学校里没有教师，由有经验的老学生向新学生传授经验，19 世纪才出现专门的讲师和教师。1794 年又成立了法国高等工科学校（École Polytechnique），这是一个高等教育和研究机构，是法国最有声望的工程师学校，训练法国的技术精英。在此之后，土木工程师和建筑师开始分离，结构专业和建筑专业成为具有内在联系的不同学科，这大大促进了工程技术和建筑学两个学科的发展，正如汉斯·施特劳布（Hans Straub）在《土木工程学史》（A History of Civil Engineering: An Outline from Ancient to Modern Times）中指出的：“到 18 世纪下半叶，严格意义上的工程科学才开始存在。随之而来的是将设计建立在科学计算基础上的现代土木工程师。”①建筑的建造开始有了科学理论和工程计算的保证，但是建筑技术和建筑艺术也因此分离。巴黎美术学院坚持教授古典艺术，教授希腊和罗马建筑，让学生们研究模仿历史名作的技巧。以巴黎美术学院为代表的学院派建筑师认为建筑是一门艺术，而且是单纯的艺术，把技术等因素全部排除在外，随着学院派建筑的风行，这一思想开始统治了建筑界（图 2-60）。18、19 世纪的建筑师普遍对建筑技术不感兴趣，只关心风格和装饰；而工程师一般也只关注具体建筑的建造与施工，对于建筑的艺术性不甚了了。

这种情况逐渐趋于极端化，建筑师往往不承认工程结构的意义及其特有的美感，他们固执地认为只有少数建筑类型才是“真正”的建筑，建筑的核心问题在于使它们具有“建筑意义”上的风格和装饰，将采用新材料、新结构，形式简化的温室、展览馆、市场、工厂、仓库等建筑类型视为不登大雅之堂的构筑物，认为它们不具备“建筑意义”。他们对工程技术视而不见，认为工程师只是保证建筑能够建造的工匠，他们的工作不能和建筑师的工作相提并论，甚至否认建筑技术的必要性。1805 年巴黎公共工程委员会的一个建筑师宣称：“建筑领域中，对于确定房屋的坚固性来说，那些复杂的计算，符号和代数的纠缠，什么乘方、平方根、指数、系数，全部没有必要！”1822 年英国有个木工出身的工程师甚至说：“建筑的坚固性同建造者的科学性成反比！”②

建筑师认为他们才是建筑艺术的传承者，实际情况则刚好相反，19 世纪的建筑发展与建筑师关系不大，建筑师都在探讨“风格”，而不是技术，他们在为各种传统纪念性建筑设计立面；工程师则建造各种实用建筑：桥梁、高炉、井架、车间、工厂，在没有建筑范式的前提下创造出符合材料和结构特性的建筑，预示着新建筑风格的产生。

---

① [英] 彼得·柯林斯．现代建筑设计思想的演变 [M]. 英若聪译．北京：中国建筑工业出版社，2003：181。

② 吴焕加．20 世纪西方建筑史 [M]. 郑州：河南科学技术出版社，1998：26。

图 2-61　伦敦煤炭交易大厅（Coal Exchange）
来源：Nikolaus Pevsner. The Sources of Modern Architecture and Design [M]. New York: Thames and Hudson, 1968：14.

建筑技术的进步从来就对建筑有重要的推动作用，如古罗马建筑的券拱技术和火山灰质混凝土，拜占庭建筑的帆拱，哥特建筑的骨架券和飞扶壁，这些建筑技术的进步都直接推进了建筑艺术的发展，带来了新的建筑造型和新的审美情趣，成为新建筑风格发展的基础。工业革命为建筑提供的新材料、新结构、新工艺是工业时代建筑技术的伟大进步，同样会创造出新的建筑风格，彻底改变建筑的面貌（图 2-61）。结构工程师们的成就不仅是建筑技术的成就，也是建筑艺术的成就，是工业时代的伟大成就，认识到这一点的建筑师越来越多，他们开始反思建筑师对工程技术的忽视，逐渐把建筑技术作为一个重要因素纳入建筑学的语境之中。

维奥莱—勒—杜克在《建筑对话录》（Entretiens Sur L'architecture）中指出："十分必要的一点是，建造的程序必须是真实的，建造的过程也必须是真实的……首先，要了解你将要使用的材料的特性；其次，赋予材料以符合建造要求的功能与强度，从而使建筑能够呈现出某种最准确表达这种功能与强度的形式；其三，为这种表达形式找到一种和谐与统一的法则——也就是说，能够体现建造意图和自身意义的尺度、比例关系和装饰，并且设定因可能遇到的各种不同的需求而变化的幅度。"①也就是说，建筑要从技术出发，使用现代技术，表现现代材料。需要一种 19 世纪的风格，而不是照搬照抄经典形式，因为时代不同了，"我们拥有工业生产提供的丰富资源和交通运输的便利"。应该创造出适应的风格，建筑"属于科学和艺术的成分几乎相等"。建筑师不能忽视技术，他要是不想落伍，就要成为"技术精湛的建造者，以便充分利用我们这个社会提供的各种材料"②。

英国建筑师奥古斯塔斯·韦尔比·诺恩莫尔·普金（Augustus Welby Northmore Pugin）崇尚哥特式建筑，他不是出于风格或者美学的考虑，而是关注哥特建筑的"真实"性，哥特建筑可以说是一种"技术"的建筑，它直接表现材料和结构，让人们清晰地认识到技术是这一建筑风格的决定者，因此普金说他要保护的"不仅仅是一种建筑风格，而是一种建筑原理"③。虽然普金想要做的是恢复使用砖石结构建造哥特式建筑的传统，也曾咒骂水晶宫这样的新建筑，但是他却无意中成为提倡建筑与技术结合的先行者，他的追随者掀起了一股将材料作为建筑结构决定性要素的思潮，认为材料特性决定结构，结构特性决定外观和风格，这样一来建筑设计就要从技术出发，建筑必须与技术结合。

19 世纪的工程成就使很多保守的建筑师也不得不承认技术的力量。如痛恨机器的拉斯金一方面坚决抵制机器制造，一方面也说过："即使是随便说说，我们也没有理由认为铸铁不像木材那样好用；很可能一种新的建筑规则体系，一种完全采用金属结构的体系，建立起

① [德] 汉诺—沃尔特·克鲁夫特. 建筑理论史——从维特鲁威到现在 [M]. 王贵祥译. 北京：中国建筑工业出版社，2005：210。

② [英] 尼古拉斯·佩夫斯纳. 现代建筑与设计的源泉 [M]. 殷凌云等译. 北京：生活·读书·新知三联书店，2001：8-9。

③ [英] 罗宾·米德尔顿，戴维·沃特金. 新古典主义与 19 世纪建筑 [M]. 徐铁成等译. 北京：中国建筑工业出版社，2000：327。

图 2-62 欧文·琼斯受到水晶宫影响后的设计，奥斯勒兄弟画廊(Messrs R. and C. Osler's Gallery)
来源：Robin Middleton Ed. The Beaux-Arts and Nineteenth Century French Architecture [M]. Cambridge: MIT Press, 1982：183.

来的日子已经为期不远了。"①崇尚哥特建筑的英国建筑师乔治·吉尔伯特·斯科特（George Gilbert Scott）也承认："显然，现代金属结构为建筑的发展开辟了一个新的天地。"②

帕克斯顿的水晶宫完全采用预制铁构件和玻璃制造，成为从技术出发进行设计的先导，它激怒了大批保守的建筑师，同时也唤醒了眼光足够长远的建筑师对技术的认识（图 2-62）。1853 年，工程师詹姆斯·内史密斯（James Nasmyth）说："我将向你们显示一种方法，将最优美的形式与材料的最科学的应用，通过最为经济的运用机器塑造形式的方法结合在一起，大多数情况下，最经济的材料处理方式，恰好能与这种以最优雅的外观展示在眼前的这种形式达成一致。"③在水晶宫饱受攻击之时，英国评论家怀亚特（Wyatt）就敏锐地意识到工程技术对建筑的意义，他盛赞技术带来的进步："越来越难判断工程在哪里结束，建筑在哪里开始，新的钢铁大桥堪称世界奇迹。从这里开始，当英国对这种结构的形式和比例有了一个系统的标准时，还有什么荣耀可以留下来……我们可以去梦想，但我们还不敢去预测。无论最后结果如何，一个事实都不容忽视，那就是为 1851 年博览会所修建的建筑催化了人们对'完美的追求'，而且它的形式和细节的创新性将有力地影响整个国家的品位。"善于建造维多利亚风格建筑的托马斯·哈里斯（Thomas Harris）也在 1862 年说："在水晶宫里，一种新的建筑风格，可与任何先辈相媲美的风格，在某种程度上已经宣告产生了。钢铁和玻璃已经成功地为未来的建筑实践赋予了明显的、独特的标记。"④一批思维敏锐的建筑师已经逐渐意识到技术在建筑中的存在和作用。

不过直到 19 世纪中期，人们都只是意识到技术的潜力，而没有主动去加以探索开发，工程师和建筑师还在各行其是，并没有结合在一起。建筑师们偶有闪亮的言论或者思想片断，却从来没有付诸实现；工程师们凭借技术创造出具有先进意义的作品，却没有意识到自己作品的意义，没有从建筑艺术的角度来思考问题；这是建筑艺术和建筑技术上百年的分离造成的恶果。正如艾蒂安·苏里奥（Etienne Souriau）所说："工业美在初源上不是技术家以美为目的创造出来的，而是技术本身合规律运用的结果。"⑤当时的建筑进步并非建筑师有意为之，而是工程师合理使用技术的自然成果，在没有主动意识和理论指导下能取得这样的成就，充分说明了建筑技术的潜力，一旦建筑师主动加入进来，其成就将不可限量。时机逐渐成熟，建筑的艺术和技术之间的坚冰亟待打破，也即将打破。

---

① [德]汉诺—沃尔特·克鲁夫特.建筑理论史——从维特鲁威到现在 [M]. 王贵祥译.北京：中国建筑工业出版社，2005：247。

② [英]尼古拉斯·佩夫斯纳.现代建筑与设计的源泉 [M]. 殷凌云等译.北京：生活·读书·新知三联书店，2001：10。

③ [德]汉诺—沃尔特·克鲁夫特.建筑理论史——从维特鲁威到现在 [M]. 王贵祥译.北京：中国建筑工业出版社，2005：254。

④ [英]尼古拉斯·佩夫斯纳.现代设计的先驱者——从威廉·莫里斯到格罗皮乌斯 [M]. 王申祜，王晓京译.北京：中国建筑工业出版社，2004：91。

⑤ 吴焕加.论现代西方建筑 [M]. 北京：中国建筑工业出版社，1997：191。

图 2-63 纽约曼哈顿林立的高层建筑
来源：Carol Willis. Form Follows Finance: Skyscrapers and Skylines in New York and Chicago [M]. New York: Princeton Architectural Press, 1995：22.

19 世纪后期，建筑的发展趋势愈加明显，建筑艺术和建筑技术结合的思想逐渐成为建筑师的共识。约翰·丹多·赛丁（John Dando Sedding）提出和包豪斯（Bauhaus）类似的思想，“每一座工厂中都有一位莫里斯在工作”，“我们不要假设机器会被废止。生产制造不能在任何其他的基础之上组织起来……我们的产品必须用好的材料来制作。设计必须是优秀的，必须适应现代生产方法……理想的工厂是这样一个地方，那里艺术家—设计者是一个手艺人，而手艺人也以他的方式是一位艺术家。”①他认为技术已经取代了手工艺者的地位，成为设计建造中的重要因素，艺术要和现代技术相结合，创造出使用现代技术、适应工业时代的设计。美国的塞缪尔·斯隆（Samuel Sloan）认为建筑师要有广泛的实践和知识，建筑设计应该是解决功能和技术问题的过程，最后所有的风格都将趋于一致，将是对技术的外在表现，他说：“对于热、通风、光的接纳，会造成一些困难，这些都被成功地克服了，接下来的问题就是如何采纳一种风格。”②

高层建筑成为建筑艺术与建筑技术结合的先锋，在高层建筑设计中工程师和建筑师通力合作，创造出从技术角度出发的建筑设计（图 2-63）。对此，沙利文的合作伙伴丹克玛·阿德勒（Dankmar Adler）有深刻的认识，他认为技术和材料是建立新的美国式建筑风格的基础，提出：“我们对于新世界的贡献，是新的钢、电力和科学进步的时代……我们仍在进一步祈求能够被允许在创造和见证另外一个新的时代的建筑设计上的参与权，这一建筑的形式和风格将建立在对钢柱、钢梁和清晰的平板玻璃，以及电灯和机械升降的发展的基础上的。”③

在这些先行者前期探索的基础之上，20 世纪的建筑师继续探寻建筑技术在建筑设计中的地位，开始变被动使用技术为主动应用技术，建筑技术的地位不断提高，逐渐成为建筑设计中的重要因素。

2.4.2 19 世纪末 20 世纪初不同流派建筑师对待建筑技术的态度

经过 19 世纪建筑师的探索，尤其是高层建筑对技术的使用和依赖，19 世纪末 20 世纪初的建筑师认识到技术的重要性，他们也开始尝试使用和表现技术。

新艺术运动建筑师试图寻求适合铁这种新材料的装饰形式，用这种新的装饰风格取代旧有风格，促进建筑艺术的进步。虽然新艺术运动只是一种装饰风格，但是他们的探索是进步的，他们认识到建筑采用新材料是不可阻挡的趋势，于是试图通过表现材料的特性来发展一种新

① [德] 汉诺—沃尔特·克鲁夫特. 建筑理论史——从维特鲁威到现在 [M]. 王贵祥译. 北京：中国建筑工业出版社，2005：254。

② [德] 汉诺—沃尔特·克鲁夫特. 建筑理论史——从维特鲁威到现在 [M]. 王贵祥译. 北京：中国建筑工业出版社，2005：264。

③ [德] 汉诺—沃尔特·克鲁夫特. 建筑理论史——从维特鲁威到现在 [M]. 王贵祥译. 北京：中国建筑工业出版社，2005：267。

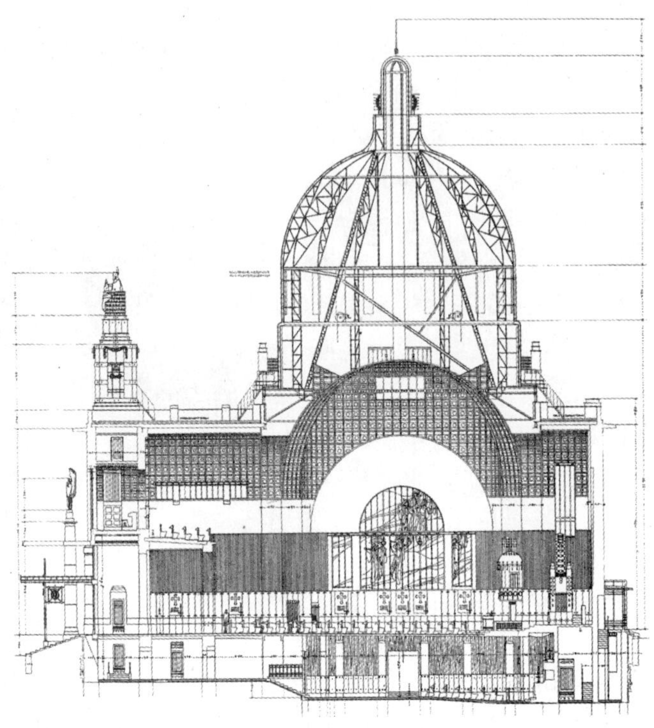

图 2-64 瓦格纳设计的维也纳斯泰因霍夫教堂（Church of Steinhof）（左）
来源：Frank Russell Ed. Art Nouveau Architecture [M]. London: Academy Editions, 1983：258.

图 2-65 斯泰因霍夫教堂剖面（右）
来源：Frank Russell Ed. Art Nouveau Architecture [M]. London: Academy Editions, 1983：259.

的风格，这也是一种从技术出发的设计思想，虽然他们只看到新材料的使用，没有意识到技术整体上的意义，但是发展方向仍然是正确的，只是视野范围过于狭窄，设计手段过于单一，因此很快就销声匿迹，但是在建筑与技术结合的道路上已经迈进一步，作出了自己的贡献。

瓦格纳在 1895 年的《现代建筑》一书中提出即将出现的新风格应该是真实的，应该表现结构的意义，崇尚现代技术和材料，适应社会的变化。他重视建筑材料和建筑技术，“结构必须清晰地展示其使用的材料和技术性能，如果这一点实现的话，建筑的个性和象征性都将按照它们自己的意愿而显现出来”。结构是建筑形式中的关键因素，“抛开正在讨论的形式受到时代支持的美学理想影响这一事实不谈，由于建造风格、材料、工具、可行的方法、需求、美学感受，以及其他那些形式上所产生的变化，本身并不相同，它们在不同的情况下，需要有不同的作用。我们可以肯定地说，这些新的方法和结构一定会导致新形式的诞生”①。他认为新建筑离不开技术，已经开始认为建筑要像机器一样设计和建造，要遵照建筑材料和结构的特性，技术在其中起着重要的作用（图 2-64、图 2-65）。

菲利波·托马索·马里内蒂（Filippo Tommaso Marinetti）开创了未来主义运动，现代社会和技术，汽车、飞机、工业化的城镇等在未来主义者的眼中充满魅力，因为这些象征着人类依靠技术的进步征服了自然。他们要用现代性取代传统，“要捣毁图书馆、博物馆、学院，捣毁过去的城市，因为那都是坟墓”。他们赞颂革命之美、战争之美，现代技术的速度和力量之美，声称：“一辆轰鸣的汽车，看上去就像炮弹似的在飞奔，它比《萨莫色雷斯的胜利女神》（Winged Victory of Samothrace）要美的多。”②未来主义追求运动和变化，认为那些令人眼花缭乱的五光十色的场景表现了艺术家对工业文明的狂热和激情（图 2-66）。马里内蒂

① [德] 汉诺—沃尔特·克鲁夫特 . 建筑理论史——从维特鲁威到现在 [M]. 王贵祥译 . 北京：中国建筑工业出版社，2005：238。

② [美]H·H· 阿纳森 . 西方现代艺术史——绘画、雕塑、建筑 [M]. 邹德侬，巴竹师，刘珽译 . 天津：天津人民美术出版社，1986：207。

热情地歌颂工业和机器，以至于他在讲到他的汽车翻进工厂的壕沟时都不吝赞美之词："啊，美丽的，像母亲一样的工厂壕沟，我多么贪婪地品尝你那散发着强烈气味的污泥……我感到火红的熨斗以甜美的欢乐穿透我的心房。于是，我们的脸上覆盖着美好的工厂泥巴，涂着铁渣、汗水和煤烟，撞伤而且上了夹板，但仍然毫无惧色，我们向全世界活着的生灵宣告了我们的基本生活意愿。"[①]可以看出，他狂热地推崇工业时代的一切，近于歇斯底里的地步。马里内蒂攻击不肯接受工业化时代的人们，如1910年，他讥笑莫里斯想要重建和保存其他时代，说莫里斯"小心翼翼地追寻沉重的过去"，他尖刻地说："你们就不能摆脱可怜的莫里斯的毫无活力的思想吗？他病态地梦想回到过去的乡村化生活风格……他厌恶机器、蒸汽和电力……他的这种怀旧癖就像一个人想回到婴儿床上去，吃一个衰老的护士的奶水，以找回幼年的记忆。"[②]未来主义者可不是怀旧主义者，他们要使用最新的技术，表现当代社会。未来主义建筑师圣泰利亚认为当代技术必然造就全新的建筑，他相信"材料力学的计算，钢筋混凝土及铁的应用排除了从古典或传统的意义上理解的建筑学。现代结构材料和我们的科学概念绝对不会使它们适应于我们历史风格的教条"[③]，认为建筑要使用现代技术，用现代材料表现现代社会。

图2-66　波丘尼1910年的作品《那些行走的人们》
来源：Caroline Tisdall, Angelo Bozzilla. Futurism [M]. London: Thames and Hudson, 1977：45.

诗人保罗·希尔巴特（Paul Scheerbart）为布鲁诺·陶特（Bruno Taut）的1914年德意志制造联盟科隆展览会玻璃展馆题词说："玻璃带给我们新的时代，砖石文化只带给我们伤害。"[④]他明了并提倡使用技术，他了解玻璃的导热性，强调使用双层玻璃的重要性，认为玻璃只能用于温带，不能用于热带和寒带，并且期待着塑料的发展，认为刚刚发展的平板玻璃，即两层玻璃中间夹一层赛璐璐平板是值得发展的。对技术的乐观将他引向未来主义，声称"我们刚刚站在一个文化时代的开始，而不是结束。我们等待着技术和化学的崭新奇迹。让我们永远不要忘记这一点"。[⑤]

德意志制造联盟是20世纪初推动技术和建筑结合的中坚力量，其很多著名成员都认识到工业和技术的重要性，认为建筑应该与技术结合。1914年，穆特修斯在德意志制造联盟科隆会议上提出建筑和制造联盟在整个建筑领域内的活动要趋于标准化（Typisierung），"只有标准化能够再次引进一种普遍有效的、自信的趣味"[⑥]。德意志制造联盟的成员贝伦斯是标

① [美]肯尼斯·弗兰普敦.现代建筑：一部批判的历史[M].张钦楠等译.北京：生活·读书·新知三联书店，2004：84。

② Caroline Tisdall, Angelo Bozzilla. Futurism [M]. London: Thames and Hudson, 1977：123。

③ [美]肯尼斯·弗兰普敦.现代建筑：一部批判的历史[M].张钦楠等译.北京：生活·读书·新知三联书店，2004：88。

④ [英]尼古拉斯·佩夫斯纳，J·M·理查兹，丹尼斯·夏普编著.反理性主义者与理性主义者：反理性主义者[M].邓敬，王俊，杨矫等译.北京：中国建筑工业出版社，2003：189。

⑤ [英]尼古拉斯·佩夫斯纳，J·M·理查兹，丹尼斯·夏普编著.反理性主义者与理性主义者：反理性主义者[M].邓敬，王俊，杨矫等译.北京：中国建筑工业出版社，2003：190。

⑥ [英]尼古拉斯·佩夫斯纳.现代建筑与设计的源泉[M].殷凌云等译.北京：北京：生活·读书·新知三联书店，2001：171。

图 2-67　德意志制造联盟成员陶特设计的世界文化遗产法尔肯贝格公园城市（Gartenstadt Falkenberg）

准化设计的领导者和示范者，他认识到机器的力量，认为机器使当时的时代和传统手工艺时代分开，将改变当时倒退的形式主义风气。他提出建筑要实现工业化，这是走向理性化设计的一步。1918 年第一次世界大战结束，欧洲急需重建，保守的欧洲人面对生活的压力也同意接受任何能够节约时间和造价的方法，当时只有理论基础的“工业化住宅”也在内。贝伦斯负责这一研究，他认为速度和节约可以从三种方式获得：设计理性化，建造技术现代化，最大限度用社区代替个体。具体来说就是通过批量建造住宅，以及广泛标准化和机械化生产造成材料、结构构件和设备费用的下降，工厂和建造现场使用机械造成建造费用的下降。也就是要基于现有技术设计和建造，创造出以技术为决定性因素的建筑设计（图 2-67）。

如不深入研究，往往会产生对美国建筑大师弗兰克·劳埃德·赖特（Frank Lloyd Wright）的误读，认为赖特是只关注建筑艺术的建筑师，细读赖特，全面认识赖特，就会发现赖特建筑思想的多元性。赖特早已意识到建筑技术的重要性，早在 1894 年，他就说过：“生活正在准备满足那种即将到来的需要。建筑师将了解现代方法、工艺过程和机器的能力并且成为它们的主人，他将感觉到新材料对他的艺术的意义。”他认为钢和钢筋混凝土将带来全新的建筑，新技术带来了更大的设计自由，当代建筑师拥有比古人更先进的建筑技术，再模仿古人就是一种倒退，所以建筑师必须掌握和使用现代建筑技术，在此基础上才会产生真正的建筑艺术：“机器、材料和人是美国建筑师用来产生自己建筑的三个要素，只有通过对这三个要素的深刻理解，才有力量去做称得上‘建筑’这个伟大术语的工作，没有对工具和原理的真正理解，不可能有技术上真正的繁荣，也不会有真正的艺术……如果我要建造一座建筑，我必须运用新的技术……不仅使运用的材料受到赞美，而且使它们可以适应机器施工而格外杰出。”[①]建筑师真正理解了建筑技术的巨大潜力之后，他们的建筑设计就会适应建筑技术，表现建筑技术，从而将建筑艺术和建筑技术融为一体。赖特欢迎机器时代的到来，支持艺术与工业的结合，

① 项秉仁 . 赖特 [M]. 北京：中国建筑工业出版社，1992：43。

认为建筑师要将机器作为人类可以学习的有机生长的典范，一种通向简单性的新途径，对他来说，钢框架高层建筑是“纯净而简单的机器”，“钢骨框架已经被接纳为一种可以用某种容易加工的材料罩在外面而造成简单、诚实的外表的基础，这种材料可以使钢骨框架的功能化精神不需要任何结构性的伪装”①。赖特认为这种和技术结合的建筑才是真正值得追求的建筑。

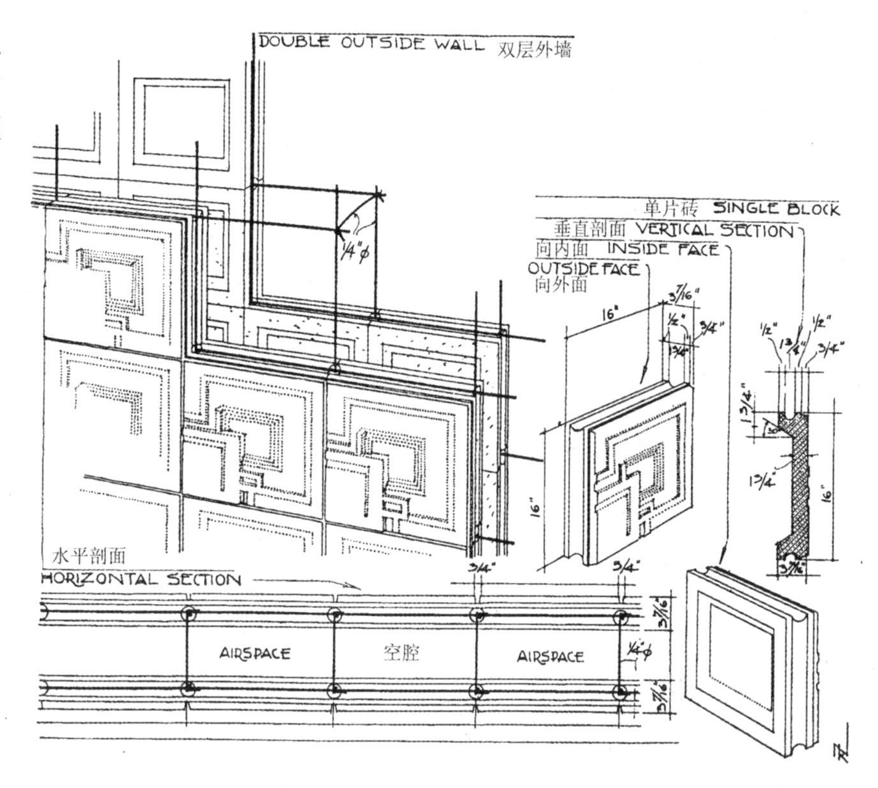

图 2-68 米勒德住宅（Millard House）混凝土预制装饰构件细部施工图

来源：Werner Blaser. Stone Pioneer Architecture: Masterpieces of the Last 100 Years [M]. Zürich: Waser Verlag, 1996: 72.

赖特早在草原式住宅（Prairie Style）时期就开始采用预制混凝土砌块等，运用标准化设计和装配式施工方法，这在当时的美国是超前的做法（图 2-68）；赖特的建筑作品中最先使用舒适的地板采暖等现代技术，拉金大厦（Larking Building）是第一座有记录的全空调办公楼；赖特的很多作品都是建筑技术和建筑艺术结合的优秀例证。没有这些现代建筑技术成果，或者建筑师对这些成果视若无睹，不肯接受这些新生事物，就不会有赖特的这些载入史册的建筑名作。

法国学院派建筑传统造成建筑艺术和建筑技术 200 年的分离，继高层建筑使建筑技术和建筑艺术初步重新结合之后，20 世纪初期的建筑师也认识到技术的重要性，他们的思想逐渐进步，也开始倡导建筑和技术的结合。

2.4.3 现代主义建筑师的技术观

现代主义建筑师清晰地认识到技术对建筑的意义。格罗皮乌斯这样总结当时时代的根本性变化：“工业与手工业之间的不同，与其说被归为二者之间采用的工具性质的不同，不如说区别在于工业中劳动被细分，而手工业则由单个工人完成整个操作。”②他认为和日用品等机器制品一样，应该按照机器时代的建筑材料和工具来建造建筑，使用钢筋混凝土和玻璃代替砖石和木材。格罗皮乌斯 1910 年就向德国通用电气公司的总裁建议应该成立一个公司，用标准化的预制构件为工人家庭兴建住宅，他提出：“为了在住宅修建中利用工业化生产的无可比拟的优势，即最好的材料、工艺和低廉的价格，这家准备成立的房产公司将住宅工业化作为其目标。”手工业不能抵抗工业化的竞争，因为“在大批量生产方式下，当发展出一种最终能作为理想建造的款式时，花在创作和设计上的费用同整个收入相比是可以忽略的，

① [德] 汉诺—沃尔特·克鲁夫特. 建筑理论史——从维特鲁威到现在 [M]. 王贵祥译. 北京：中国建筑工业出版社，2005：319。

② [英] 尼古拉斯·佩夫斯纳，J.M·理查兹，丹尼斯·夏普编著. 反理性主义者与理性主义者：理性主义者 [M]. 邓敬，王俊，杨矫等译. 北京：中国建筑工业出版社，2003：131。

图 2-69 批量生产的装配住宅
来源：华尔德·格罗比斯．新建筑与包豪斯[M]. 张似赞译．北京：中国建筑工业出版社，1979：56。

而单个生产方式就负担不起了”。应该让“所有的住宅使用相同配件和材料……使批量生产成为可能。只有通过大规模生产，才能提供出真正好的产品”，用大量销售降低单个产品的价格（图 2-69）。“舒适不是通过过分的虚假的华丽而来的，而是通过清晰的空间安排、合格的材料和可信赖的技术的组合与选择而来的。”①

格罗皮乌斯在《新建筑与包豪斯》（The New Architecture and the Bauhaus）一书中提出过去使用木材和砖石建造的建筑如何使用现代技术建造的问题，论述了新建筑应用现代技术手段的重要性：“新建筑是我们的时代的知识水平、社会条件和技术条件不可避免的合乎规律的产物……我相信现代结构技术不应该被排除在建筑艺术表现之外，也确信其艺术表现一定需要采取前所未有的形式。”现代技术为建筑的复兴作出了巨大贡献，这是一个伟大的进步，机械化的目的是“消除个人在求生存中必须付出的体力劳动，使人的手脑可以解脱出来，以从事更高级的活动”。因此我们不应抵制机械化和标准化，“标准化不是文明发展的一个障碍，相反，它是文明发展的直接先决条件，标准可以被定义为普遍使用中的任何事物的简化的实际样本，它体现了原先形式的最佳部分的融合”②。他认为建筑技术的发展将使建筑复兴。

格罗皮乌斯毕生的追求就是将建筑艺术与建筑技术融合在一起，自创办包豪斯起，他就积极推广这一思想。他教导学生们要掌握技术，提出“要挽救那些遗世独立、孤芳自赏的艺术门类，训练未来的工匠、画家和雕塑家们，让他们联合起来进行创造，他们的一切技艺将会在新作品的创造过程中结合在一起”倡导提高工艺的地位，“艺术家和工匠之间并没有什么本质上的不同”③。他认为艺术是不能教会的，但是工艺和技巧则不然，因此学生们都要在实践中学习，当然，要学习的是符合现代技术的工艺和技巧。1926 年，格罗皮乌斯提出：“工业和手工艺正处在不断相互联系中，旧的工艺已经改变，未来的手工业将纳入一种新型、统一的生产体系中，他们要在这个体系中对工业产品进行实验性研究。”④他自己也以身作则，设计了很多使用和表现现代建筑技术的建筑设计和工业设计作品，探寻新技术的表达方式（图 2-70）。

---

①［英］尼古拉斯·佩夫斯纳，J·M·理查兹，丹尼斯·夏普编著．反理性主义者与理性主义者: 理性主义者 [M]. 邓敬，王俊，杨矫等译．北京：中国建筑工业出版社，2003：50，53。

②［德］沃尔特·格罗皮乌斯．新建筑与包豪斯 [M]. 张似赞译．北京：中国建筑工业出版社，1978：2，13。

③［英］弗兰克·惠特福德．包豪斯 [M]. 林鹤译．北京：生活·读书·新知三联书店，2001：4。

④［意］曼弗雷多·塔夫里，弗朗切斯科·达尔科．现代建筑 [M]. 刘先觉等译．北京：中国建筑工业出版社，2000：131。

勒·柯布西耶认为工业化时代具有新的精神，建筑师应该顺应时代，通过使用和表现技术来体现时代精神。他在《走向新建筑》（Vers Une Architecture）一书中赞颂工业化时代的成就，盛赞工程师的成就，“工程师是健康而有魄力的，积极而有成效的，高尚而心情愉快的……工程师正在生产着建筑艺术”，这是因为“工程师制造了他们时代的工具”，工程师已经在使用现代技术，而建筑师却囿于陈腐的传统当中。“存在着大量新精神的产品，它们主要存在于工业产品中”，它们诚实地应用技术，达到了时代的高度。他强调建筑技术的重要性，认为新结构新材料已经将旧建筑推翻，应该建造适合材料和结构的特征的建筑。建造方法也应该技术化，当时是一个标准化的时代，所以应该像制造机器那样批量化制造住宅，“它（住宅）将是一个工具，就像汽车是一个工具一样”。住宅也可以用制造机器那样的方法建造。总之，建筑技术为建筑带来了一场革命性的变化，材料、结构和建造方法都改变了，“这是企业的方法上和规模上的革命……近 50 年来，钢铁和水泥取得了成果，它们是结构的巨大力量的标志……一个当代的风格正在形成”。[①]总而言之，建筑必须走工业化的道路。他的文章《20 世纪的生活和 20 世纪的建筑》（Twentieth-Century living and Twentieth-Century Building）论述了建筑技术的具体影响，提出：“结构体系决定建筑体系。技术过程是抒发设计情怀的最佳居所。有着这样一种时代精神——它是思想的进程，并决定着一种新的建筑……在这个日子里我的目标就是要构筑机器时代的房子……现代科学给我们带来了一种全新的构筑方式……历史教导我们，技术的成就总是会打倒那些最古旧的传统（观念）。这是天命！无法逃避！”[②]建筑师的使命就是要用这种资源去创造和发展符合时代精神的建筑学。20 世纪 30 年代，勒·柯布西耶这样总结他的建筑技术观：“现代建筑的重要问题之一（在许多方面具有一种国际特征）是明智地确立材料的运用。事实上，伴随着由新技术的源泉和形式的新美学所确立的新建筑容积，材料的内在性能可以赋予作品以一种精确而原本的特征。”[③]铁和钢筋混凝土材料的特性注定要产生框架结构，框架结构给建筑带来了极大的自由，勒·柯布西耶 1914 年就发展出了基于框架结构的多米诺系统（Domino），用钢筋混凝土柱承重，取代了承重墙结构，结合无梁楼板构造出正交结构体系。框架结构解放了空间和平立面，为他

图 2-70　格罗皮乌斯设计的德绍职业介绍所（Labor Office）
来源：Hans Engles, Ulf Meyer. Bauhaus Architecture 1919-1933 [M]. Munchen: Prestel, 2001：57.

---

①［法］勒·柯布西耶．走向新建筑 [M]. 陈志华译．西安：陕西师范大学出版社，2004：75，201，235。

②［英］尼古拉斯·佩夫斯纳，J·M·理查兹，丹尼斯·夏普编著．反理性主义者与理性主义者: 理性主义者 [M]. 邓敬，王俊，杨娇等译．北京：中国建筑工业出版社，2003：73-77。

③［意］L·本尼沃洛．世界城市史 [M]. 薛钟灵，余靖芝，葛明义等译．北京：科学出版社，2000：548。

图 2-71 密斯·凡·德·罗建筑的精美节点
来源：Arthur Drexler. Ludwig Mies Van der Rohe [M]. Londen: Mayflower, 1960：81.

图 2-72 卡尔科夫捷尔仁斯基广场综合体（GOSPROM Dzerjinski Square）
来源：Arthur Voyce. Russian Architecture: Trends in Nationalism and Modernism [M]. New York: Greenwood Press, 1969：234.

的时空观思想和新建筑五点奠定了基础，可以说，勒·柯布西耶的建筑思想在很大程度上是建立在对现代建筑技术清晰准确认识的基础之上的。

密斯·凡·德·罗也不例外，他同样崇尚工业化，曾说："我们今天的建筑施工方法必须工业化。尽管不久以前还有许多人怀疑这一点，现在连建筑业之外的人们也都一致同意了。工业化涉及生活的各个领域，如果不是有特殊障碍的话，它早就不顾建筑界各种落后观点而确立起来了。我认为建造方法的工业化是当前建筑师和营造厂的关键课题。如果我们圆满地解决了这个问题，其他社会、经济、技术甚至审美等问题也就都迎刃而解了。"①密斯·凡·德·罗的建筑源于结构，从结构中产生，然后精心设计结构，将结构升华，通过精确的结构和完善的施工获得密斯风格的建筑美，他相信"结构概念是艺术设计的基础"②，认为建筑主要就是一种营造艺术（Baukunst），其中在结构原理指导下的清晰构造通过其布置方式创造性地服务于时代需求，因此他常常向学生讲："建筑开始于两块砖被仔细地放在一起的那一刻。"③"当技术完成它真正的使命时，它就升华成为建筑艺术。"④（图 2-71）密斯·凡·德·罗到美国后，总结出技术之所以成为建筑的一部分，并不是由于形式，而是由于技术和建筑已经成为具有时代感的整体，他提出："技术扎根于过去，主宰着现在，伸向未来。这是一种真正的历史运动，体现和代表时代的最伟大的运动之一。"⑤"这就是为什么技术和建筑如此紧密联系在一起的原因所在。我们真正的希望，是它们能够一起成长，直到有一天能够互为代表。只有到那个时候，我们才拥有名副其实的建筑：建筑成为我们时代真正的象征。"⑥

当时的其他建筑师也同样看到了技术的重要性。如前苏联的莫伊谢伊·金兹堡（Moisei Ginzburg）同样推崇机器和结构，他在《风格与时代》（Style and Epoch）中提出："新建筑材料也以很快的速度出现，先是铁，后来直到有了钢筋混凝土，这是新风格观念最有力、最

① Philip Johnson. Mies Van der Rohe [M]. 3rd Edition. New York: The Museum of Modern Art, 1978：189.

② Franz Schulze. Mies van der Rohe: Critical Essays [M]. New York: The Museum of Modern Art, 1989：43.

③［英］尼古拉斯·佩夫斯纳，J·M·理查兹，丹尼斯·夏普编著．反理性主义者与理性主义者：理性主义者 [M]. 邓敬，王俊，杨矫等译．北京：中国建筑工业出版社，2003：59。

④ Philip Johnson. Mies Van Der Rohe [M]. 3rd Edition. New York: The Museum of Modern Art, 1978：203.

⑤ 吴焕加．论现代西方建筑 [M]. 北京：中国建筑工业出版社，1997：78。

⑥［德］汉诺—沃尔特·克鲁夫特．建筑理论史——从维特鲁威到现在 [M]. 王贵祥译．北京：中国建筑工业出版社，2005：290。

图 2-73　阿尔瓦·阿尔托设计的巴黎博览会芬兰馆细部
来源：Frederick Gutheim. Alvar Aalto [M]. London: Mayflower, 1960：36

牢固的前提……当前，现代建筑师不拒绝使用机械化方法制造的所有必需的承重构件了。我们丝毫也不害怕生产过程的标准化了。建筑师应该接受和组织技术所能提供的一切东西，因为他的目标既不需要无休止地探索自足的形式，也不需要由富有灵感的双手制造的模糊性，所需要的是明白认清他的问题，以及解决问题的手段和方法。……机器的本质决不与人们的美的观念的发展冲突，而是推动他们进入这个发展的确定而清晰的过程。”①他明确认为技术将占据主导地位，标准化的效率性和经济性将引导新风格的发展（图 2-72）。芬兰建筑师阿尔瓦·阿尔托（Alvar Aalto）也提出现代技术为建筑提供了更大的自由：“建筑材料和结构并不会立刻或者单方面影响到建筑……过去，很少有处理过的材料，天然材料限制了结构方式……在古代，承重梁是主要问题，大量的装饰是和结构不分开的……现在的结构，使用轻钢桁架，是大量整体结构的部件组合……今天，建筑的结构有了这么多种方式，意味着我们拥有比以前多得多的解决方式。当代建筑中的技术装置形成了一系列问题，这些问题本身很古老，特别值得一提的是这些装置的当代形式解放了一些它们从古老的背景中释放的问题，包括增进了建筑设计中的室内空间自由度。”②（图 2-73）

经过现代主义建筑起源期的探索，建筑师们产生了对建筑技术重要性的一致认识，那就是建筑技术是现代主义建筑产生与发展的重要因素，建筑要和技术相结合，要使用和表现建筑技术，二者将重新形成一个统一的整体。

① [苏]M· Я · 金兹堡 . 风格与时代 [M]. 陈志华译 . 西安：陕西师范大学出版社，2004：60，84，85，86。
② Göran Schildt. Alvar Aalto in His Own Words [M]. New York: Rizzoli, 1998：98-100.

2.5 小 结

新材料、新技术和新设备是现代主义建筑起源的物质保障。钢铁和混凝土材料具有和传统石材完全不同的特性，是塑造新风格的得力工具。铁先是用于建造桥梁，随后为了防火而用于建筑，逐渐从代用材料发展成为独立的结构材料，但是最初使用铁的建筑师仍然用砖石包裹铁结构。随着铁和玻璃的结合，以及建筑师思想观念的转变，真实表现铁的材料和结构特征的建筑才逐渐出现。随着技术能力的进步，钢铁表现出很好的材料性能，创造出高度和跨度都远胜以往的建筑，说明钢铁结构可以满足任何建筑的需要。现代水泥和混凝土的发明为建筑师又提供了一种优秀材料，但是混凝土耐压而不耐弯，于是人们又发明了钢筋混凝土，具有良好耐久性、耐火性和塑性的钢筋混凝土是一种优秀建筑材料，钢筋混凝土框架结构使建筑摆脱了承重墙，可以具有和传统建筑完全不同的特性。随着结构科学、建筑构造、建筑物理和建筑设备的全面进步，建筑在某些方面具有了更大的自由度，在另外一些方面则增加了一些限制，这些问题都反映在建筑的设计和建造中，高层建筑就是一个典型的例子。自建筑和工程分离成为独立的学科后，学院派建筑师认为建筑是单纯的艺术，与技术无关，建筑师一度和工程师隔绝开来。19 世纪中期之前偶有建筑师认识到这一点，不过他们没有主动向技术靠拢，19 世纪后期的建筑师则逐渐认识到技术的重要性，20 世纪初的建筑师则变被动使用技术为主动应用和表现技术，经过长期的分离，建筑和技术又重新结合在一起。

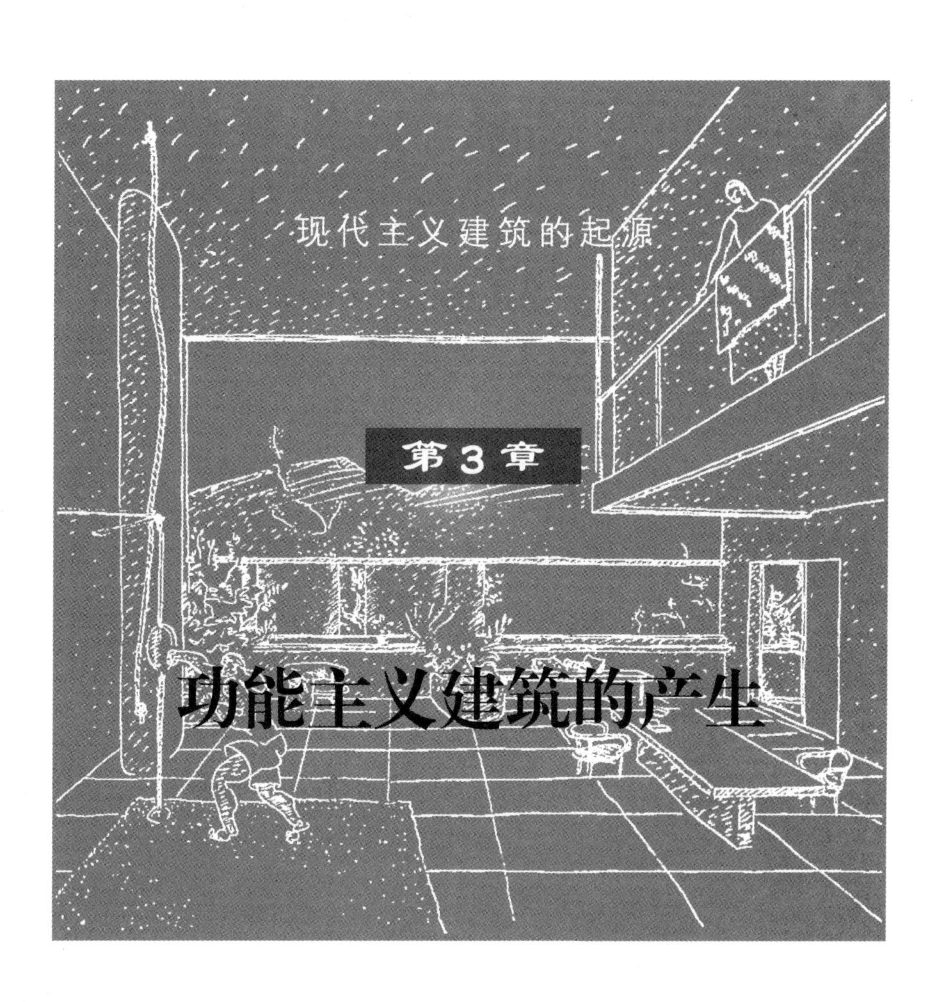
现代主义建筑的起源
第3章
功能主义建筑的产生

功能主义概念在很多学科中都存在，早在19世纪就系统地出现了，不过建筑界的功能主义概念与这些学科关系不大，是相对独立地发展起来的一种建筑观念，古代建筑的理性主义传统和原始功能主义概念以及19世纪后期与20世纪初期工业设计等制造领域的功能主义倾向对其有一定影响。建筑并非纯艺术作品，作为具有实际使用功能的建筑，无视其使用要求而片面追求艺术是不可取的，西方古代建筑师对此有着清晰的意识，维特鲁维就把“实用”作为建筑的三要素之一，其后的建筑师也不乏强调建筑功能的论述，不过他们都没有把功能上升为建筑设计的出发点。现代主义建筑认为房屋的形式应取决于用途、材料和结构等实际因素，将功能的地位提高到这一层次在建筑历史上还是第一次。

功能是建筑的基本属性，首先应当讨论的是建筑功能的定义。功能与形式的关系问题是建筑界多年来争论不休的问题，本书无意脱离本题介入这种争论，仅就涉及本章相关内容的建筑功能的定义问题作简要的论述。广义的建筑功能可以包括物质功能和精神功能，物质功能泛指建筑所具备的具体的、物质性的使用目标，精神功能则可泛指建筑所具备的抽象的、非物质性的使用目标。对绝大多数建筑而言，建筑是为具体的物质性的使用目标而建造的，物质功能是建筑的主要功能；例外的只是极少数特定的纪念性建筑，如纪念碑、陵寝建筑、祭祀建筑等，仅仅是为抽象的、非物质性的使用目标而建造的，仅仅具有非物质性的精神功能。而这种非物质性的精神功能也随时代变迁而产生变异，古代的纪念性建筑往往转变成为旅游景观建筑，如埃及金字塔就由陵寝建筑的原始功能变异为旅游功能。所以本章论述的“建筑功能”为建筑的物质功能，即建筑所具备的具体的物质性的使用目标。

3.1 新建筑功能的成长

3.1.1 社会发展带来的全新建筑类型及其建筑功能

19世纪下半叶以后，随着社会的快速发展和人们生活方式的日益复杂，出现了许多前所未有的新建筑类型，一部分原有的旧建筑类型也为适应变化了的社会需求而发生巨变，很大程度上已经变异为使用老名称的新建筑类型。前者如博览会与展览馆、火车站、办公楼和旅馆、工厂和仓库等建筑类型；后者如图书馆、医院、市场和由市场演变而成的百货商店，以及住宅等建筑类型。新建筑类型的产生及其建筑功能的巨变是促成功能主义建筑产生的重要社会因素。在此有必要对19世纪下半叶以后产生的主要新建筑类型及其建筑功能作一个简要的回顾。

博览会与展览馆：19世纪后半叶，欧美各国陆续举办的博览会带来一种全新的建筑类型——要求快速建造短期使用的大空间展览馆建筑。1851年建造的伦敦世界博览会展览馆“水晶宫”开辟了建筑形式与预制装配技术的新纪元，同时也是根据功能需要建造的全新类型的建筑。帕克斯顿设计的用工厂预制的铁构件和玻璃组装的大空间展览馆建筑源于温室设计，切合展览建筑的功能需要。对此负责竞赛的评委会说：“目的应该决定建筑，也就是说，设计应该从属于建筑的使用要求，应该能够表现建筑功能，最少也要与之协调。”①此后的博览

① William J. R. Curtis. Modern Architecture Since 1900 [M]. 3rd editon. Oxford: Phaidon Press, 1996：37.

图 3-1　1893 年芝加哥博览会
来源：David P. Handlin. American Architecture [M]. London: Thames and Hudson, 1985：135.

会建筑也都是功能需要和技术成就的产物（图 3-1），如跨度达到 115m 的 1889 年巴黎世界博览会机械馆。

火车站：随着铁路运输的兴起产生了火车站这一新建筑类型，火车站的功能是停靠铁路列车以供乘客上下车及装卸货物，早期的车站通常是客货两用。车站内有月台方便乘客上下车，其他车站功能包括售票、候车室等。早期火车站规模较小，铁路交通逐渐发达之后，大规模的火车站建筑功能上需要大空间的售票室、候车室和进出站的便捷交通，解决这些问题成为火车站设计的出发点。

早期火车站没有考虑客货分流，人和货物都从月台上车，人货混流，影响效率和安全。后来将客运货运分开，货运部分只建月台、仓库与工作人员用房；客运部分则将月台、仓库和工作人员用房与候车室、售票处分离，候车室和售票处发展成为专门为旅客服务的场所，也多成为城市的标志性建筑，前者多以功能为主设计，后者兼顾建筑功能与形式（图 3-2）。

第一个真正的铁路车站为 1830 年开通的英国利物浦到曼彻斯特的铁路建造的曼彻斯特利物浦路车站（Liverpool Road Station），今天被保留作为科学博物馆。车站规模不大，售票处、候车室和仓库均为传统建筑风格，候车与售票没有分离。1880 年扩建的仓库与客运部分分开，有两条铁轨进入，使运货马车可以在室内直接向火车上装货，体现了出于功能需要进行设计的新设计方法。铁路出现初期的火车站设计五花八门，有的甚至只是铁路旁的一间小屋，不过到 1850 年前后设计就步入正轨，一般都有月台和站棚，候车的流线和月台与铁轨的布置这些功能因素成为建筑师重点关注的问题，同时由于铁路的迅速发展，主要城市的火车站都处于不断扩建之中，满足功能需要才是首要问题（图 3-3）。

办公楼和旅馆：早在古罗马时代就有官方的办公建筑，12 ~ 16 世纪的欧洲市政厅与同期的同业工会一般也附带有办公部分。[①]现代办公楼则是随着文书工作的增长出现的，随着

① 参见 Sarah Bradford Landau, Carl W. Condit. Rise of the New York Skyscraper, 1865-1913 [M]. New Haven:Yale University Press, 1996：5.

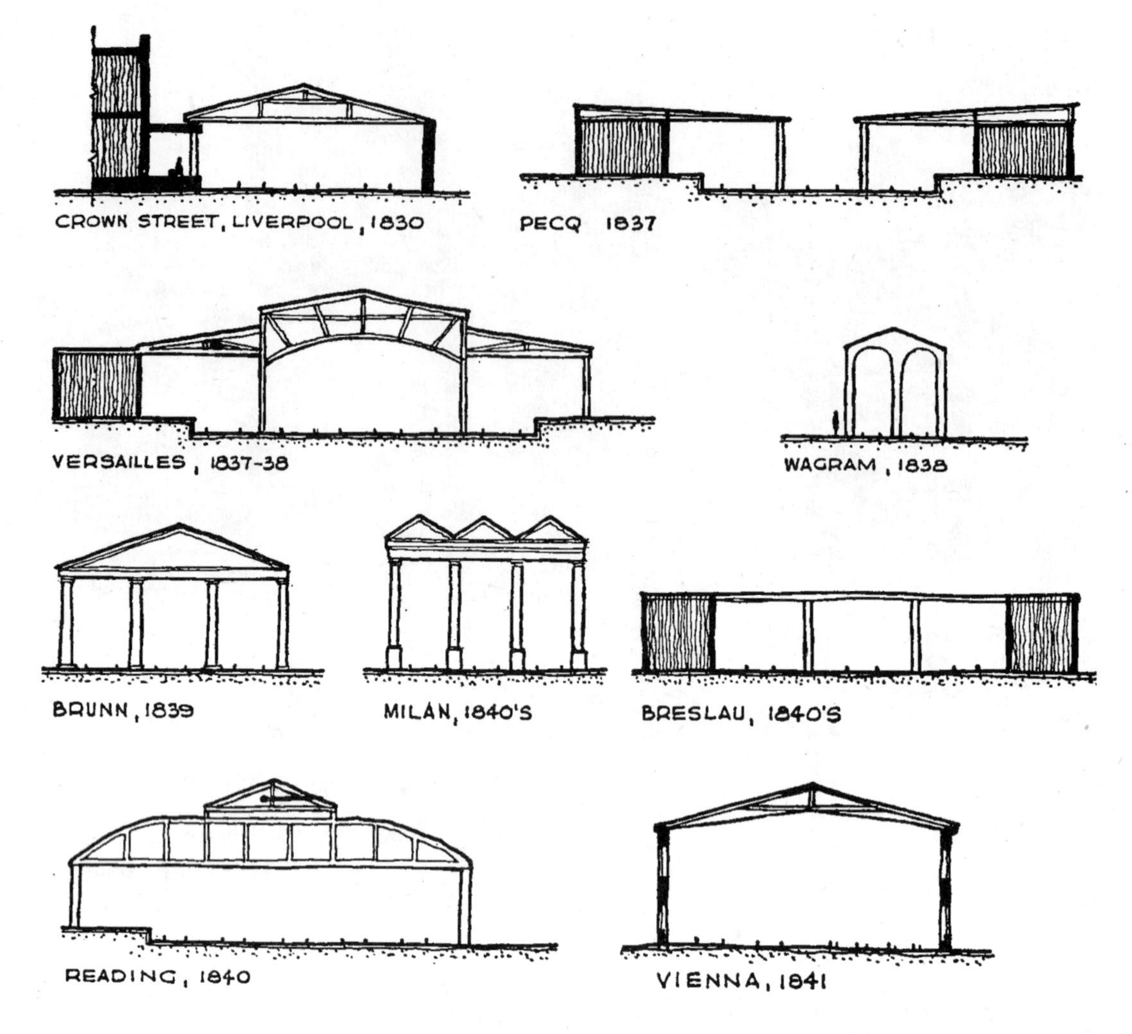

图 3-2　早期火车站设计
来源：Carroll Louis Vanderslice Meeks. The Railway Station：An Architectural History [M]. London：The Architectural Press, 1957：37.

图 3-3　纽约中央火车站（Grand Central Station, New York, 1903 ~ 1913）
来源：David P. Handlin. American Architecture [M]. London: Thames and Hudson, 1985：140.

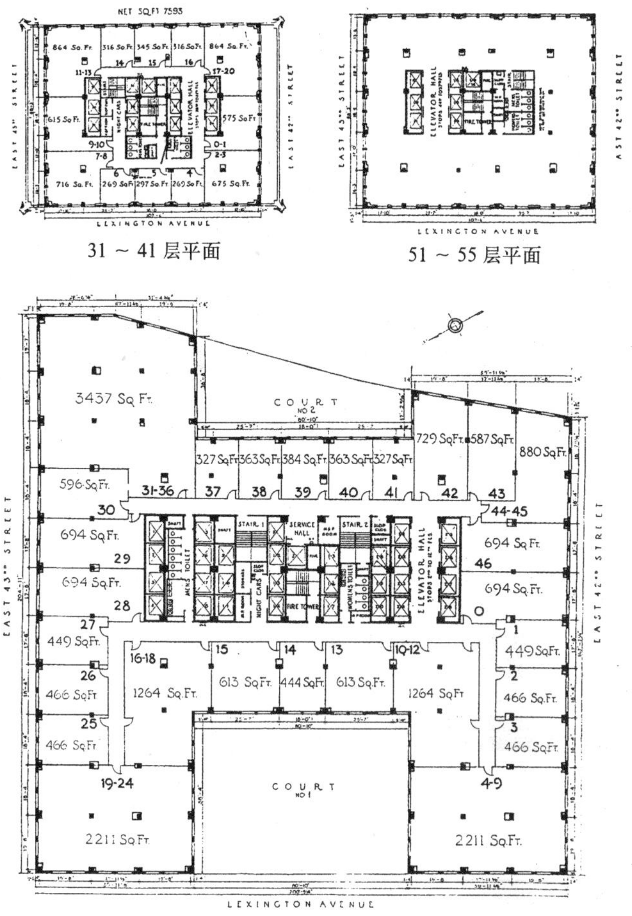

规模的不断扩大，很快就发展出高层办公楼。办公楼包括自用办公楼和出租办公楼，对于出租办公楼，19世纪美国建筑理论家乔治·希尔（George Hill）说过："办公建筑主要和唯一的功能是为业主获得最大的可能回报，表现为得到可能的最大出租面积。"①自用办公楼同样需要经济性和效率性，要满足办公功能的需要，不同的只是使用者的身份不同，标准化办公空间或自由分隔的大办公空间很快就成为办公建筑的标准模式（图3-4）。

最早的旅馆只是简单地为旅客提供住宿房间及餐饮服务，后来功能逐渐增加，增加了娱乐、休闲、运动、商业、商务等服务部分，旅馆成为综合性建筑，娱乐和休闲部分比较吵闹，需要远离旅客房间；运动健身部分往往需要大空间，需要使用不同的结构形式，或者安排在主体建筑之外；餐饮部分的厨房会产生噪声和油烟，需要合理安排；这些功能需要都对旅馆设计产生重要影响，功能成为影响旅馆建筑设计的重要因素。随着建筑设备的进步，出现了每间客房专用的卫生间，旅馆的房间排列要保证承重结构和设备管道等上下对应，这促进了标准间客房设计的产生，使旅馆客房设计走向标准化。标准间沿过道排列，每层排列一致是最经济简便的设计方法，这里并没有太多的发挥余地，从功能要求出发组织垂直和水平交通，将前厅接待，标准间住宿和后勤及辅助部分合理分区成为普遍应用的设计手法。火车站和旅馆的发展是19世纪新社会模式和生活方式的缩影，因此1857年的《建筑新闻》（Building News）指出："19世纪的火车站和旅馆的地位相当于13世纪的修道院和教堂，是我们今天的代表性建筑。"②这类建筑对功能要求的注重同样也是19世纪建筑设计向功能化转化的缩影。

31～41层平面

51～55层平面

6～10层平面

图3-4 克莱斯勒大厦（Chrysler Building）标准层平面
来源：Carol Willis. Form Follows Finance: Skyscrapers and Skylines in New York and Chicago [M]. New York: Princeton Architectural Press, 1995：82.

工厂和仓库：随着工业化的进程，产品生产中分工协作的重要性逐渐凸现，工厂制度出现并迅速发展。从最早的工厂开始，如何最经济地不间断安排生产流程，安置机器，并具备自然采光和通风等功能要求就将工厂设计推向重视功能不重形式的设计道路。建造工厂的目的是为生产提供必要的空间，建造仓库的目的则是提供安全储藏货物的空间，这使工厂和仓库成为功能主义建筑最好的实验田（图3-5）。

图书馆：西方古代文盲率很高，图书馆最初只是为少数人服务的，据称藏书70万卷的古埃及亚历山大图书馆（Library of Alexandria）基本上只有藏书功能，并不对公众开放。文艺复兴时期已有对公众开放的图书馆，但是规模较小，尚不需要特殊设计，如米开朗琪罗设计的圣洛伦佐劳伦扎纳图书馆（Laurentian Library）就只是一个矩形大厅，书架列在两侧，中间是阅览桌。随着读者规模的增加，图书馆规模增大，管理方式随之改变。19世纪初，图

① Carol Willis. Form Follows Finance: Skyscrapers and Skylines in New York and Chicago [M]. New York: Princeton Architectural Press, 1995：19.

② Carroll Louis Vanderslice V. Meeks. The Railway Station：An Architectural History [M]. London: The Architectural Press, 1957：I.

图 3-5 伦敦圣凯瑟琳码头（St. Katharine Docks, 1802 ~ 1805）
来源：J. M. Richards. The Functional Tradition in Early Industrial Buildings [M]. London: The Architecture Press, 1958：48-49.

书馆开始采用闭架管理方式，逐渐明确划分为藏书、阅览和书籍处理三个部分，出现了有多层书库的中央大厅式图书馆，不同部分有完全不同的功能要求：阅览室需要充足的光照和适合阅读的室内环境；书库需要避光，层高不必很高，荷载相对较大，由于规模增加，还出现了多层书库；书籍处理部分也有特定要求。不同部分完全不同的功能要求直接影响到图书馆的空间衔接和流线安排。1852 年，英国不列颠博物馆图书馆（The British Museum Library）最早使用了多层书库，中间是圆形阅览大厅，四周是 4 层书库，书库的铸铁结构支撑着大厅的穹顶。法国建筑师拉布鲁斯特 1854 年起设计的巴黎国立图书馆扩建项目，包括地下室在内共有 5 层书库，藏书 90 万册，阅览室地面和隔墙全部用铁架与玻璃制成，这样既可以解决采光问题，又可以保证防火安全。虽然外观上仍然是厚重的古典风格，但却是第一个在内部将书库、阅览厅和工作区域完全分开，用出纳台联系书库和阅览厅，并附设报告厅和展览廊，是按照当时图书馆的新功能设计的典型实例，也是新建筑类型的新功能直接影响建筑设计的典型实例。

医院：现代医学发展很快，科室不断增多，各个科室之间既要保证人流和物流的通畅，又要防止交叉感染，保证医生和患者的安全，功能关系异常复杂，远超其他建筑类型。为了防止交叉感染，医院要进行严格的分区：洁净部分和污染部分要明确分开；医疗部分和后勤部分要分开；传染病治疗区域要和普通医疗区域分开；太平间以及通向太平间的通道都要单独封闭，以避免给其他患者造成感染和带来心理压力；手术室需要绝对清洁，医生和患者都要通过消毒前室进入，无菌室也是如此，如果通过人体或空气造成细菌感染，就会造成医疗事故。随着医院规模的扩大，门诊、急诊和具体科室以及住院部、治疗部都位于不同的分区内，往往有不同的入口，相互之间相对封闭，合理适用的医院设计往往就是从功能出发的设计，医院建筑设计的细化和发展对功能主义的发展起到促进作用。

市场和百货商店：随着经济的发展和商品交易规模的扩大，市场建筑趋于室内化和大型化，19 世纪出现了巨大的生铁框架结构大厅式市场建筑。1824 年巴黎马德琳市场是欧洲第一座此类建筑。1835 年伦敦亨格福德鱼市场是一栋铁框架建筑，没有使用石工，出于卫生考虑也没有使用木材。此后的大型市场建筑大多采用了便于大量商户与顾客聚集的大厅式形制。

自古以来，经营者一直专注于专门的市场和商店，到 19 世纪 50 年代晚期出售时装和纺织品的商店主才想到可以兼售其他类别的商品，不过真正意义上的百货商店是 19 世纪 70 年代才出现的。[①]最早的百货商店是借用仓库建筑形式转化发展起来的。1876年美国商人沃纳梅克（John Wanamaker）把费城一座废弃的铁路仓库改建成沃纳梅克商店（John Wanamaker Store），成为当时世界上最大的单层零售空间，用129个柜台围绕中心的展览区域，形成浓厚的商业气氛（图3-6）。1876年建造的巴黎廉价商场（Bon Marche）是第一座以铁和玻璃建造起来的全部自然采光的商场，[②]用单纯的大空间容纳功能，楼层之间用铁天桥连接，使用玻璃屋顶提供采光，结构全部直接暴露，具有明确的功能特征。

图3-6 沃纳梅克商店
来源：Sigfried Giedion. Space, Time and Architecture: The Growth of a New Tradition [M]. 5th editon. Cambridge: Harvard University Press, 1969：237.

住宅：18～19世纪，经济的发展和工人生活条件的恶劣形成鲜明对比，很多建筑师开始思考如何改善这一情况，由于城市规模迅速扩大，工人数目急剧增加，土地和经济条件两方面的限制迫使建筑师在现有条件的限制下寻求解决方案，因此经济合理成为先决条件之一。随着家庭卫生间和厨房等设施的普及，住宅设计也渐趋复杂，适应新建筑设施带来的新家庭生活方式成为住宅设计的重要课题，功能问题等的重要性促使建筑师重新思考，住宅设计问题日趋重要。

3.1.2 工业设计中的功能主义倾向

工业设计的对象是用工业化方法批量生产的产品。通过和人们的生活息息相关的工业产品，工业设计对人类生活，对文化和艺术都产生了巨大的影响。

18世纪产生的机械化工厂体系，目的是以低成本大批量生产商品，工业革命带来的批量生产与批量消费为工业设计的革新提供了动力。机器批量生产和手工生产有本质区别，产品生产过程很少受个人因素影响，而是按照预先制定的设计大批量重复生产，产品的设计和生产完全分离，设计师的作用日趋重要，设计的好坏可以直接影响生产厂家的经济利益。18～19世纪出现了很多按新观念设计的工业产品，真实反映产品的材料、结构和用途，抛弃形式主义的装饰，标志着以功能为出发点的工业设计的诞生。

18世纪一些科学研究用的仪器设计注重实效，形式简洁，真实反映仪器的材料、结构和用途，直接表现所有零件，没有使用装饰。但是生产规模不大，没有产生大的影响。

19世纪铁路的大发展为工业设计提供了新的舞台，机车和各种类型的铁路装置都是没有先例的产品，在这一领域产生了很多基于功能的产品设计。1813年，布莱克特（Christopher Blackett）制造了怀勒姆·迪利号机车（The Wylam Dilly），看上去就像放置在轮子上的一台卧式蒸汽机，外形直接反映功能，没有装饰，但是外观粗陋，可以说没有经过设计（图3-7）。1829年，在利物浦到曼彻斯特的世界上第一条客运铁路使用的机车设计竞赛中，乔治·斯蒂芬森（George Stephemson）和罗伯特·斯蒂芬森父子设计的火箭号机车（The Rocket）获奖，机器设备大多暴露在外，直接展现机车功能（图3-8）。1847年，戴维·乔伊（David Joy）

① 参见 John William Ferry. A History of the Department Store [M]. New York: The Macmillan Company, 1960：2.
② 罗小未编. 外国近现代建筑史 [M]. 第2版. 北京：中国建筑工业出版社，2004：17.

图 3-7　怀勒姆·迪利号机车
来源：John Heskett. Industrial Design [M]. London: Thames and Hudson, 1980：30.

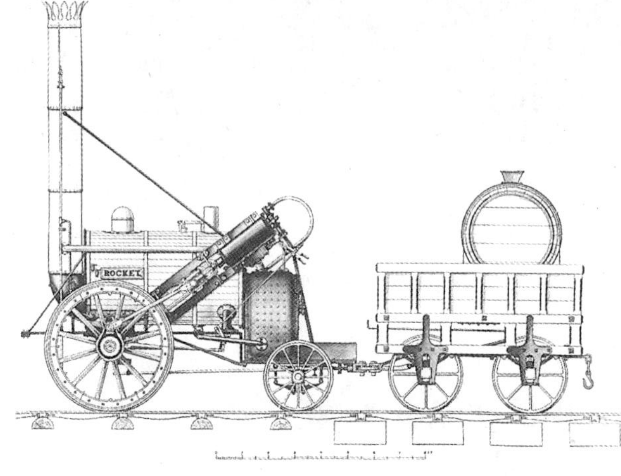

图 3-8　火箭号机车
来源：John Heskett. Industrial Design [M]. London: Thames and Hudson, 1980：31.

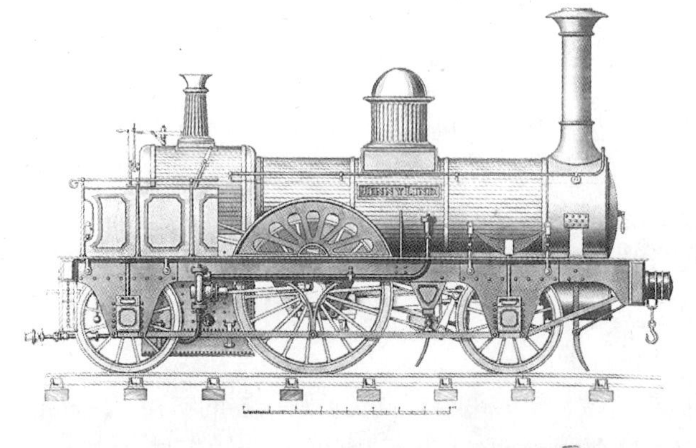
图 3-9　詹尼·林德号机车
来源：John Heskett. Industrial Design [M]. London: Thames and Hudson, 1980：31.

图 3-10　1666 号机车
来源：John Heskett. Industrial Design [M]. London: Thames and Hudson, 1980：33.

设计的詹尼·林德号机车（The Jenny Lind）用外壳将机器包裹起来，巨大的车轮和支撑部分等部件表现出工业时代的特征，外壳整洁的线条也提示着机车作为机器制品的地位，但是安全阀和蒸汽包上的古典柱式和穹顶还是体现着设计对大众审美趣味的妥协（图 3-9）。1893 年，塞缪尔·约翰逊（Samuel Johnson）设计的 4-4-0 型 1666 号机车（Number 1666）制造工艺高超，性能优异，外观上也不再有建筑柱式等装饰元素，车身呈连续曲面外观，这一设计摆脱了传统美学观念的影响，表现机器的特征，在效率和性能方面也达到了新的高度，展示了从功能出发的现代工业设计的魅力（图 3-10）。

轮船和飞机的设计与火车机车类似。19 世纪的轮船从木制风力、人力驱动转变为蒸汽机和内燃机驱动的钢铁容器，被认为是自然和人之间和谐的象征，美国理论家格里诺（Horatio Greenough）1851 年在《形式与功能》（Form and Function）一文中提出，对艺术而言，工作的目的永远是最重要的，“部分属于整体，整体属于功能”，因而船舶的美来自功能性设计，应当取消不必要的装饰。在另一篇文章中，他还提出：“设计学校、鉴赏家、希腊风格的形式能产生这种工程的奇迹吗？在最深奥的研究中，自然讲述着建筑的法则……人唯有全神倾听并服从。”[①]船舶的美感源于经过精确计算确定的最适合功能需要的外形，流线型的外形使它在水中承受最小的阻力，即使最苛责的艺术评论家也不可能迫使设计者在船壳上附加装饰。飞机更是如此，由于要减少空气阻力，飞机外表的所有部分都要服从功能要求，而重量与推力的矛盾更使它容不下一点无用之物，这使飞机的形式设计必须完全服从功能的需要。轮船和飞机的形式革新代表着功能主义设计的胜利，因此勒·柯布西耶才会在《走向新建筑》中提倡向轮船、飞机和汽车学习，走向功能主义（图 3-11）。

① John Heskett. Industrial Design [M]. London: Thames and Hudson, 1980：38.

19 世纪中叶，美国工业迅速发展，取代英国成为世界制造业第一大国，这是与美国当时的标准化设计模式分不开的。标准化产品设计使不同产品之间零件可以互换，工厂可以制造同样的零件用于不同产品，简化设计和生产过程，提高了生产率。标准化设计模式源于欧洲，1729 年左右，瑞典人克里斯托弗·坡伦（Christopher Polhem）用水力驱动的简单机器生产可以用于不同钟表的齿轮。后来法国军火商勒勃朗（Le Blanc）用类似方法生产滑膛枪，美国第三任总统托马斯·杰斐逊（Thomas Jefferson）1782 年在任美国驻法大使期间参观了勒勃朗的工场，他在一封信中写道："这里的滑膛枪生产作了改进。……所生产的每支枪的零件是完全相同的，使不同枪支的零件可以互换。这种方式的优点在军械需要修理时是非常显著的。"[①] 1800 年左右，这种通用零件设计在美国兴起，军火商用这种方法大量生产枪支，霍尔（John H. Hall）着重解决了精确度量和生产中的准确性这两个关键问题，他的目标是："使枪的每一个相同部件完全一样，能用于任何一支枪。这样，如果把 1000 支枪拆散，杂乱地堆放在一起，它们也能很快地被重新装配起来。"[②] 因此要尽可能简化每一个零件，以保证度量和加工的精度。与手工制枪师优美而华丽的产品相比，他的产品极为实用，自然也不事装饰，体现出鲜明的功能主义特征。19 世纪中叶，军火商科尔特（Samuel Colt）开始用这种方法批量生产著名的科耳特左轮手枪，精确加工的可互换零件有最大的可靠性并易于保养，获得了巨大的成功。当时，制表工业也采用了这一方法。1851 年伦敦第一届世界工业博览会上展出的美国工业产品给欧洲人很大的冲击，热衷于手工艺传统艺术价值的欧洲人相对保守，落后于笃信工业产品是为了普遍使用而大批量制造的美国人（图 3-12）。

图 3-11 《走向新建筑》中所列及的部分轮船、飞机、汽车
来源：Le Corbusier. Towards a New Architecture [M]. New York: Dover Publications, 1986：93，113，137.

图 3-12　20 世纪初的福特公司汽车流水线
来源：John Heskett. Industrial Design [M]. London: Thames and Hudson, 1980：67.

虽然 19 世纪中叶很多产品具有功能化的外观，但是大多不是出于美学考虑或者由功能主义思想指导的设计，装饰的取消只是出于对成本的控制，而且大多数粗制滥造，质量低

① John Heskett. Industrial Design [M]. London: Thames and Hudson, 1980：50.
② John Heskett. Industrial Design [M]. London: Thames and Hudson, 1980：51.

图 3-13　AEG 在贝伦斯之前和之后的电灯设计
来源：Stanford Anderson. Peter Behrens and a New Architecture for the Twentieth Century [M]. Cambridge: MIT Press, 2000：115.

劣。1851 年伦敦博览会上的工业产品既引起了人们的兴趣，也引起了一场针对大部分工业产品质量粗劣问题的争论，以约翰·拉斯金和威廉·莫里斯为代表的观点与机器为敌，他们认为只有恢复传统手工作坊式的个人劳动才能将人从机器中解脱出来；另一种观点以森佩尔为代表，他意识到技术的进步是无可逆转的历史潮流，提出手工艺与工业相分离的同时也应该教育培养新型的工匠，让他们学会艺术而理性的方式，理解并且开发利用机器的潜力，持这种观点的设计师最终走向从工业产品特征和功能出发的设计。例如苏里奥（Paul Souriau）提出："一个技术产品的形式只要鲜明地、合理地表现了功能，完善地、严格地适合于产品的目的，那么就应当承认它具有功能美。"[①]

进入 20 世纪，工业产品的标准化、合理化生产更进一步推动了功能主义的发展，使人们从近一个世纪生产实用而粗陋产品的功利主义和为装饰与外观形式而牺牲舒适、方便的理想主义的设计矛盾中走出来，最终摆脱手工艺时代的束缚，以崭新的设计思想应对工业时代。20 世纪初德国著名建筑师和设计师贝伦斯受聘为 AEG 的设计师后，设计了很多以标准化零件为基础，可以灵活装配的工业产品（图 3-13）。这种用有限的标准零件组合提供多样化产品的探索，使贝伦斯成为现代意义上的第一位工业设计师。他的三个学生，格罗皮乌斯、密斯·凡·德·罗和勒·柯布西耶都受到他的影响，把他的观点和建筑相结合，推动了功能主义建筑的发展成熟。

3.1.3　"泰勒制"及其对功能主义建筑的影响

弗雷德里克·温斯洛·泰勒（Frederick Winslow Taylor）1856 年出生于美国费城一个富有的律师家庭，中学毕业后考上哈佛大学法律系，但因眼疾被迫辍学。1875 年，他进入一家小机械厂当徒工，1878 年进入费城米德韦尔钢铁厂（Midvale Steel Works）当机械工人，直至提升为总工程师。在米德韦尔钢铁厂的实践中，泰勒感到当时的企业不懂得用科学方法进行管理，不懂得工作程序、劳动节奏和疲劳因素对劳动生产率的影响，而工人则缺少训练，没有正确的操作方法和适用的工具，这都大大影响了劳动生产率的提高。为了改进管理，他在米德韦尔钢铁厂进行各种试验，随后又受雇于伯利恒钢铁公司（Bethlehem Steel）继续从事管理研究。他的试验集中于动作和工时的研究以及对工具、机器、材料和工作环境等因素标准化的研究，并根据这些成果制定了比较科学的日工作定额和为完成这些定额提供的标准化工具。他发明的"科学管理"（Scientific Management）方法，即"泰勒制"（Taylorism）为科学管理理论在美国和其他国家的传播作出了贡献，因此被后人尊为"科学管理之父"。

"科学管理"理论的主要内容有八个方面，其中心问题是提高效率。泰勒认为，要制定出有科学依据的工人的"合理日工作量"，就必须进行工时和动作研究。方法是选择合适且技术熟练的工人，把他们的每一项动作、每一道工序所使用的时间记录下来，加上必要的休息时间和其他延误时间，就得出完成该项工作所需要的总时间，据此定出一个工人"合理日工作量"，这就是所谓工作定额原理。后来，人们根据他的原理用连续照片和电影来记录工

① 吴焕加．论现代西方建筑 [M]. 北京：中国建筑工业出版社，1997：191.

作过程，追踪运动的踪迹，进行针对人的运动研究和疲劳研究。其中泰勒进行了针对厂房设计的研究，探索厂房如何设计布置才能达到工人工作的最高效率，这已经带有明显的功能主义特征了。

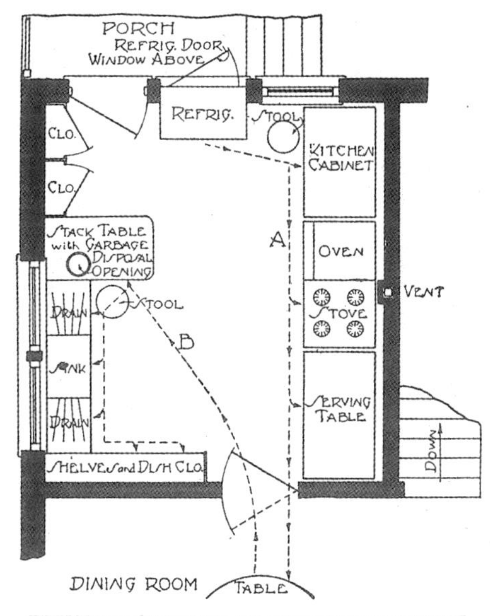

图 3-14 功能化的厨房设计
来源：John Heskett. Industrial Design [M]. London: Thames and Hudson, 1980：81.

这一方法也用于对建筑设计的研究。早在1869年比彻姐妹（Catherine Beecher & Harrier Beecher Stowe）就建议学习船舱的紧凑和方便，改革厨房的组织和布局。1912年弗雷德里克（Christine Frederick）开始用泰勒发明的方法研究如何做家务，[①]建议人们利用新时代带来的便利，合理排布使用家具和新家庭设备，如她在1920年提出的厨房设计原则，认为厨房要合理分区，一侧排列橱柜、烤箱、炉灶和备餐台，另一侧为水池、操作台等，各种设备的尺寸很容易确定，厨房的大小就依照这些设备的排布而定，自然会产生合理便利的设计，这样设计的建筑完全依照功能，启发了功能主义的住宅设计（图3-14）。勒·柯布西耶在1917的一封信中最早提及泰勒制，[②]后来他也用类似的方法研究人在住宅中的运动，以求达到平面设计最合理和空间使用上的最佳效果，取得满意的成果后，他喊出“住宅是居住的机器”（A House Is A Machine For Living In）的口号。

3.1.4 早期西方建筑功能主义思想

早在2000多年前的古罗马时期，维特鲁威就把“适用、坚固、美观”称为建筑的三要素，[③]但是直到18、19世纪，西方建筑界占主导地位的建筑潮流仍然是古典主义、复古主义折中主义，对实用功能和结构技术不很重视。一部分建筑师和学者有鉴于此，曾对功能在建筑设计中的作用问题作了初步探讨，但是并没有产生广泛的社会影响。

例如英国著名唯物主义哲学家和科学家弗朗西斯·培根（Francis Bacon）在他的《文集》（Essays）第45卷《关于建筑》（Of Buildings）中说：“房屋是为了人的居住而建造的，而不是为了观赏；因此，让我们考虑式样的统一问题之前，先来考虑使用问题，除非两者必须兼顾的特例之外。所以，就将那些优雅的外观，或只考虑美观的房屋，留给后人去发挥创造吧。”[④]艾萨克·韦尔斯（Isaac Wells）1756年出版《建筑集成》（Complete Body of Architecture）一书，认为“建筑物的艺术不应该比它的使用更加重要，它外表上的尊严高贵也不会比它的方便适用能够获得更多的赞誉”[⑤]。迪朗（Jean-Nicolas-Louis

① John Heskett. Industrial Design [M]. London: Thames and Hudson, 1980：81.

② 参见 Russell Ferguson. At The End Of The Century: One Hundred Years Of Architecture [M]. New York: Harry N. Abrams, 1998：113.

③ “建筑还应当造成能够保持坚固、适用、美观的原则。”[意]维特鲁威．建筑十书 [M]. 高履泰译．北京：知识产权出版社，2001：16。

④ [德]汉诺—沃尔特·克鲁夫特．建筑理论史——从维特鲁威到现在 [M]. 王贵祥译．北京：中国建筑工业出版社，2005：167。

⑤ [德]汉诺—沃尔特·克鲁夫特．建筑理论史——从维特鲁威到现在 [M]. 王贵祥译．北京：中国建筑工业出版社，2005：178。

Durand）出版的讲义提出创造性必须完全来自每个建筑物具有的不同功能性质，他说：“假如一座建筑是按照其指定的用途去设计的话，难道它不就自然而然地与其他建筑物不同了吗？……并且其中各个不同部分，因被指派的用途不同，难道不应该彼此相异吗？因此，一个人不必硬使一座房屋造得可爱，因为假如一个人只要关心房屋能完全满足实际要求，这种房屋想要不可爱也是不可能的。”①

法国建筑师拉布鲁斯特 1830 年写道：“建筑中，形式必须永远适合它所要满足的功能。”②普金针对 19 世纪初期的情况认为建筑“进行伪装的虚假想法代替了实用性的美丽”，需要回归中世纪的真实性设计，只注重建筑和设计的美与适用性。③美国理论家格里诺在《形式与功能》中提出：“适合性法则是一切结构物的基本的自然法则。……我们赞成用美这个字来表示形式适合于功能。……我把美定义为功能的许诺。”他以船舶为例，提出：“如果你考察船舶改进的各个阶段，你将能看到，它们性能上的每一个进步，也都是在表现典雅、美或者崇高方面的进步。……船舶的真正的美在于：第一，形式严格适合功能，第二，逐渐消除了一切不相干的、不恰当的东西。”④克洛代尔·尼古拉·勒杜（Claude Nicolas Ledoux）也提出：“建筑中，有两种做到忠实的必要途径。一是必须忠实于建设纲领，二是必须忠实于建造方法。忠于纲领，指的是必须精确和简单地满足由需要提出的条件。忠于建造方法，指的是必须按照材料的质量和性能去应用他们。”⑤森佩尔 19 世纪 70 年代的著作比较了艺术和自然，提出自然不仅在形式上而且在其内在规律上都应该成为建筑灵感的来源，艺术应该学习自然界的事物一概符合功能这一特征。安德烈·吕尔萨（André Lurçat）在《建筑》（Architecture）一书中提出：“人们可以认为建筑是活的有机体，因为它的每个部分，例如结构和功能，都必须遵循同样的规则，不然就不能健康成长。”⑥19 世纪末，奥古斯特·舒瓦西（Auguste Choisy）认为哥特建筑是建筑中逻辑的胜利，形式“不由传统的模式控制，而是由，且只是由其功能控制。如果现代建筑师也能像先辈一样注重功能和结构，也会获得同样的权威性”⑦。

18 ～ 19 世纪，诸如此类的言论数不胜数，但是作者大多并没有形成清晰明确的功能主义概念，所发表的多是一些孤立的片言只字，并没有全面的分析论述，或者只是在论述应该表现材料的性质、结构的特征等内容时提及和功能主义接近的言论。也很少有像拉布鲁斯特那样不但了解功能的重要性，而且真正尝试从功能出发进行建筑设计的建筑师。很多人提出了功能的重要性，但是却没有主动加以实现，他们的设计仍然局限于当时时代的限制中。例如拉斯金并不同意功能主义，并不认为美是实用的，但是他也同意形式从属于功能，《威尼斯之石》（The Stones of Venice）提到船是最美的，因为它是功能的产物；《艺术演讲集》（Lectures on Architecture and Painting）中说他崇尚杯子和花瓶的功能性形式，特别是简单的类型，“发展出最美丽的线条和最完美的类型，是迄今为止最符合艺术的类型”。“建筑应该是真实的。”⑧只听到这些言论的话，我们会认为拉斯金是不折不扣的功能主义者，但是实际上，这只是他建筑思想中的若干片断而已，他并没有提出建筑要从功能出发进行设计。

---

① [英]彼得·柯林斯．现代建筑设计思想的演变 [M]．英若聪译．北京：中国建筑工业出版社，2003：14。

② 吴焕加．论现代西方建筑 [M]．北京：中国建筑工业出版社，1997：73。

③ John Heskett. Industrial Design [M]. London: Thames and Hudson, 1980：19.

④ 汪坦，陈志华主编．现代西方艺术美学文选 [M]．石家庄：春风文艺出版社，1989：3。

⑤ William J. R. Curtis. Modern Architecture Since 1900 [M]. 3rd editon. Oxford: Phaidon Press, 1996：27.

⑥ Edward Robert De Zurko. Origins of Functionalist Theory [M]. New York: Columbia university Press, 1957：11.

⑦ William J. R. Curtis. Modern Architecture Since 1900 [M]. 3rd editon. Oxford: Phaidon Press, 1996：74.

⑧ Edward Robert De Zurko. Origins of Functionalist Theory [M]. New York: Columbia university Press, 1957：131-133.

建筑不会脱离社会发展状况独立发展，各个历史时期的建筑都是社会发展的产物，20 世纪初，必要的社会条件具备之后才会出现真正的功能主义建筑。

3.2　早期建筑领域的功能主义萌芽

3.2.1　工业建筑

欧美早期功能主义建筑萌芽于工业建筑，这是因为工业建筑拥有明确的、不可回避的具体功能元素，包括动力要求、照明条件、运输条件、机器设备、生产流程等，由此构成的种种功能限制促使工业建筑首先走上早期萌芽状态的功能主义建筑道路。

班尼斯特（Turpin Bannister）指出早期的工厂"一般是长方形的石头盒子，用木梁柱支撑数层楼面，1718 ~ 1722 年位于英国斯通豪斯的约翰·洛姆丝厂（John Lombe' s Silk Mill）奠定了这一模式，39ft × 110ft，加上地下室一共 5 层，分为 8 个部分，有 468 个窗户照明……这类建筑成功解决了这一新功能问题，不过它们的多层木骨架结构源自于多个世纪之前的罗马多层住宅，中世纪同业公会的仓库和大都市的带阁楼建筑"。①（图 3-15）18 世纪 90 年代之后，铁构件已经使用，但是工厂仍然采用砖石砌筑的外墙，有所进步的是一些工厂为了增加照明不按传统方式开窗，出现了多个窗子并列而成的带形窗，被称为"织布厂窗"，虽然当时只是在顶楼，把几个窗框粗大的窗子并列起来，但这已经是为了功能而突破传统的最早先例（图 3-16）。1813 年建造的英国东英吉利亚的斯坦利工厂（Stanley Mill）外观简洁，正立面柱间全部开窗，坡屋顶上还开有天窗，虽然窗子高度不太高，墙面面积仍然超过窗面积，但在当时已经是很大的突破（图 3-17、图 3-18）。斯坦利工厂的内部是不分隔的适合工业生产需要的大空间（图 3-19）。虽然还留有传统装饰因素的印记，但斯坦利工厂已初步表达了功能主义设计理念。1858 年建造的华纳丝厂（Warners Silk Mill）使用铁骨架

图 3-15　卡尔弗工厂（Calver Mill）天窗采光（左）
来源：Jolyon Drury, Derek Sugden. Factories [J]. Architectural Digest, 1973（1）：93.

图 3-16　织布厂窗（Weaver' s Window）（右）
来源：J. M. Richards. The Functional Tradition in Early Industrial Buildings [M]. London: The Architecture Press, 1958：77.

① J. M. Richards. The Functional Tradition in Early Industrial Buildings [M]. London: The Architecture Press, 1958：76.

图 3-17 斯坦利工厂（左）
来源：J. M. Richards. The Functional Tradition in Early Industrial Buildings [M]. London: The Architecture Press, 1958：84.

图 3-18 斯坦利工厂立面细部（中）
来源：J. M. Richards. The Functional Tradition in Early Industrial Buildings [M]. London: The Architecture Press, 1958：83.

图 3-19 斯坦利工厂室内（右）
来源：Michael Raeburn Ed. Architecture of the Western World [M]. NewYork：Rizzoli International Publications，1982：216.

结构，外墙是砖砌墙基，刷成白色的板材墙体，使用了通长的带形窗，没有粗笨的砖石窗框，室内采光效果更佳（图 3-20）。

早期麦芽糖工厂都有庞大的干燥炉和高大的烟囱，大部分烟囱毫无掩饰地直接暴露，有些还刷成不同的颜色，非常醒目。烘干室的外形则源于干燥炉，都是圆形平面的构筑物，上面是圆锥形屋顶，顶上还有形象奇特的木制通风帽，常常 10 或 12 个一组建造，后来也有方形和方锥顶的。如肯特郡乡间的烘干室，外观完全按照功能设计，是没有装饰的几何形体，顶上的通风帽也不加掩饰，已经近于传统按照实际功能需要设计的建筑（图 3-21）。

仓储建筑也是功能主义建筑的摇篮，此类建筑功能特征很明显，早期仓库只需要储藏货物的空间，一般都是没有隔断的大空间，要求能够承受货物的荷载，一般设有搬运货物的起重机。1813 年建造的英国查塔姆海军造船厂（Chatham Naval Dockyard）船库是巨大的木结构建筑，室内是完整的大空间，装有各种设备，墙面开有大量窗户采光，屋顶也有很多天窗。建筑完全没有装饰，窗户就是光墙面上的开孔，室内结构完全暴露，以满足功能为目的（图 3-22、图 3-23）。1858 年英国史密斯的希尔内斯造船厂附属建筑是一座简单的建筑，方形，坡屋顶，立面简单地开窗，建筑造型非常简洁，基本上仅是为了满足功能需要而设计的（图 3-24、图 3-25）。

有些工业建筑厂房上安装有运送货物上楼的起重机，不加掩饰的起重机表达了建筑的功能美。如 19 世纪建造于英国艾瑟克斯的博金工厂（Bocking Mill），规模不大，厂房内有一

图 3-20 华纳丝厂（左）
来源：J. M. Richards. The Functional Tradition in Early Industrial Buildings [M]. London: The Architecture Press, 1958：99.

图 3-21 肯特郡乡间烘干室（右）
来源：J. M. Richards. The Functional Tradition in Early Industrial Buildings [M]. London: The Architecture Press, 1958：161.

图 3-22　查塔姆海军造船厂船库（左）
来源：J. M. Richards. The Functional Tradition in Early Industrial Buildings [M]. London: The Architecture Press, 1958：70.

图 3-23　查塔姆海军造船厂船库建筑立面细节（右）
来源：J. M. Richards. The Functional Tradition in Early Industrial Buildings [M]. London: The Architecture Press, 1958：68.

图 3-24　希尔内斯造船厂附属建筑
来源：J. M. Richards. The Functional Tradition in Early Industrial Buildings [M]. London: The Architecture Press, 1958：66.

图 3-25　希尔内斯造船厂建筑立面细节
来源：J. M. Richards. The Functional Tradition in Early Industrial Buildings [M]. London: The Architecture Press, 1958：64.

图 3-26　博金工厂（左）
来源：J. M. Richards. The Functional Tradition in Early Industrial Buildings [M]. London: The Architecture Press, 1958：117.

图 3-27　博金工厂（右）
来源：J. M. Richards. The Functional Tradition in Early Industrial Buildings [M]. London: The Architecture Press, 1958：116.

台起重机，安装起重机的部分直接凸出，下面用两根木撑支撑，没有任何矫饰做作，一切都由功能决定。这座建筑通体使用板材外墙，外观简洁，所有的窗户也都是根据功能需要设置的，哪里需要照明，哪里就开窗，所以形成不规则的门窗排列。建筑侧面更是高低错落，屋面的坡度也不一致，这是因为建筑建造时并没有经过设计，是根据功能需要直接建造的，反而形成了独特的功能美（图 3-26、图 3-27）。

图 3-28　焦炭城（上左）
来源：特雷弗·I·威廉斯．技术史：第 VII 卷 [M]. 刘则渊，孙希忠主译．上海：上海科技教育出版社，2004：190。

图 3-29　焦炭城（上右）
来源：Michael Raeburn Ed. Architecture of the Western World [M]. London: Orbis Publishing, 1982：228.

图 3-30　焦炭城工人住宅（下）
来源：Michael Raeburn Ed. Architecture of the Western World [M]. London: Orbis Publishing, 1982：229.

随着工业化进程，工业逐渐向城市集中，大量的工厂聚集在一起，竞争越来越激烈，为了压缩成本，提高生产效率，厂房建筑越来越趋向功能化。狄更斯描述其为“焦炭城”（Coketown）：“到处都是机器和高耸的烟囱的城市……焦炭城除了严格、实用的东西之外，看不见别的……这个城市，在物质方面，四处都是事实、事实、事实；在精神方面，四处也都是事实、事实、事实。”[①]（图 3-28 ~图 3-30）当时的工业城市确实如此，建筑只遵从功能和实用的原则，是萌芽状态的功能主义建筑。欧洲如此，美国更是如此，美国的投资者对

①［意］L. 本奈沃洛．西方现代建筑史 [M]. 邹德侬，巴竹师，高军译．天津：天津科学技术出版社，1996：122。

投资回报率的严格控制，使他们清晰地认识到功能的重要性。美国汽车大王亨利·福特（Henry Ford）说："有一点无论对于高度的资本化生产还是手工生产都是一样的，那就是需要卫生、充足的光线和通风良好的厂房。……这种科学性不仅体现在生产流程上，而且需要给每个工人和机器提供相应的空间……柱子是中空的，通过它们，空气得以循环流通。要在每个角落都常年保持均衡的温度，白天不必人工照明，在光线照射不到的角落，我们把墙涂成白色。"①

图 3-31 《走向新建筑》所列的美国谷仓
来源：Le Corbusier. Towards a New Architecture [M]. New York: Dover Publications, 1986：28.

"欧洲材料不足而熟练工人丰富，美国人力不足而自然资源丰富"，②这就使欧洲工业带有手工生产的气息，而发展较晚的美国工业则从一开始就趋于机械化，美国人建设了更加宏伟的厂房和仓库，让机器成为工业建筑的主角，更富于工业化气息，欧洲建筑师对此评价很高（图 3-31）。格罗皮乌斯 1913 年在《现代工业建筑的发展》（The Development of Industrial Buildings）中认为当时的美国建筑最显著的特征是它们缺乏对形式的冲动和热情，是一种不带偏见的设计，具有生产和流程的空间意识。工业建筑暴露结构，不加装饰，构成真实的不对称的形体，它们的形成原因令人信服，创造出合理、令人振奋、有活力的功能性建筑。"美国的土地上建造着超乎想象的宏伟工业建筑和厂房，它们比同时期的德国建筑更伟大。加拿大和北美的谷仓，铁路旁的煤炭仓库、北美工业财团的新式厂房，他们强大的纪念性力量，可以和古埃及建筑相提并论。"③他认为美国建筑充满自信，目的明确。这种真实性不是来自材料的优越和建筑的尺度，而是出于功能性设计带来的力量，值得德国建筑界学习。

图 3-32　1870 年阿尔萨斯按照功能建造的工厂
来源：Werner Blaser. Filigree Architecture: Mental and Glass Construction [M]. New York: Werf & CO, 1980：18-19.

20 世纪的工厂再也不是简单的单个厂房，而是各种厂房、熔炉、铁路货场、巨大的烟囱、传送带、管道依照生产流程和功能需要的组合，复杂的功能产生了更有针对性的专业厂房设计和厂区规划，功能需要成为统治性的因素，表现出明确的功能主义特征（图 3-32）。

① Adolf Behne. The Modern functional Building [M]. New York: Getty Research Institute, 1996：105-107.

② Sigfried Giedion. Space, Time and Architecture: The Growth of a New Tradition [M]. 5th editon. Cambridge: Harvard University Press, 1969：346.

③ Reyner Banham. Theory and Design in the First Machine Age [M]. Oxford: Architectural Press, 1971：80.

3.2.2 展览馆建筑

首先走上早期萌芽状态的功能主义建筑道路的还有欧美工业化时代出现的新建筑类型——展览馆建筑。展览馆建筑的展览功能需要完整的、没有遮挡的巨大室内空间，还具有快速建造与临时使用的新要求，正是这些全新的要求排斥了复古主义建筑介入展览馆建筑的可能性，促成了新结构、新材料的使用，使功能主义建筑的早期探索首先在展览馆建筑领域得以实施。第一个成功的展览馆建筑是1851年伦敦世界博览会的展览馆——水晶宫，水晶宫的成功使人们看到了使用新结构、新材料，从功能出发进行设计的魅力和可能性，使之成为其后的展览馆建筑的范本，在欧美各国得到广泛的传播。

1851年伦敦世界博览会是第一次世界性的国际博览会，这一主意是英国官员亨利·科尔（Henry Cole）提出的，得到艾伯特亲王（Prince Albert）的赞许，但是准备工作却迟迟没有开始，直到1850年3月，博览会建设委员会才宣布举行一次设计竞赛，要求设计一座临时建筑，经济、简单，可以快速修建、拆除和扩展，能够耐火，这是建筑师不熟悉的建筑类型，结果245位参加者的方案没有一个完全符合要求。建设委员会本想直接邀请承包商修改设计并开始建造，但是此时帕克斯顿提出了一个完全符合建设委员会要求的设计方案。帕克斯顿的设计类似他熟悉的温室设计，这座展览馆的功能要求也和温室近似，需要提供一个简单的、尽量减少间隔的大空间，以便展出大型展品，容纳参观人流。在建造时间和功能要求的双重制约下，帕克斯顿的设计方案得以实施。水晶宫占地7万多平方米，长度和年份数字相同，为1851ft（约564m），宽约137m，建筑主体宽约21.5m，细长的空间一眼看不到头，加之标准化建造使建筑由一模一样的单元不断重复而成，使人们如同徜徉在无尽的空间中，而展品和其观众又自然将空间分隔限定，完整的大空间完全满足了功能需要（图3-33、图3-34）。

美国人看到伦敦博览会的成功之后，也想组织一次博览会来展示美国的工业化成果与实力。波士顿人爱德华·里德尔（Edward Riddle）组织了一些纽约银行家筹划1853年纽约博览会。纽约博览会同样举办了设计竞赛，帕克斯顿也参加了竞赛但未获奖，最终的获奖者是乔治·卡斯滕森和查尔斯·吉尔德迈斯特。获奖方案建筑平面为八边形，中心有直径超过30m的穹顶，四面伸出等长的高出建筑整体的四臂，建筑同样用铁构件建成，室内大空间可以满足功能要求。但是附加了很多装饰，不及水晶宫的简洁纯净。后来的1855年巴黎世界博览会（图3-35），1867年巴黎世界博览会，1873年维也纳世界博览会，1876年费城世界博览会等展览馆建筑也都采用了此类铁和玻璃的结合体模式，但是也都附加了或多或少的装饰。

图3-33 水晶宫室内（左）
来源：Michael Raeburn Ed. Architecture of the Western World [M]. London: Orbis Publishing, 1982：223.

图3-34 水晶宫室内（右）
来源：John Mckean. Joseph Paxton：Crystal Palace. New York：Phaidon，1999：9.

图 3-35　1855 年巴黎博览会展览馆室内（左）
来源：Cervin Robinson, Joel Herschman. Architecture Transformed: a History of the Photography of Buildings from 1839 to Present [M]. Cambridge: MIT Press, 1987：45.

图 3-36　机械馆室内（右）
来源：Michael Raeburn Ed. Architecture of the Western World [M]. London: Orbis Publishing, 1982：224.

1889 年巴黎博览会机械馆由维克托 · 孔塔曼等人建造，宽 115m，长 420m 的巨大展馆使用三铰拱支撑，规模巨大，还装有两台天车，载着参观者在展品上方参观。机械馆室内无论是结构形式，还是天车这一机械设备，都毫不掩饰地直接表现，不仅是建筑技术的丰碑，也成为建筑直接表现功能和结构的榜样（图 3-36）。

3.2.3　住宅建筑

1859 年威廉 · 莫里斯结婚的时候为自己建造了一座住宅，即红屋。红屋平面呈 L 形，每个房间都有良好的自然采光，房间沿走道排布，门厅两侧是餐厅和起居室，末端有楼梯通向高出半层的办公室和厨房，餐厅和起居室上方是营业室和书房，建筑没有刻意追求对称效果，前后有半层的高差，空间相互错开，形体和空间都由功能决定（图 3-37 ～图 3-39）。莫里斯的思想产生了很大的影响，1866 年理查德 · 诺曼 · 肖（Richard Norman Shaw）设计的格龙布里奇的莱斯伍德村居（Leys Wood, Groombridge, Sussex）具有类似的风格，规模比红屋大，形体组合自由随意，高低错落，立面相对自由，还使用了天窗采光，显示出摆脱传统的功能化设计的巨大潜力（图 3-40）。这样的设计虽然形式上没有完全摆脱传统，但是设计从功能出发，成为功能主义建筑的先驱。19 世纪末的建筑师继承了红屋注重功能的设计方法，但尚未完全摆脱传统住宅建筑的影响，当时的很多设计同样具有一定的功能性特征，却仍然迷失在风格或传统样式中。与他们同时代的赖特的草原式住宅逐步打破传统，走向自由，其标志性的风车式平面完全抛弃了传统建筑的设计模式，而

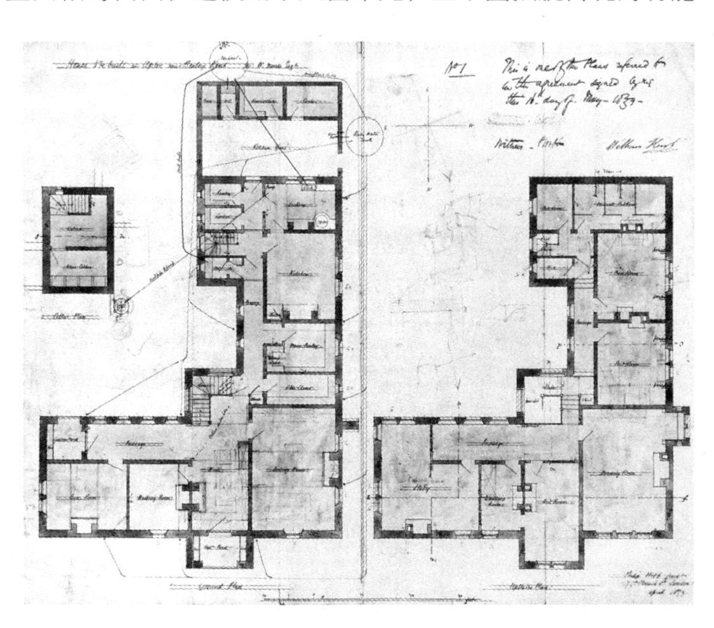

图 3-37　红屋平面图
来源：Edward Hollamby. Arts & Crafts Houses I: Philip Webb Red House[M]. New York: Phaidon，1999：15.

图 3-38　红屋
来源：Mitchell Beazley Ed. the World Atlas of Architecture [M]. Artists House: Mitchell Beazley, 1984：356.

图 3-39　红屋
来源：Sheila kirk. Philip Webb: Pioneer of Arts & Crafts Architecture [M]. Hoboken: John Wiley & Sons, 2005：3.

图 3-40　莱斯伍德村居
来源：Trewin Copplestone Ed. World Architecture An Illustrated History From Earliest Times[M]. Worthing：Littlehampton Book Services，317.

图 3-41　斯坦纳住宅
来源：Jonathan Glancey. 20th Century Architecture: the Structures that Shaped the Century [M]. London: Carlton, 1998：129.

从功能和空间等实际问题角度出发进行设计。

路斯认为："大部分现代建造任务都是为房屋而不是为建筑学提供适当的载体，'只有很少数的建筑属于艺术，如陵墓和纪念碑。其他一切建筑，为一个目的服务的建筑，都应该从艺术的领域中排除出去'。"路斯"不赞成有意识的装饰设计，但喜欢朴实的衣着、无名的家具以及盎格鲁－撒克逊的中等阶层有效的下水道设计"[①]。他承认功能的作用，1910 年的斯坦纳住宅（Casa Steiner）开始采用"体积规划"，实际上就是先确定建筑功能，然后按功能要求组织空间，外观形式是内部功能和空间的表达，建筑由内而外进行设计（图 3-41）。

① [美] 肯尼斯·弗兰普敦 . 现代建筑：一部批判的历史 [M]. 张钦楠等译 . 北京：生活·读书·新知三联书店，2004：93。

3.3　功能主义建筑思想的形成

3.3.1　“形式追随功能”

芝加哥学派指集中在芝加哥的一批美国建筑师和工程师，是以高层建筑设计为中心发展起来的一个并不固定的组织，他们对于高层建筑设计的探索影响了美国和欧洲，这一过程中提出的“形式追随功能”的建筑思想意义尤其重大。

芝加哥是美国中西部的重要城市，1871 年芝加哥大火后开展了大规模的城市重建工作，由于市中心对商业、金融、办公建筑的需求量很大，多层建筑已不能满足提高城市中心区容积率的要求，高层建筑应运而生，在芝加哥大量建造，迅速发展。当时高层建筑设计是一项挑战性的工作，需要解决结构设计问题、垂直运输（即电梯楼梯）问题、标准层设计问题等，更要解决与多层建筑完全不同的、高层建筑特有的建筑形式问题。这一挑战性的工作吸引了很多优秀建筑师。詹尼是早期的重要人物，芝加哥学派的重要建筑师沙利文、丹尼尔·伯纳姆、威廉·霍拉伯德（William Holabird）和马丁·罗奇（Martin Roche）都曾经是他事务所的学徒。1879 年，詹尼设计建造了第一座金属框架结构多层建筑莱特大厦（Leiter Building），建筑外部用砖柱支撑，内部用铸铁柱支撑。1885 年完工的家庭保险公司大厦是他的著名作品，这座 10 层建筑是第一个全金属框架高层建筑，詹尼完全用金属梁柱代替砖石承重，建筑的重量减轻，可以在同等地基条件下建造更高的建筑，也可以在立面上开面积更大的窗户（图 3-42）。不过，钢铁框架结构带来了美学上的争论，包括詹尼在内的许多建筑师都无法解决如何运用新材料来解决建筑的美学问题，他们依然将钢铁框架外部包上石材，运用古典美学的法则设计建筑外观，来满足人们的审美口味。

图 3-42　家庭保险公司大厦
来源：H. H. Arnason. History of Modern Art: Painting, Sculpture, Architecture, Photography [M]. 3rd edition. New York: Harry N. Abrams, 1986：74.

芝加哥学派建筑师沙利文在功能主义建筑的发展过程中是一位里程碑式的人物。他在建筑实践中提出了功能主义的口号，并上升到理论化层次，明确提出“形式追随功能”的口号，成为功能主义建筑的先驱。

1879 年沙利文进入阿德勒的事务所，1881 年成为合伙人，此后迅速成长为成熟的建筑师，几年内沙利文设计了一批重要的高层建筑，发展出从功能出发的高层建筑设计手法。沙利文认为建筑设计必须自然遵从某些理性法则，“我们要遵循自然的过程，自然的节奏，因为这些过程和节奏

图 3-43 沃克仓库（Walker Warehouse，1888 ~ 1889）
来源：Albert Bush-Brown. Louis Sullivan [M]. London: Mayflower, 1960：45.

是至关重要的、有机的、一致的、合乎逻辑的"；好的建筑必须表现它独特的功能；必须真实对应结构和目的。①他对待功能的态度出自有机思想，认为："自然间各种物体，都具有一种形状。也就是说，具有一种结构形式，一种外观，使我们知道它是什么东西，使其能与我们以及其彼此之间分辨出来……无论掠过天空的老鹰，芬芳的苹果花，辛苦工作的马匹，愉快活泼的天鹅，枝丫茂盛的橡树，蜿蜒的河流，自由自在的浮云，高高在上、去而复返的太阳，其形式总是依循功能，这是自然法则……功能不变，形式也不变。"②（图 3-43）

这种功能主义建筑思想集中体现于沙利文 1895 年提出的"形式追随功能"的口号。这种思想最早源自格里诺，他认为独立的或者绝对的美是不存在的，所有的美都是有关联的，唯一的绝对是上帝的规则，所有的功能都遵从上帝的规则，所有的形式都应该服从功能，认为自然界中的根本原则是形式永远适应功能，"美是功能的结果，是上帝赐予的本能赋予的感官愉悦，行动是功能的显现，性格是功能的纪录……如果没有预期使用出自功能的良好形式和模式，肯定是社会退化的标志"③。沙利文将前人的思想精炼，发表了《高层办公楼的美学考虑》（The Tall Office Building Artistically Considered）一文，提出"形式永远追随功能"（Form Ever Follows Function），后来人们将它简化为"形式追随功能"。他认为自然界的一切形式都是遵循功能的，建筑也不应该例外，提出"实际使用的需要应成为建筑设计的基础，不应该让任何建筑教条、传统、迷信和惯例挡住我们的道路。"④

具体到高层建筑设计，1896 年沙利文提出高层建筑的设计方法，"我们实际上会遇到什么功能问题呢？第一，要有一层地下室安装锅炉，它的热量为建筑供暖，它的动力驱动电灯、水泵和电梯；第二，首层平面布置需要便利交通，充足光线和大块面积的商店、银行和商业机构；第三，要有二层，由楼梯（和一层）连接，要有自由的空间和大面积的玻璃窗；第四，两层的基座上，是层层堆叠的办公室，每一个都一样，就像蜂窝中的蜂房一样；第五，顶层，是一个大阁楼，容纳水箱、阀门、管道和沉默地见证电梯缆绳的滑轮，它们'庄严地转动，上升和下降'。"⑤1890 年设计的圣路易斯温赖特大厦（Wainwright Building）是一座 10 层建筑，沙利文采用铁框架结构，建筑采用三段式设计，两条横向线条将建筑分成三个不同的功能区，下两层是商店，中间采用竖向线条强调高层的挺拔感，内部是供出租的办公空间，顶部是建筑的维护、供电、电梯等后勤部分。这一手法在建筑内部将功能合理排布，外观上作出明确区分，给不同功能部分不同的外部形式，从内到外都充分表现了使用功能（图 3-44）。

后来赖特回忆："在那个时代，他（沙利文）是一位真正的激进派. 他的思想导致了今天的摩天楼。您想，当建筑开始向高处发展时，建筑师们都有点茫然——史无前例，不知道

① Albert Bush-Brown. Louis Sullivan [M]. London: Mayflower, 1960：19-20.
② 约迪克 . 近代建筑史 [M]. 孙全文译 . 台北：台隆书店，1974：26-27。
③ Edward Robert De Zurko. Origins of Functionalist Theory [M]. New York: Columbia university Press, 1957：220.
④ 吴焕加 . 论现代西方建筑 [M]. 北京：中国建筑工业出版社，1997：74。
⑤ Albert Bush-Brown. Louis Sullivan [M]. London: Mayflower, 1960：8.

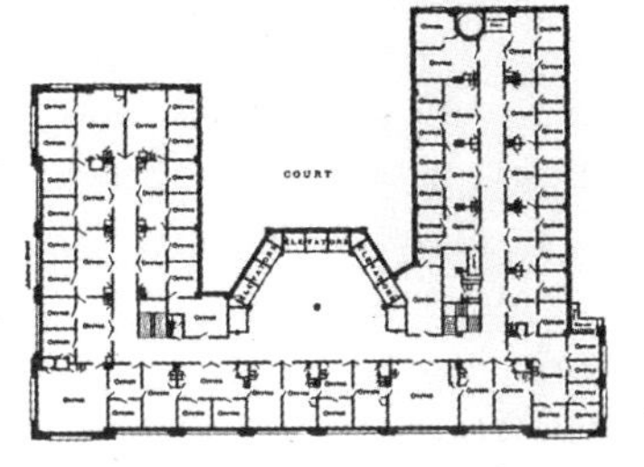

图 3-44　温赖特大厦（左）
来源：Albert Bush-Brown. Louis Sullivan [M]. London: Mayflower, 1960：58.

图 3-45　莫纳德诺克大厦南楼（中）
来源：Carol Willis. Form Follows Finance: Skyscrapers and Skylines in New York and Chicago [M]. New York: Princeton Architectural Press, 1995：52.

图 3-46　马凯特大厦外观及平面图（右）
来源：Carol Willis. Form Follows Finance: Skyscrapers and Skylines in New York and Chicago [M]. New York: Princeton Architectural Press, 1995：64.

怎样才能使它们高起来。他们把二层、三层的建筑一个一个地叠起来直到够了为止。我记得某一天，这位大师进屋来把一卷东西扔在我的桌上，这是一张圣路易斯温赖特大厦建筑草图。他说：'赖特，这是一个高的东西，这样一个高楼如何？'很好，正是如此，高的！从此之后，高层建筑开始兴起。今天你们所看到的摩天楼就是沙利文的创始，那是他的构思，他能直接地揭示事物的本来面目，是吗？"[①]

在詹尼和沙利文的带领下，芝加哥建筑师对高层建筑进行了一系列探索。1891 年，伯纳姆和约翰·韦尔伯恩·鲁特（John Wellborn Root）设计的莫纳德诺克大厦（Monadnock Building）北楼完工。这是芝加哥学派最后一座外墙承重的高层建筑，首层的墙体厚达 6ft（约 1.83m），向二层升起的过程中收窄，屋顶处又向外挑出，墙面上没有任何装饰。霍拉伯德和罗奇设计的南楼 1893 年完工，采用钢框架结构，立面上的柱子明显减小，窗户增大，更加适应功能要求（图 3-45）。霍拉伯德和罗奇设计的马凯特大厦（Marquette Building）1894 年建成，立面整齐排列着"芝加哥窗"（Chicago Window），内部空间没有固定隔断，以便按照功能自由调整，平面根据功能设计为不规则的 E 字形，体现了功能优先的设计原则（图 3-46）。伯纳姆事务所的查尔斯·B. 阿特伍德（Charles B. Atwood）设计的里莱恩斯大厦（Reliance Building）1895 年完工，建筑开有大面积窗洞，使用大块平板玻璃，是第一座完整表现"芝加哥窗"风格的高层建筑，在这里采光的功能要求完全压倒了立面处理、古典比例等问题（图 3-47）。19 世纪末是芝加哥学派的黄金年代，芝加哥学派的建筑师们提出了自己的高层建筑设计理论，设计了一批重要的高层建筑并进行了实施。

当时大多数美国人认为芝加哥学派设计的建筑缺少历史传统，并且认为这是缺少文化，没有深度，不登大雅之堂的代名词，只是在特殊地点和特殊时间为解燃眉之急的建筑设计。同时，19 世纪末的美国经济条件还没有那么优越，大多数城市只是市中心有几座高层建筑，

① 项秉仁 . 赖特 [M]. 北京：中国建筑工业出版社，1992：178。

图 3-47　里莱恩斯大厦（左）
来源：Albert Bush-Brown. Louis Sullivan [M]. London: Mayflower, 1960：46.

图 3-48　20 世纪 10～20 年代美国古典风格高层建筑（右）
来源：Carol Willis. Form Follows Finance: Skyscrapers and Skylines in New York and Chicago [M]. New York: Princeton Architectural Press, 1995：61.

拥有大量高层建筑的城市当时只有纽约和芝加哥，而以沙利文为代表的芝加哥学派建筑师的功能主义建筑探索只局限于高层公共建筑，这种成就并未普及到其他类型的建筑设计领域。因此，芝加哥学派一直未能向全美国发展，只能局限于芝加哥一地。1893 年起，美国出现了一次严重的经济衰退，对建筑业的打击很大。同年在芝加哥举办的哥伦比亚国际展览会，具体负责的组织机构在设计风格上完全倾向于古典复兴风格，由于新兴资产阶级以古典复兴建筑作为标榜自身文化修养的象征，因此美国直到第二次世界大战之前的主流建筑风格始终是古典复兴，芝加哥学派只是昙花一现，沙利文后来竟然由于任务稀少而破产，1924 年在潦倒中去世（图 3-48、图 3-49）。

虽然芝加哥学派最终湮没在美国建筑的大环境之中，但是它对功能主义建筑思想的产生具有重要意义。芝加哥学派的探索，沙利文提出的三段式设计手法在结构和形式两个方面为现代高层建筑设计奠定了基础。芝加哥学派的建筑师为了增加高层建筑的自然采光，发明了"芝加哥窗"，体现了功能对建筑设计的制约和促进，他们针对功能需要设计的平面形式摆脱了对称布局的束缚，而与此同时，纽约的建筑师还在设计对称布局的复古主义折中主义高层建筑。芝加哥学派对功能主义的最大贡献是沙利文提出的"形式追随功能"的口号，这从理论上确定了形式和功能之间的关系，明确了建筑功能的首要地位，并具体提出从功能出发的高层建筑设计手法，为功能主义的产生和发展作出了贡献。不过芝加哥学派只是一个松散的集团，并不是所有芝加哥学派的建筑师都始终按照功能主义的原则进行设计，装饰和对称形式仍然存在，包括沙利文本人也没有完全摆脱装饰，还没有达到真正的功能主义建筑的高度。

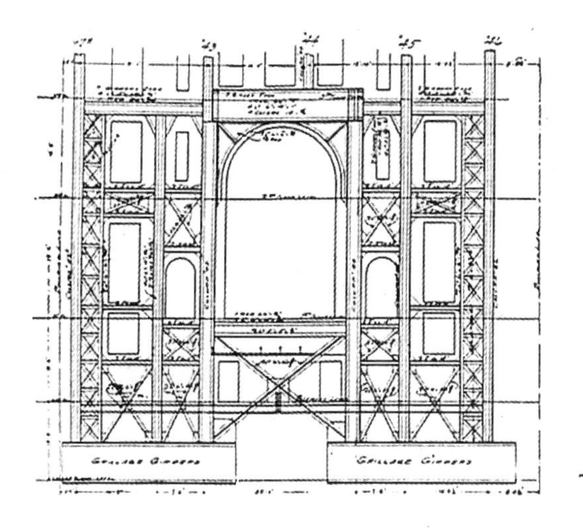

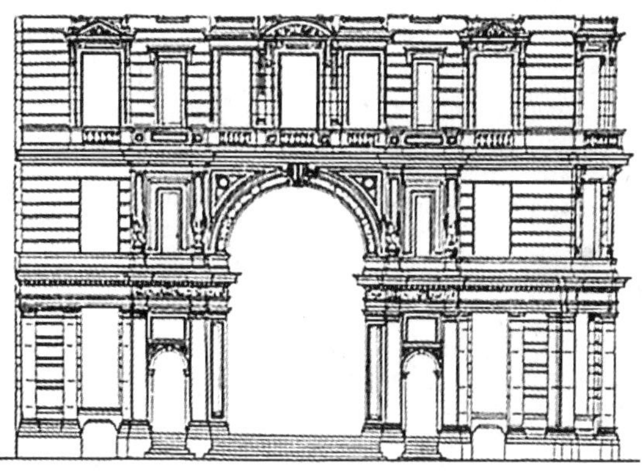

图 3-49 帝国大厦底层的结构和立面对比
来源：Sarah Bradford Landau, Carl W. Condit. Rise of the New York Skyscraper, 1865-1913 [M]. New Haven: Yale University Press, 1996：265.

3.3.2 功能的重要性

19 世纪末 20 世纪初的很多建筑师都认识到了功能在建筑中的重要性，他们对此展开积极探索，使功能的地位得到进一步提升。

赖特在 1894 年题为《建筑与机器》(Architecture and the Machine) 的演讲中提出“要避免没有真正用途或者意义的东西,要创造真正重要的东西”①,好建筑“要正直、诚实、真实”②,随后他在 1896 年题为《建筑、建筑师和业主》(Architecture, Architect and Client) 的演讲中指出：“诚实一般意味着坦率，不加掩饰地展示目的，远离歪曲和掩饰……当我们不再蓄意掩饰，我们就改变了时代。”③所以建筑要真实表现使用功能。他早期设计的草原式住宅平面开放，以壁炉为中心组织空间和功能，而不是把功能塞进确定好的形式中，创造出基于功能的自由平面建筑。

赖特离开沙利文事务所之后的第一个设计温斯洛住宅 (William Winslow Residence) 用对称的平直立面对应街道一面的外部环境，入口在轴线上，背面则自由布置，房间前后错开，还突出一个圆形的日光室，这个房间通向室外的门开在房间的侧面，而不是开在圆形平面的正中来强调轴线，制造对称构图，保证了房间的空间完整。虽然沿街的正面仍然是平直的，但是赖特还是在侧面设计了一个凸窗，所以严格地说，这座建筑没有一个立面是对称的 (图 3-50)。温斯洛住宅毕竟是赖特独立开业后的第一个作品，设计还很拘谨，得到大家的好评后，赖特信心十足，设计更加自如。赖特之后的草原式住宅均采用十字形平面，放弃传统建筑的完整性和封闭性，平面舒展，常以壁炉为中心组织空间和功能，不同功能部分根据需要可以有不同的层高，外观则由内部空间决定，体形自由而错落有致，体现出功能化设计的优势 (图 3-51)。

赖特也深信形式追随功能的设计理念，后来还加以发展，认为功能与形式是一回事，二者在设计中根本不可能分开。赖特认为建筑的结构、材料和方法应该融为一体，合成一个为

① Frederick Gutheim. Frank Lloyd Wright on Architecture：Selected Writings 1894-1940 [M]. New York: Duell, Sloan and Pearce, 1941:3.

② Edward Robert De Zurko. Origins of Functionalist Theory [M]. New York: Columbia university Press, 1957：14.

③ Frederick Gutheim. Frank Lloyd Wright on Architecture：Selected Writings 1894-1940 [M]. New York: Duell, Sloan and Pearce, 1941:5.

图 3-50　温斯洛住宅

来源：Frank Russell Ed. Art Nouveau Architecture [M]. London: Academy Editions, 1983：291.

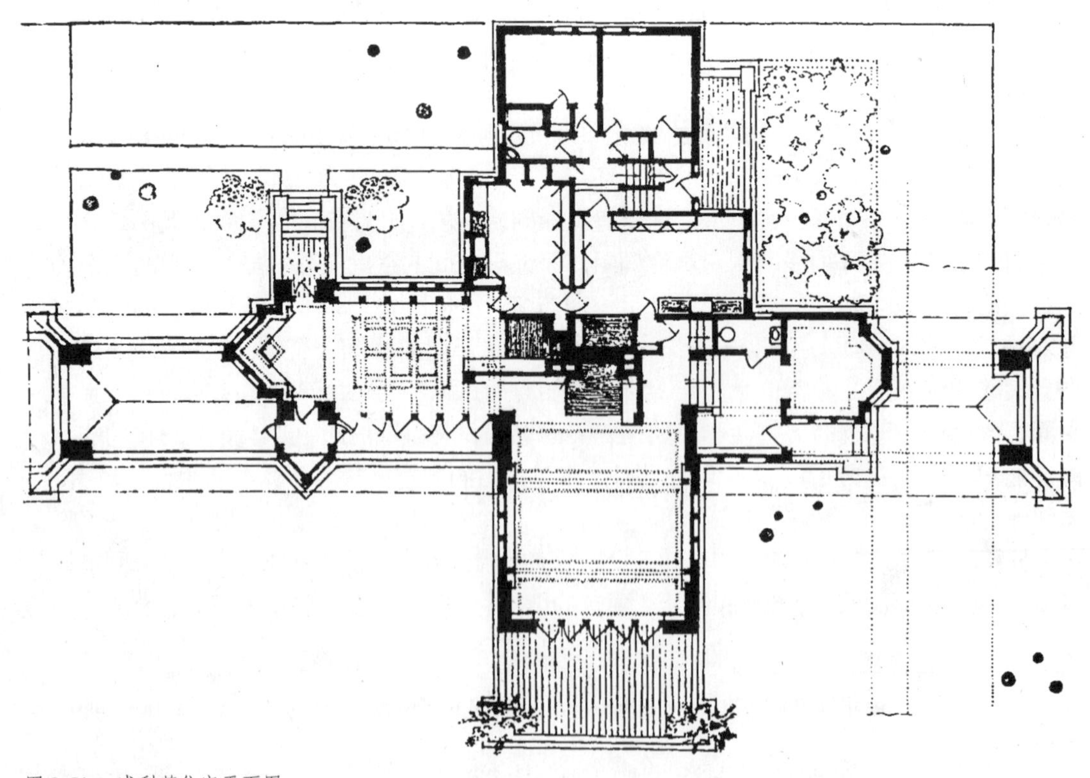

图 3-51　威利茨住宅平面图

来源：Vincent Scully Jr. Modern Architecture: The Architecture of Democracy [M]. London: Prentice-Hall International, New York: George Braziller, 1961：64.

人服务的有机整体，“只要材料的特性以及方法和目的都一体化了，那么形式和功能在设计和建造中也就会成为一体了”。[①]也就是说，结构要为功能服务，但是并非让结构从属于功能，也不会让功能屈从于结构限制，而是像自然界的生命体一样将二者合一，功能造就结构，结构表现功能，二者同时得到满足，之间并没有矛盾。他说：“如果形式真正追随功能，为什么不彻底抛开那种梁柱概念呢？无梁、无柱、无挑檐、无装饰、无柱墩、无上楣，不是两件而是合为一件。让墙、天花板、楼板成为相互组成部分，互相渗透、连续，消除任何角色……这种新的意义不仅使形式真正体现功能，而且胜过现有的一切建筑表现，因为建筑形式也有了发展。”[②]这样的建筑体现着建筑的内在功能和目的，达到同时满足各方面要求的整体性，同时消除了曾经限制建筑发展各种制约因素的负面影响，用建筑师的智慧把它们统一在一起。

维也纳学派的瓦格纳希望建筑设计能够从功能出发，例如他在讲到酒店设计时说：“这个问题后面有三个原则：这幢建筑必须像一架完美构造的机器一样运转；设备上，它应当具有铁路卧铺车一样的水平；卫生清洁和所有物品的使用上，它应当能够胜任病房的需要。这里需要的是一个宾馆、卧铺车和机器的综合体。如果假定进步是随着今天的发展同步增长的，也许 50 年内我们会见到这样优秀的酒店。很显然，解决这个问题不仅需要一个好的品位或者审美观，而且包括技术和装配技巧，平面计划和用最少的时间与最简单的方法能够达到最高舒适度等几方面的总和。”他的学生接受了这一思想，提出：“建筑上，要的就是直接简单。所有卖弄风情的、肤浅的努力和所有个性化的东西都应该避免。就像一台机器，一把好椅子或一件乐器，建筑形式应当按照需要和材料标准进行统一设计，当新的需要产生后能够进行改变，并且总是能朝着更高的一致性而不断变化，不断运转。”[③]这些思想已经和功能主义建筑很接近了，但是他们未能实现这样的建筑，一方面他们仍然受到新艺术运动的影响，建筑中仍然保有装饰，另一方面他们对技术和功能等方面的认识还未足以支持他们完成这样的设计。

德意志制造联盟的创始人之一穆特修斯希望产品能够表现材料特征，摆脱装饰，“我们想在机械产品上看到的是平滑的形式，简化到只剩下最基本的功能。”[④]他认为设计的真实和简洁胜于其他因素，不同的建筑类型需要不同的风格来满足，提倡根据需要进行设计，不追求风格而要求具有良好的实用性。德意志制造联盟要解决机器制造产品的设计问题，他们认为手工艺工具和机器之间没有鸿沟，粗劣产品的出现，并非由于机器制造，而是因为机器使用者的不当与设计者的无能，要通过良好的设计产生优秀的工业制品。他们提倡艺术、工业和手工艺结合；通过教育和宣传，综合各种设计，并加以完善；强调现代工业化的影响；主张设计从功能出发，取消装饰，满足标准化和批量化制造产品。他们认为这是时代的需要，设计者要顺应时代需求，而不是自以为能够支配时代。德意志制造联盟提出了功能主义思想，提出“一切为了适用性”（Fitness for Purpose）的功能主义口号，[⑤]其旗下的建筑师贝伦斯、格罗皮乌斯和密斯·凡·德·罗等人对此进行了实践探索，他们还多次举办展览展示和宣传功能主义建筑。

---

① 项秉仁 . 赖特 [M]. 北京：中国建筑工业出版社，1992：40.

② 项秉仁 . 赖特 [M]. 北京：中国建筑工业出版社，1992：41.

③ [英] 尼古拉斯·佩夫斯纳，J·M· 理查兹，丹尼斯·夏普编著 . 反理性主义者与理性主义者：反理性主义者 [M]. 邓敬，王俊，杨矫等译 . 北京：中国建筑工业出版社，2003：95-96.

④ [英] 弗兰克·惠特福德 . 包豪斯 [M]. 林鹤译 . 北京：生活·读书·新知三联书店，2001：14.

⑤ [英] 尼古拉斯·佩夫斯纳，J·M· 理查兹，丹尼斯·夏普编著 . 反理性主义者与理性主义者：理性主义者 [M]. 邓敬，王俊，杨矫等译 . 北京：中国建筑工业出版社，2003：8.

图 3-52　贝伦斯设计的电水壶
来源：Gillian Naylor. The Bauhaus Reassessed: Sources and Design Theory [M]. London: Herbert Press, 1985：35.

彼得·贝伦斯也是德意志制造联盟的成员，他完全赞同穆特修斯对于工业设计的看法，1907 年被聘为德国通用电气公司（AEG）的建筑师和设计师后，他全面负责设计 AEG 从台灯到车间的各种制品，推动了工业设计界和建筑界向功能主义迈进。贝伦斯早期设计的小工业产品都简洁而没有多余的装饰，着重强调精确的比例和适当的材料处理。他在设计工业产品和建筑的过程中敏锐地寻求工业时代的设计精神，认为必须采用标准样式进行设计，将原有工业产品中那种拙劣的、浪费的、巴洛克主题的装饰全部扔掉，用机器决定生产流程的工业化特征取而代之。贝伦斯 1908 年为 AEG 设计的电风扇线条清晰流畅，没有多余装饰，深绿色的稳重主体和微微反光的黄铜风叶与护罩显现出工业化产品的特色，每个部分都表现着使用功能。1909 年设计的电水壶，其锻成的壶体表面上的锻痕不加掩饰，体现了制造工艺，整体造型简洁明了，反映了机器制造的特征和使用功能（图 3-52）。

1909 年设计的 AEG 透平机车间给工业建筑带来了全新的形象和内涵，在德国，这是第一次按照生产需要设计的工业建筑。透平机车间位于街道转角处，主跨采用大型三铰拱，侧柱自上而下逐渐收缩，在地面处形成铰接点，立面上钢柱和铰接点坦然暴露，柱间为大面积的玻璃窗，划分成简单的方格。屋顶上开有玻璃天窗，和外墙上的大面积玻璃窗一起为车间提供良好的自然采光和通风条件，创造出当时最好的工作条件（图 3-53 ～图 3-55）。

贝伦斯说："关于建造的位置，必须按照生产过程的规模，铁路轨线的位置对于建筑物的安排也是很重要的。同时，工厂应当提供宽敞的存货场地，还应当遵循城市规划原则以获得更大的美学重要性。工业建筑的建造必须以实用的方式，以此使工厂获得更高的效率。……清晰的布局，产品轻易地交换与移动，机器和工具无阻碍的移动都需要开放而适当的空间，工作空间也应当尽可能宽敞。……既然光线对于良好的工作环境是必不可少的，那么工业建筑应当具有大面积的开窗，它们主宰、决定了建筑的立面。因此，窗户不应当仅仅看作是墙上开的大面积窗洞，而是应当与墙的外部平齐，这样不但获得了力度感，同时给人以平和的感受。"①这无疑是从功能需要出发的设计，成为功能主义建筑的先驱。格罗皮乌斯、勒·柯布西耶和密斯·凡·德·罗都继承了他的思想，并继续发扬光大（图 3-56、图 3-57）。

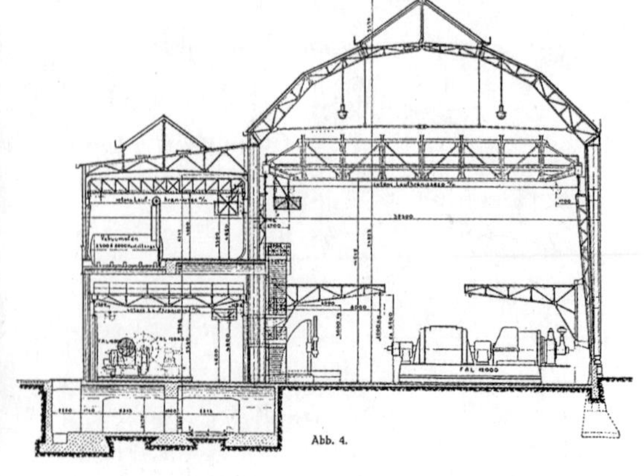

图 3-53　AEG 透平机车间鸟瞰（左）
来源：Jonathan Glancey. 20th Century Architecture: the Structures that Shaped the Century [M]. London: Carlton, 1998：34.

图 3-54　AEG 透平机车间剖面图（右）
来源：Stanford Anderson. Peter Behrens and a New Architecture for the Twentieth Century [M]. Cambridge: MIT Press, 2000：139.

① Standford Anderson. Peter Behrens and the New Architecture of German：1900-1917 [J].Architecture Design, 1969（2）：72-78.

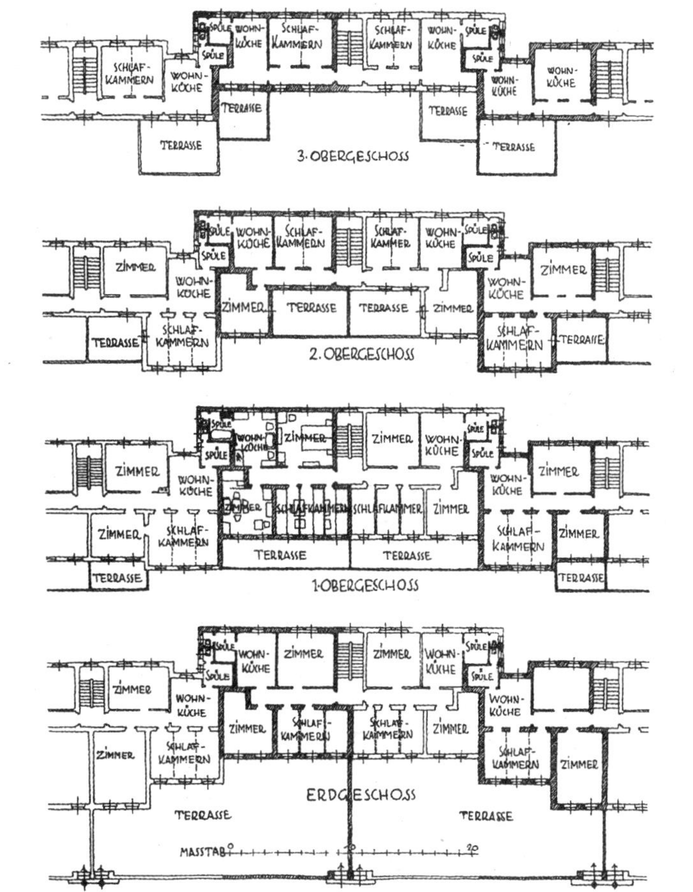

图 3-55　AEG 透平机车间室内（上左）
来源：Stanford Anderson. Peter Behrens and a New Architecture for the Twentieth Century [M]. Cambridge: MIT Press, 2000：142.

图 3-56　1910 年布鲁塞尔国际博览会德国铁路馆（上右）
来源：Stanford Anderson. Peter Behrens and a New Architecture for the Twentieth Century [M]. Cambridge: MIT Press, 2000：162.

图 3-57　1924 年公寓设计（下）
来源：Stanford Anderson. Peter Behrens and a New Architecture for the Twentieth Century [M]. Cambridge: MIT Press, 2000：240.

3.3.3 功能主义建筑思想的产生

贝伦斯的思想得到格罗皮乌斯、勒·柯布西耶和密斯·凡·德·罗的继承及发扬。格罗皮乌斯1910年离开贝伦斯事务所后自己开业，他认为建筑要考虑自己的服务对象。当建筑的对象是普通群众的时候，经济问题就成为重要的因素，如果要在建筑上添加装饰，就要提高造价，这很可能使普通人无法承受。为了能服务整个社会，建筑应该采用经济的方法建造，特别是使用预制构件，现场拼装，缩短工期，降低成本，像工业流水线一样大量生产廉价的建筑。他还认为建筑的功能决定了其形式，“一件东西必须各方面都同它的目的性相配合，即能完成其功能，可用、可信赖而且经济”①，只要达到最好的功能，自然就会有最好的形式。

格罗皮乌斯1911年设计的法古斯制鞋工厂（Fagus Werk）使用非对称构图，建筑使用框架结构，柱墩间全部开通高玻璃窗，为工厂最大限度地提供自然采光；1914年德意志制造联盟科隆展览模范工厂（Model Factory，Werkbund Exhibition, 1914）正立面二层为整面玻璃窗，同样是为了使工业生产场所有充足的自然采光；之前的工业建筑为了增加自然采光，采用增大窗户面积的方法，发明了带形窗，但是格罗皮乌斯的这两座建筑比它们更进一步，将建筑外墙全部改为玻璃幕墙，将功能的影响放大到极致。关于法古斯制鞋工厂和科隆展览模范工厂格罗皮乌斯自己说：“两者都清楚地表明，我的重点放在功能方面，这正是新建筑的特点。”②这两座工厂建筑功能较为单一，突出点仅是为工厂提供充足的采光和表现其功能，格罗皮乌斯随后设计过各类建筑，探讨不同建筑对功能要求的满足及其形式表现。1926年完工的德绍包豪斯新校舍（Bauhaus School，Dessau）功能复杂，包括实验工厂、办公、技术学校、食堂、礼堂和宿舍等部分，格罗皮乌斯将实验工厂同样设计成大空间，大面积玻璃幕墙，技术学校和实验工厂隔路相对，平面呈90°旋转，之间是架空的办公部分，办公部分和实验工厂及食堂与礼堂等部分端部连接在一起，又各自向不同的方向伸展。建筑主体的大面积玻璃幕墙形象突出，是出于功能需要的设计，宿舍等部分按照自身功能进行设计，不使用玻璃幕墙也是出于功能需要，没有一味采用同样的设计手法，表明了从功能而不是形式出发的设计理念。这座建筑用不同设计手法应对不同功能的部分，按空间的用途、性质、相互关系合理组织，将它们完美地组合在一起，堪称功能主义建筑的典范之作（图3-58～图3-61）。

图3-58 德绍包豪斯新校舍（一）

① 吴焕加．论现代西方建筑[M]．北京：中国建筑工业出版社，1997：78。

② 吴焕加．论现代西方建筑[M]．北京：中国建筑工业出版社，1997：78。

图3-59 德绍包豪斯新校舍（二）（上左）

图3-60 德绍包豪斯新校舍（三）（上右）

图3-61 德绍包豪斯新校舍（四）（下）

20年代末，格罗皮乌斯还进行了功能主义城市设计的探索，为了保证阳光和通风，他摒弃传统的周边式布局，提倡行列式布局，并提出在一定建筑密度要求下，按房屋高度决定其间的合理间距来保证日照和绿化空间。格罗皮乌斯的影响不仅限于实际作品，他还是一个成功的教育家，无论是在德国的包豪斯还是美国，他都把自己的设计观念传授给学生，大大扩大了现代主义建筑思想的影响。

勒·柯布西耶在彼得·贝伦斯的事务所工作一段时间后，也采取了“绝对客观”的态度。他倾慕现代工程师的作品，认为：“工程师并没有追求建筑的理想，在功能性的计算条件下和现实的有机概念中，他们按照具体的法则将基本的要素整合在一起，但是他们的作品却接近我们这个时代最伟大的艺术品，而且反映了这个宇宙的秩序。”①1914年的多米诺系统是功能主义设计的基础，框架结构承重方式将墙体和空间完全解放出来，从此它们可以完全按照功能需要任意排布，不受任何限制，勒·柯布西耶随后的设计，尤其是住宅设计充分表现了这一特征。1908 ~ 1911年勒·柯布西耶接触到美国泰勒制，最初他认为这是可怕的未来生活景象，但也是不可避免的趋势，不久他就转变了看法，认为这是科学性的探索。第一次世界大战的战后重建工作使预制装配化住宅大行其道，这些住宅和流水线生产的产品类似，同样具有机器化和功能化的特征，这对住宅设计具有很强的启示性。后来，他提出：“‘建筑师中的斗士’要设计能3天之内造好的住宅，通过道路运输，然后3小时内装配好。”他认为这样的住宅代表了新精神，而且不但住宅可以装配，室内家具和设施也应该与此配套，一切都像机器一样完美精密。②

勒·柯布西耶的功能主义建筑思想全面记录在1923年出版的《走向新建筑》一书中。他认为当时的建筑死气沉沉，需要向机器学习，创造符合功能的美。“工程师的美学正繁荣昌盛，建筑则可悲地衰落”，人们基于时代的工作创造着美，“它们（产品）被经济法则控制着，数学计算和胆量及想象力结合在一起，这就是美”。而建筑观念则古老而落后，“我们看到他们工作之余待在家里，那儿一切都像是在反对他们的存在——四壁局促，塞满无用而不相称的东西和沉重令人作呕的气氛，塞满各种风格和无聊的小玩意和如此之多的谎话的气氛。凭着轮船、飞机和汽车的名义，我们要求健康、逻辑、勇气、和谐、完善”。当时的建筑中充满着模仿，却不适合功能，应该创造适合居住功能的住宅，“住宅像神堂，神堂像住宅，家具像宫殿，水瓶像家具或住宅，伯纳德·巴立西的碟子根本装不下3粒榛子！这种风格正在死去！住宅是住人的机器。浴盆、阳光、热水、冷水、随意调节的温度、保存菜肴、卫生、比例良好的美。扶手椅是坐人的机器，等等”。他提出了住宅应当具备的功能，指出当时的“住宅平面置人于不顾，设计得像家具仓库”。而帕提农神庙（Pantheon，Athens）每个部分都起决定作用，显示出最大程度的精确，最大程度的表现力，从构筑物提升成为建筑物，达到了时代的最高高度，形成了“标准”，但是当时时代的高度还没有形成。不过“一个伟大的时代刚刚开始；存在着一个新精神；工业像一条流向它的目的地的大河，给我们带来了适合于这个被新精神激励着的新时代的新工具；大工业应该从事建造房屋，并成批地制造住宅的构件。必须树立大批量生产的精神面貌；建造大批量生产的住宅的精神面貌；住进大批量生产的住宅的精神面貌；喜爱大批量生产的住宅的精神面貌。”显然他认为这样必然会产生当时时代的“标准”，达到最高高度。“假如我们从内心中排除对住宅各种僵死的概念，并且从一种批判和客观的角度来看待这个问题，我们就会达到‘住房机器’这一概念，也是成批生产的、健康而美丽的住房，就像伴随我们生存的生产工具和一起一样的美丽。”总之要向工业化和机器学习功能主义，走向新建筑（图3-62）。③他的作品体现了这一思想，都按照功能主义原则进行设计，住宅如此，公共建筑也是如此，随后他还探索了城市规划中的功能主义设计。所有这些都体现着他的观念：“设计是由内向外进行的，外部是内部的结果。”④

---

①［法］勒·柯布西耶．走向新建筑 [M]. 陈志华译．西安：陕西师范大学出版社，2004。

② Russell Ferguson. At The End Of The Century: One Hundred Years Of Architecture [M]. New York: Harry N. Abrams, 1998：113-115.

③［法］勒·柯布西耶．走向新建筑 [M]. 陈志华译．西安：陕西师范大学出版社，2004：13，17，80-81，103，196，201-202。

④［英］彼得·柯林斯．现代建筑设计思想的演变 [M]. 英若聪译．北京：中国建筑工业出版社，2003：215。

图3-62 混凝土办公楼
来源：Arthur Drexler. Ludwig Mies Van Der Rohe [M]. Londen: Mayflower, 1960：36.

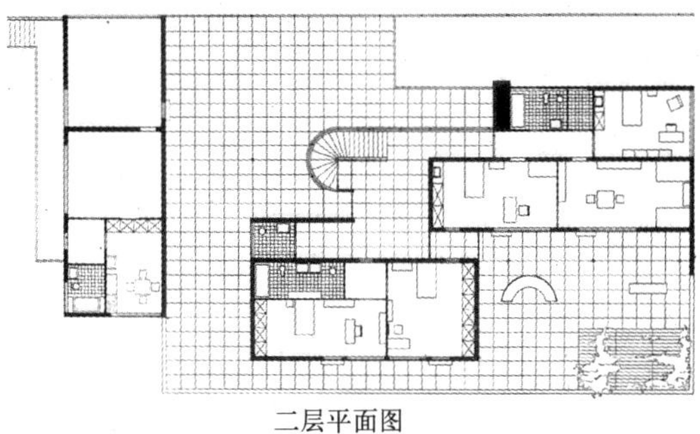

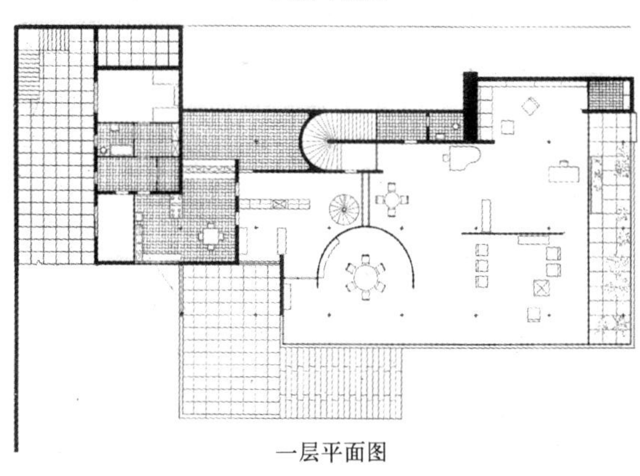

图3-63 土根哈特住宅平面图
来源：Arthur Drexler. Ludwig Mies Van Der Rohe [M]. Londen: Mayflower, 1960：56.

密斯·凡·德·罗通过在贝伦斯事务所的工作经历和德意志制造联盟的活动，掌握了功能主义思想的主旨。除了贝伦斯本人的影响外，他还受到荷兰建筑师亨德里克·彼得·贝尔拉赫（Hendrik Petrus Berloge）的影响，贝尔拉赫同样强调建筑的结构必须和功能目的一致，强调功能的重要性。密斯·凡·德·罗继承了这一观点，认为："必须满足我们时代的现实主义和功能主义的需要……由于现代建筑是实用的东西，加以排斥是没有道理的……我们的实用性房屋值得称之为建筑，只要它们以完善的功能真正反映所处的时代。"①

密斯·凡·德·罗20世纪20年代对使用框架结构的大空间进行了探索，1921年弗里德里希大街高层设计竞赛（Friedrichstrasse Skyscraper Competition），1922年玻璃摩天楼设计方案（Project for a Glass Skyscraper）和1923年钢筋混凝土办公楼（Office Building of Reinforced Concrete）设计全都留出不加隔断的大空间，允许使用者自由分隔，密斯·凡·德·罗认为这样才是最适合功能要求的设计方法，这一思想日后在美国得到发扬光大。此外，他也同样继承了赖特的思想，在设计中以功能为核心，组织建筑不同部分，设计出平面自由开敞的建筑。密斯·凡·德·罗认为："由材料经过功能，以至创造作品的漫长路途中，目的只有一个：从我们时代的绝望混乱中创造出秩序。我们必须建立秩序，依照事物的性质，给予每个事物合适的地位，且给予每个事物应该给予它的地位。"②无论是建筑，还是其他设计，密斯·凡·德·罗都尽力从功能出发创造优美的作品。他的箴言充分体现了他的功能主义思想："否认现代建筑物是实用性的营造物是毫无意义的……只要我们让这些有实用性的建筑物能够用自身功能要求的形式来表现我们的时代，那它们就配称为建筑艺术品了。"他强调功能的重要性，"我们对建筑功能也必须像对建筑材料一样地熟悉，应当对功能要求进行分析，把它们搞得更明确。例如，必须了解居住建筑与其他类型建筑的区别……对于建筑物可能是什么样的，又应该是什么样的，以至它不应该是什么样的，都必须心中有数。……我们必须研究建筑物的全部功能要求，并使其成为创造形式的依据。"③（图3-63）

① 吴焕加．论现代西方建筑 [M]. 北京：中国建筑工业出版社，1997：78。
② 约迪克．近代建筑史 [M]. 孙全文译．台北：台隆书店，1974：82。
③ 刘先觉编著．密斯·凡·德·罗 [M]. 北京：中国建筑工业出版社，1992：213，217。

3.3.4　功能主义建筑思想的确立

功能主义产生之后，在欧洲各国都有明显的发展。格罗皮乌斯和其他教师在包豪斯的教育实践中，打破了将“纯粹艺术”（The Fine Arts）与“实用艺术”（The Applied Arts）断然分开的观念，接受了机械作为艺术家和设计师的创造工具，研究大量生产的方法，发展了现代设计风格，功能主义也成为包豪斯的标志之一，包豪斯为功能主义的发展和传播作出了贡献。

20 世纪 20 年代末期，欧美各国的先锋建筑师都接受了功能主义设计思想并运用于设计实践，形成了一股强大的力量。如苏联的金兹堡同样提出形式不是目的，功能才是建筑的目的所在，要向机器学习，他在《风格与时代》一书中说：“作为一个独立的机体，机器的基本特征之一是它的非常精密、非常明确的组织。事实上，在自然界或者在人类的作品中，很难找到组织得更加有条不紊的现象了。在机器里，所有的部分和构件在整体中都占有特定的位置、地位和作用，都是绝对必需的。在机器中，没有也不可能有任何多余的、偶然的或者‘装饰的’东西，而这些却习以为常地加之于住宅。……机器向制造者要求非常精确地表达构思，要求一个可以清晰地辨认的目标，要求一种把图式分解成以不可摧毁的相互依存的链条联系起来的个别因素的能力。这些因素组成一个独立的机体，清清楚楚地表明它的功能。它为这功能而造，它的一切外观形式都服从于这功能。像在人类活动的其他领域里一样，机器首先迫使我们倾向创造工作中极端的组织性，并倾向于清晰地、精确地形成一个创作思想。……这样一种性质将产生一种高度浓缩的形式，绝不啰唆的。其次，经济地使用一种材料就排除了任何掩盖它的潜能的机会。建筑物的内在力量将会在外表上表现出来，建筑物内部的静力和动力作用将清晰可见。”①他认为功能主义源于机器，也同样适用于建筑。

1927 年，德意志制造联盟委托密斯组织一个以现代建筑为中心内容的展览，希望这个展览能够和 1914 年的科隆展一样，发扬现代设计和现代建筑的精神。密斯·凡·德·罗召集全欧洲最好的建筑师建造永久性住宅，除了他本人以外，贝伦斯、格罗皮乌斯、密斯、勒·柯布西耶、约瑟夫·弗兰克（Josef Frank）、路德维希·希尔伯塞默（Ludwig Hilberseimer）、理查德·多克（Richard Docker）、布鲁诺·陶特、马克斯·陶特（Max Taut）、雅各布斯·约翰内斯·彼得·奥德（Jacobus Johannes Pieter Oud）、马尔特·斯塔姆（Mart Stam）、汉斯·夏隆（Hans Scharoun）、阿道夫·拉丁（Adolf Rading）、阿道夫·施奈克（Adolf Shneck）、汉斯·珀尔齐希（Hans Poelzig）等人全都参加，他们都采用现代主义建筑风格进行设计，堪称功能主义设计的集合（图 3-64）。此后，1928 年柏林的“在绿化中居住”展览会体现了理性功能主义思想的现代住宅观念。1930 年德意志制造联盟巴黎展览会是另外一次较有影响地传播功能主义思想的展览会。组织者格罗皮乌斯的目标实际上是检验在包豪斯模式影响下的德国产品是否能经得起国际范围内的考验，结论是已经取得了良好的效果。至此，功能主义已经遍及欧洲，成为流行的设计观念。与此同时，美国也借住宅建设为契机重兴功能主义建筑。功能主义建筑随着现代主义建筑的传播走向世界，并在 20 世纪四五十年代第二次世界大战结束后的十几年中迎来了自己的黄金时期。

① [苏]M·Я·金兹堡．风格与时代 [M]. 陈志华译．西安：陕西师范大学出版社，2004：84-85。

图 3-64　斯图加特住宅展上密斯·凡·德·罗设计的住宅

3.4　小　结

19 世纪随着社会的快速发展和人们生活方式的日益复杂，出现了许多新建筑类型，一些旧有建筑类型也产生了功能要求，促使建筑师考虑建筑的功能问题。功能问题也出现在工业设计中，机械化工厂体系带来的批量生产与批量消费使产品的设计和生产分离，出于经济效益的需要，出现了抛弃装饰以功能为出发点的工业设计，工业设计首先探讨了标准化和合理化生产这一工业化的核心内容，建筑要适应工业化时代也同样离不开这一原则，同样要以功能为出发点之一。明显具有功能主义特征的泰勒制也用于建筑设计的研究，产生依照功能进行设计的建筑。实际上，建筑要从功能出发的观点早已出现，并在具有无可回避的具体功能要求的工业建筑、展览建筑和住宅建筑等建筑类型中进行过初步探索。不过真正明确提出建筑设计要从功能出发的还是以沙利文为首的芝加哥学派，沙利文在高层建筑设计中体会到建筑设计的基础应该是实际使用中的功能需要，他提出“形式追随功能”的口号，明确了建筑功能的首要地位。赖特受到他的影响，也深信形式追随功能的设计理念。在欧洲，德意志制造联盟主张设计从功能出发，取消装饰，满足标准化和批量化制造产品。他们认为这是时代的需要，建筑师必须从实用性出发，强调功能因素的作用来对应工业化时代的特性。其代表人物贝伦斯是功能主义建筑的先驱，格罗皮乌斯、勒·柯布西耶和密斯·凡·德·罗都继承了他的思想，并继续发扬光大。

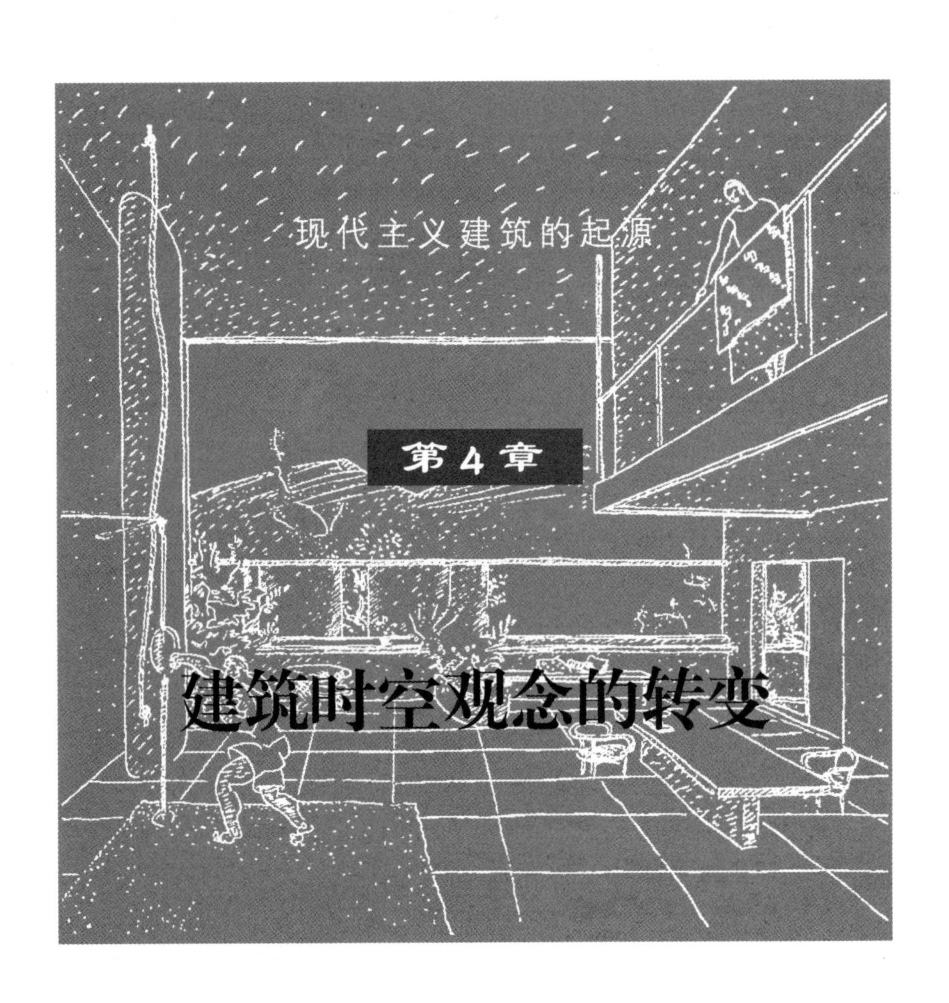

现代主义建筑的起源

第4章 建筑时空观念的转变

按哲学概念定义，“空间与时间是物质固有的存在形式。空间是物质客体的广延性和并存的秩序；时间是物质客体的持续性和连续的秩序。空间、时间与物质不可分离，空间与时间也不可分离。”[①]建筑时空观指的则是对建筑的空间知觉和时间知觉的总和，也即对建筑所处时间和空间的认知。

早在古代，人类已经形成了空间知觉和时间知觉，人们在生产和生活过程中时时刻刻都会感知到各种物质客体的场所、形状、大小、方向、距离、排列顺序等空间要素，同时也会感知到各种事件发生的先后顺序、速度快慢、持久短暂等时间要素，通过对空间和时间的知觉人类才能感知物质客体及物质客体的运动，并开展许多有目的的活动。古代人类的时空知觉是与对物体及其运动的知觉联系在一起的。随着抽象思维能力的提高，人类逐步形成空间和时间的观念，形成标志这两种观念的概念或范畴，并进一步发展到对空间和时间的特性作独立的考察，形成种种关于空间和时间的理论和学说。时空观念的历史发展表征着人类对空间、时间认识的逐步深化。

简而言之，古代的时空观念以直接经验和直观思辨为基础，是原始状态的、朴素直观的时空观念，后来以实验科学为基础，抽象程度较高的时空观念有所深化，但是由于历史的局限，仍不能全面、正确地把握时空的本质。19 世纪中叶以后，随着哲学和科学的发展，吸取以往各种时空观念中的合理因素，人们逐渐认识并阐明了空间、时间和物质运动的关系，并不断深化完善，创立了科学的现代时空观念。科学的现代时空观念最基本的内容是肯定了空间和时间与物质运动的不可分离性，空间和时间的客观性与无限性。

建筑时空观念是人类在生产和生活过程中对建筑自身的场所、形状、大小、方向、距离、排列顺序等空间要素的感知与对建筑事件发生的先后顺序、速度快慢、持久短暂等时间要素的感知的综合体验，以及由此引发的抽象思维与理性应用。19 世纪中叶以后，随着哲学、科学以及建筑学科自身的发展，逐渐形成并不断深化完善了科学的建筑时空观念。哲学概念范畴的时空观念是建筑时空观念的思想基础，建筑时空观念是在建筑学科的特殊背景下对建筑中出现的时空关系的理性思辨，集中体现于人们对建筑体验过程中时间因素与空间因素的关系的认识，及其在建筑设计中的理性应用。

早在古罗马时期，火山灰质混凝土的发明以及因此产生的券拱技术的发展，使罗马建筑摆脱了连续承重墙造成的封闭而单一的空间，创造出复杂的室内空间，但是罗马人仍然把室内空间和室外空间严格区分开来，室内外空间并不连通。用厚重的外墙明确区分建筑内部空间和外部空间，用厚重的内墙截然分隔建筑室内空间，这种封闭的建筑空间处理手法在西方延续了很长时间。此外，西方古代建筑多作为静态的实体而存在，注重外观甚至仅是立面效果，建筑立面就像一幅静止的画面，有特定的最佳欣赏角度和距离，建筑师从未打算让观察者从外部看到建筑内部空间，也没有主动进行设计以使观察者随时空的变化来欣赏建筑（图 4-1）。直到 20 世纪初期，室内外空间的相互贯通渗透以及时间因素的引入才使建筑空间产生革命性的变革，而这一变革又是和 19 世纪末 20 世纪初的科学、技术、文化背景，以及其他艺术领域的探索分不开的。空间的解放以及将时间与空间的相互关系引入建筑，是在当时的特定历史背景下产生的建筑的一大特征。此前人们对建筑中时间和空间的关系也曾进行过个案性的无意识探索，如约建于公元前 720 年的科尔沙巴德有翼人首公牛身像“拉马苏”（lamassu），这一高 4.2m 的雕像有 5 条腿，而不是正常的 4 条腿，

① 中国大百科全书编辑委员会，中国大百科全书出版社编辑部编．中国大百科全书（哲学卷）[M]．北京：中国大百科全书出版社，1988：422。

图 4-1　西方传统建筑室内（左）
来源：The Architecture of the Eighteenth Century [M]. London: Thames and Hudson, 1986：90.

图 4-2　科尔沙巴德拉马苏（右）
来源：修·昂纳，约翰·弗莱明．范迪安主编．世界艺术史 [M]. 海口：南方出版社，2002：107。

因而随着人们观察角度的不同呈现不同的形象（图 4-2）。人们走向建筑大门时，见到的是直立不动的正面形象，走到大门侧面时，见到的则是缓步前进的侧面形象，这使雕像的正面和侧面具有不同的时空特征。这种随着人的运动具有不同空间视觉体验的设计手法在当前建筑中已经是司空见惯，但在当时却是大胆的创新。又如古希腊雅典卫城（Akropolis）建造在一个山丘上，平面布局并不规则，既适应地形的整体构图，也因为卫城是祭祀雅典娜女神的场所，建筑是按照祭祀活动的游行流线布置的，为的是在游行的每段路程中都能看到重点突出的优美建筑景观，使游行过程的不同节点成为观察相应建筑的最佳视点（图 4-3）。雅典卫城的空间布局可以说是空间和时间在群体建筑中初步结合的佳例，但是和巴洛克时代具有空间动态的城市一样属于城市空间范畴，建筑本身仍然作为限定城市空间的实体而存在，建筑内部空间和外部空间不存在联系与直接关系。古罗马图拉真纪功柱（Trajan's Column）位于罗马图拉真广场（Forum of Trajan），表面雕满了不同时间发生的不同事件，形成盘旋向上的雕刻带。在这里，艺术家将不同时间发生的事件在一个平面上进行连续表述，并通过对纪功柱的环绕将其形成一项统一的艺术作品，而不是简单的并列表现。雕刻按照时间顺序表现了连续的场景，如果按照顺序连续欣赏，宛如随着艺术家走进历史，重温图拉真皇帝（Trajan, Marcus Ulpius Nerva Traianus）征服达吉亚人的过程。作品展现了一段时间内的连续历史画卷，这是将时间因素表现在三维空间中的一个成功尝试，但这毕竟是无内部空间的纪念碑式建筑的外部装饰而已，并非真正的建筑时空设计上的突破（图 4-4）。

这些古代建筑时空探索的实例只是西方古代建筑的特例，社会条件的局限使古人不可能对时间、空间和物质客体运动之间的关系作深入思考和系统的理论归纳，只是偶然出现超越时代的作品。真正突破传统、有意识的革新尝试于 19 世纪末期首先出现于其他艺术领域，然后才出现于建筑领域，可以说，在很大程度上是其他艺术领域时空观念的创新启迪、引发了建筑领域时空观念的创新。

图 4-3　雅典卫城祭祀场景想象图（左）
来源：王瑞珠编著 . 世界建筑史——古希腊卷 [M]. 北京：中国建筑工业出版社，2003：428。

图 4-4　图拉真纪功柱局部（右）
来源：陈志华主编 . 西方建筑名作（古代—19 世纪）[M]. 郑州：河南科学技术出版社，2000：43。

4.1　19 世纪末艺术领域对新时空观念的探索

4.1.1　罗丹在雕塑艺术领域的空间观念创新

法国雕塑家罗丹（Auguste Rodin）是 19 世纪后期最重要的雕塑家，他反对学院派雕塑，为现代雕塑的解放作出了重要的贡献。20 世纪之前，人体是雕塑的基本主题，雕塑家的任务是探索空间、体量、容积、线条、质感、光线和运动等要素。传统雕塑艺术家们虽然不断进行探索，但是始终没有打破空间的限制，他们都把雕塑作为一个在周围空间包容下的相对连续的体量。虽然雕塑已经具有了空间感和运动感，但雕塑本身仍然是空间中的体量，运动也只是由形体的动态和姿势作出的暗示。

罗丹对雕塑的空间观念的贡献体现于 1886 年完成的《加莱的义民》（The Burghers of Calais），这一杰作首次打破了传统雕塑的空间观念。《加莱的义民》表现了 14 世纪英法百年战争时期，英军即将攻陷围困近两年的法国城市加莱，经过谈判，英王爱德华三世（Edward III）提出加莱市必须选出 6 个高贵的市民任由英国处死以保全城市，并规定这 6 个人出城时要光头、赤足，铁链锁颈并把城门钥匙拿在手里。后来有 6 名市民自愿牺牲自己保全城市。雕塑表现了义士们按照敌人的条件穿戴好后准备朝城外走去的瞬间，6 个雕像分为前后 2 组，每组 3 人，各有不同的姿态和表情（图 4-5）。这座雕塑使用非正统空间组合的处理手法，6 个人物散开布置，强调其间的空间。这是对封闭而均衡地布置体量的传统雕塑的挑战，空间不仅围绕着形体，而且存在于形体之中，还相互渗透，颠覆了传统的实体与空间之间的关系。在 20 世纪的雕塑艺术中，分散的体量和相互渗透的空间逐渐发展成为惯常的雕塑手法，《加莱的义民》则是第一座进行了这种革命性变革的重要雕塑作品，成为雕塑领域新时空关系的先行者。

图 4-5 加莱的义民
来源：H. H. Arnason. History of Modern Art: Painting, Sculpture, Architecture, Photography [M]. 3rd edition. New York: Harry N. Abrams, 1986：93.

4.1.2 摄影和电影对现代时空观念的贡献

法国化学家约瑟夫·尼塞福尔·涅普斯（Joseph Nicéphore Niepce）从 1793 年起就开始研究用感光材料保存图像，他在 1825 年用阳光摄影法拍摄了世界上第一张照片《牵马者》（A Man Leading a Horse），1826 年用暗箱拍摄了世界上第一幅实景照片《窗外景色》（View from the Window at Le Gras），曝光时间长达 8 小时。1837 年法国人路易·雅克·芒代·达盖尔（Louis Jacques Mande Daguerre）发明的银版摄影法使曝光时间减到 15 ～ 30 分钟。后来弗雷德里克·斯科特·阿彻（Frederick Scott Archer）发明的火棉胶湿版法进一步使曝光时间大大缩短，摄影因此进入商业应用。这一新兴艺术没有传统的束缚，同时摄影是一项受到时间因素制约的艺术，摄影艺术家们对时间的敏感促使他们对此开展探索，成为新时空观念的先驱。

19 世纪 50 年代，摄影师克劳德尔（Claudel）和迪博斯克（Dubosc）等人的工作室首次通过连续拍摄记录人的动作。由于技术的落后，他们还不能在人的自然动作过程中连续抓拍动作的各个瞬间，于是让一个人分别摆出某一动作不同时间的造型分别拍摄，这一组照片就具有时间上的连续性，具备了初步的时空一体性。

1877 年，英国人埃德沃德·迈布里奇（Eadweard Muybridge）在旧金山作了一个利用摄影技术真实记录运动过程的实验。当时的美国加利福尼亚州州长，富翁利兰·斯坦福（Leland Stanford）和人打赌，要按照法国学者艾蒂安·朱尔—马雷（Etienne Jules-Marey）1868 年描述的方法，把马奔跑的动作姿态拍摄下来。他出资让迈布里奇设计制作了一套设备，沿着马

图4-6 迈布里奇奔马实验
来源：修·昂纳，约翰·弗莱明.范迪安主编.世界艺术史[M].海口：南方出版社，2002：690。

跑的道路布置了24个暗室，这些暗室里放上照相机，暗室前面的跑道上拉着连接快门的绳子，马在奔跑的过程中踢断跑道上的绳子，从而触发仪器按动快门，拍摄下马在当时瞬间的姿态。通过这一实验，他们发现马快速奔跑的动作和人们原来想象的并不一样，当马离开地面的时候，四足是同时内收的，实验获得成功（图4-6）。这一组照片和克劳德尔等人拍摄的系列照片性质相同，不过克劳德尔等人的照片是通过摆布模拟出的连续运动，而迈布里奇真正做到了同步拍摄，按照时间顺序真实记录了运动的过程。

迈布里奇的实验是同时使用多张照片记录随时间流逝发生的运动过程，随着摄影技术的进步，发明了同一底片多次曝光的技术，采用多次曝光技术可以在同一幅画面上营造出兼容不同时空的艺术效果，这成为摄影的重要表现手法之一，此外利用暗房特技将影像叠印也可以产生同类效果。摄影被称为瞬间的艺术，即在照相机快门开启的时间段内拍摄对象运动过程中的一个片段，这既是摄影艺术的优点，也是它的局限。多次曝光和影像叠印技法突破了摄影只能表现某个时间区域上的运动片断的局限，把不同时间空间的对象集中到同一张作品上来表现，早在其他艺术之前就先行使用了时空并置的手法，表现了时空一体化的新时空观念。

1882年朱尔—马雷发明了“摄影枪”（Chronophotographic Gun），利用一架照相机连续拍摄，运用连续多次曝光技术把多个动作片段纪录在同一张底片上。底片上的影像记录运动过程中的对象在不同时间的位置或姿势，表现出连续的动作，或记录一个运动过程，表现对象在不同时间的不同位置以及不同姿势；或记录一个原地的动作，表现对象不同部分在不同时间的位置。这样的照片比此前的系列照片更进了一步，把时间因素直接表现在同一张照片上，和未来主义绘画如出一辙。很多未来主义艺术家不肯承认这一关联，不过它们之间的关系一目了然，未来主义不可能完全没有受到朱尔—马雷的摄影作品的影响，例如马塞尔·杜尚（Marcel Duchamp）就承认他1912年创作的《下楼梯的裸女》（Nude Descending A Staircase）等作品参照了连续摄影作品（图4-7）[①]。

---

① 见卡巴内对杜尚的采访。“卡巴内：摄影有没有影响到您创作《下楼梯的裸女》？杜尚：当然……卡巴内：连续摄影？杜尚：对，在马锐伊的一本书中，我看到一幅示意图说明，他在表现人击剑或马在飞奔的时候，是如何用一系列的点来描述不同运动的。通过这些解释了基本的平行观念。作为一种套路这似乎非常矫饰，却很有趣。正是这个给了我画《下楼梯的裸女》的主意。”详见：[法]卡巴内.杜尚访谈录[M].王瑞芸译.桂林：广西师范大学出版社，2001：28。

经历了拍摄单张照片、多张系列照片和在一张照片上表现多个瞬间的成功尝试之后，人们希望把连续拍摄的运动连续播放出来，形成观看运动的感觉，这就是电影。每秒24格的电影画面之所以给我们以运动的感觉，是因为我们看到的影像不会立即消失，这称为视觉滞留，即物体反映在人的视网膜上的形象不会立即消失，会短暂滞留一段时间，一般为0.1～0.4秒。当人看到连续视觉影像时，由于视觉滞留的作用，大脑会把它们处理组接为连续运动的场景。电影就是根据这一原理发明的，实际上就是快速摄影和快速播放的结合体。朱尔—马雷又于1888年把当时新上市的柯达胶卷用在他的发明上以完善他的连续摄影术（Chronophotography），同年埃米尔·雷诺（Emile Reynaud）发明了播放动画片的机器。而美国发明家爱迪生实际在1887年已经发明了电影，但是他认为无声电影没有吸引力，于是一心想把电影和他发明的留声机结合起来，但是一直没有成功，于是1895年电影成为法国吕米埃兄弟（Louis Lumierè & Auguste Lumière）的发明。

图4-7　下楼梯的裸女第二号（Nude Descending A Staircase, No. 2）
来源：修·昂纳，约翰·弗莱明．范迪安主编．世界艺术史[M]．海口：南方出版社，2002：803。

电影本身就是关于时间与空间的艺术，在发展中也探索了影像叠加制作，多次曝光等手法，不过这些都借鉴自摄影，蒙太奇手法才是电影特有的时空表现手段。蒙太奇是法语“Montage”的音译，原为建筑学术语，意为构成、装配，在电影艺术中指将一系列在不同时间和地点，从不同距离和角度，以不同方法拍摄的镜头排列组合起来，叙述情节和刻画人物，自由地使用不同时空的片断创造艺术效果，享有极大的时空自由，甚至可以构成与实际生活中的时空不一致的电影时间和电影空间。这虽然不是对时空观念的新贡献，但是这样的艺术手法和效果对当时的人们无疑是震撼性的，有助于打破旧时空观念和帮助人们接受新时空观念。

4.2　20世纪初欧洲新艺术时空观念的形成

4.2.1　绘画艺术观念转变的起源

19世纪摄影术发明后，绘画艺术家们的观念受到很大的冲击。在此之前，绘画一直致力于描绘客观世界中的某一时间片段上的景象，画家们在熙攘运动的世界中精心选择一个场景，把它再现在画布上。这样的作品描绘的是静态图像，即使是表现运动中的场景，也要精心挑选运动的一个瞬间，将其凝固在画布上。对真实场景，如肖像等是如此，对虚拟的场景，如圣经故事等也是如此；区别只在于场景是真实存在的还是画家头脑中的虚拟产物，其基本的静态时空观念的原则是一致的。但是摄影却能在瞬间把真实世界完全无误地记录下来，它的发明使画家的优势荡然无存，于是艺术家们开始反思绘画的意义，他们逐渐认识到，使用绘画技法真实地再现现实世界的场景，或者按现实世界的模式创造虚拟世界的场景已经不是绘画的优势，画家观察并体验客观世界，通过艺术再造，创造出客观世界并不存在的场景是绘画继续发展的可能道路之一。在这种思想指导下，除写实的绘画和雕塑艺术作品外，陆续产生了新的绘画和雕塑艺术流派。

法国印象主义画家保罗·塞尚认为文艺复兴时期的一些艺术家已经用绘画创造了类似于真实世界而又不同于真实世界的景象，他们的绘画不是力求写实而是表现了艺术家的体验，他也想追求同样表现艺术家的体验的绘画真实性。19 世纪 80 年代，他的画作表现了这一观念。他首先观察自然景象，把房屋、树木和山丘等的几何形状一一记下来，但不一定是从同一角度观察。这符合普通人观察世界的情况，人的眼睛从来就不会固定在景观中的一个点上，也不一定在一个位置上观察。然后，他把这些形状重新安排，把他想画的场景组合成画，观众可以辨认出画中的某一单体，但作为整体的风景表达是靠想象联系在一起的。人们观察事物的过程本来是一个持续不断的过程，但是用这种观念来组织一幅画，却是一种全新的方法，它意味着抛弃传统绘画的常规思维，西方传统绘画只依照画家看到的客观世界的景象作画，所表现的只是客观世界的一个局部和一个片断，而塞尚的做法完全不同。塞尚的做法是西方绘画艺术革命的源头。

1904 年，巴黎举办了一次塞尚作品的大型画展，他对西方传统绘画观念的突破产生了巨大的影响，鼓舞了年轻画家对绘画新观念的尝试。与此同时，文森特·梵高和保罗·高庚简朴有力的作品使艺术家们的注意力转向艺术起源的时期，当时非洲艺术正进入欧洲艺术家们的视野，其简朴纯真激发了欧洲艺术家对抽象表现的探索。20 世纪初，艺术家们纷纷开始探索打破传统的新绘画方法，其中首先登台的是野兽主义和立体主义，野兽主义关注的是色彩，而立体主义关注的则是空间。

4.2.2 20 世纪初欧洲艺术时空观转变的科学、文化、哲学背景

20 世纪初期，人类生活节奏加快，飞机和家用汽车的出现彻底改变了人们的生活方式，电报的使用让人们可以瞬间收到万里之外的消息，电话进入日常生活使人们可以进行即时的远程交流，报纸上的新闻照片使人们可以看到万里之外发生的事情。这一切使人们的时间感和距离感产生了巨大变化，他们不再将空间距离看成难以克服的障碍，而是更加重视时间要素。艺术则落伍于时代，人们面对着巨大的机器，感受着火车、汽车、飞机的高速运动，和遥远的地域进行即时交流，传统的艺术却不适合表现这一切，不适应新的时代，在新事物面前表现出无能为力的窘境。就时空观念而言，人们已经进行远距离交流，却没有一种艺术来表现不同空间的对象同时并置的效果；人们已经乘坐先进的交通工具旅行，代表着对空间和时间的征服，艺术却不能表现连续的时空转换；在高速运动的交通工具中，人们看到的景象和一个世纪之前的马车时代完全不同，高速运动产生的连续和重叠的景象，转瞬即逝的视觉片段，在同一时间压缩了更多的主题，而不可能详细观察细节；所有这些都不是传统艺术所能够表现的，也不是传统艺术所惯常表现的主题，新的时代应当有新的艺术产生，以表现新时代时间、空间和运动的新观念。

科学领域的时间概念经过了长期的演进。古希腊的亚里士多德（Aristotle）认为时间和空间都是绝对的。牛顿 1687 年发表《自然哲学的数学原理》（Philosophiae Naturalis Principia

Mathematica)，将时间和三维空间作为物体运动的背景，认为时间不受运动的影响，是三维空间之外独立的一维。不过牛顿虽然将时间和空间分开，但是仍然把时间和空间作为运动的背景，他只打破了亚里士多德认为空间是绝对的概念，仍然认为时间是绝对的，是无限的线性维度。这也是一般人的感受，对于他们来说，时间是均匀流逝的，爱因斯坦(Albert Einstein)的爆炸性理论提出之前，谁也没有想过不同的地点会有不同的时间。然而，这只是就我们的日常经验而言，科学的发展很快就超出了普通人的认知。丹麦天文学家奥勒·罗默(Ole Rømer) 1676 年发现光以有限但非常高的速度传播，并测量了光速，尽管误差颇大，但这是随后一切发现的开端和基础。1865 年，英国物理学家麦克斯韦成功地将当时部分电力和磁力理论统一起来，认为光和无线电都是一种波，应以某一固定的速度运动，1887 年，艾伯特·亚伯拉罕·迈克尔孙(Albert Abraham Michelson)和爱德华·莫利(Edward Morley)在美国克里夫兰卡思应用科学学校的实验证明了这一点。但是这与牛顿理论相悖，随后，科学家多次试图对此加以解释，并提出以太假说。不过 1905 年，爱因斯坦在他的著名论文中指出，只要人们愿意抛弃绝对时间的观念，一切都是顺理成章的。①

爱因斯坦的狭义相对论发展了牛顿的理论。它基于两个原理，一是光速不变原理，即真空中的光速独立于惯性参考系的选择，也与光源的运动无关；一是相对性原理，即物理定律在一切惯性参考系中的形式都是一样的。它打破了牛顿认为空间是平直的，是各向同性的和各点同性的三维时空，而时间是独立于空间的单独一维的时空观念，认为空间和时间并不相互独立，而是一个统一的四维时空整体，并不存在绝对的空间和时间。这一理论改变了时间和空间的观念，开创了时空统一的现代时空观念，虽然在广义相对论中，时空观念又有发展，不过那已经趋于时空与运动和力的具体相互影响。狭义相对论问世之后，迅速成为热门话题，无论是否能够理解其精髓，人们至少了解到时空的一体性。这一新时空观念也对新建筑时空观念产生了影响。

在哲学领域，20 世纪初法国哲学家亨利·贝格松(Henri Bergson)提出了关于时间、变化和发展的理论。他之前的康德(Immanuel Kant)认为时间不是像莱布尼兹理解的那样是一种隶属于对象自身的实质，也不是如牛顿所言是一种容器式的真实存在物。康德认为时间是纯粹的直观，时间不从感性经验中来，却必然地存在于一切感性经验中，时间表象先验地存在于人的知觉之中。现象的现实性只有在时间中才是可能的，现象可以消失，但是使现象成为可能的形式条件本身，即时间，却不会消失。所以，时间就只能有主观的实在性而没有绝对的实在性。对于康德的时间观，柏格森在有所继承的同时又给予了恰当的批判。他认为时间是主观实在的，但是时间是一个连续的过程，是一种“绵延”的状态，而不是孤立瞬间的连接，当我们试图抓住瞬间的经验运动时，我们就阻止了实在的流变，得到的只是苍白而静态的片断。“伯格森认为智能的麻烦在于它只能胜任对物质世界非连续性的说明……至于生活，从本质上看，则是连续性的，因而智能不能理解它……智能和直觉的差别类似于空间和时间的差别……智能就是理论的，它以某种几何学方式来看待世界，对它而言，世界只有空间而没有时间。然而生活却是一种时光在流逝的实实在在的事务……物理学理论中的时间并不是真正的时间，而是一种空间性暗喻。”②在艺术领域，这一理论可以引申为古典艺术传统是静态的片段的结论，而适应时间流逝观念的必然是包含时间因素的艺术。

---

① 参见 [英] 史蒂芬·霍金．时间简史——从大爆炸到黑洞 [M]. 许明贤，吴忠超译．长沙：湖南科学技术出版社，1996。

② [英] 伯特兰·罗素．西方的智慧 [M]. 崔权醴译．北京：文化艺术出版社，1997：638。

4.2.3 立体主义

欧洲首先开始对新时空观念进行探索的艺术流派是立体主义，它是艺术史上的一个转折点，立体主义者彻底打破了传统绘画中只能按照一个固定视点去表现，然后安排在同一个绘画平面上的方法，艺术家们用一种新的方法来表现绘画中的形体，绘画不再是描述某个特定时刻的空间状态，不是在二维的画布上模拟三维空间，而是在二维的画布上表现画家所体验、构思的三维空间。

巴勃罗·毕加索和乔治·布拉克是立体主义的开创者。

毕加索1881年出生于西班牙马拉加，少年时代接受过严格的绘画训练。他大约19岁时来到当时的世界艺术之都巴黎，非常喜欢这里的自由气氛，还在1901年筹办了《青年艺术》（Young Art）杂志，希望为青年艺术家和知识分子提供一个论坛，为开创新的艺术风格进行交流。虽然并不顺利，但是他还是决心要和传统斗争到底，对各种风格的绘画进行实验。1905年，塞尚和野兽派的马蒂斯（Henri Matisse）的作品对巴黎的青年艺术家产生了很大的影响，毕加索也不例外。随后，1906年，他又随着当时的风尚考虑了非洲艺术和东方艺术的问题。马蒂斯回忆说："我常常从皮尔·索瓦日（P. Sauvage）的商店路过，看到他的橱窗里陈列着很多黑人小雕像。它们用线单纯简洁，极富特色，就像埃及艺术一样美，给我印象极深。我买了一件，在那天访问格特鲁德·斯坦因（Gertrude Stein）时给他看，一会儿，毕加索也来了，他立刻被这件雕像吸引了。"马克斯·雅各布斯（Max Jacobs）的回忆则更富有戏剧性："马蒂斯从桌上拿起一件黑人木雕给毕加索看，毕加索爱不释手，看了整整一个晚上。第二天我去他的画室，看到地板上铺满了画纸，每张纸上画的都是同样的素描，一幅女人的脸上只有一只眼睛，鼻子很大，和嘴合在一起，肩上垂着一绺头发。"①

图4-8 阿维尼翁的少女
来源：修·昂纳，约翰·弗莱明．范迪安主编．世界艺术史[M]．海口：南方出版社，2002：774。

当毕加索消化了所受到的各种影响之后，立体主义已经默默孕育成熟。1907年，他的作品《阿维尼翁的少女》（The Young Ladies of Avignon）宣告了立体主义的产生（图4-8）。画中描绘了几个人物和一张放有水果的小桌，然而形象特异，一切与传统绘画完全不同。"画中人似乎是由女性身体上的许多小平面组成的，它们从不同的方向上被观察出来，表示人人都知道应该在那儿的东西，但不是一眼就可以认出来的东西。扭曲的人形几乎完全是扁平的，无论在她们的前面还是在她们的后面都没有留下什么空间，由此她们被挤到了前方，我们和她们之间竟没有留下应有的间隔。假如我们

① [美]阿莲娜·S·哈芬顿．毕加索传——创造者和毁灭者[M]．弘鉴，田珊，光午等译．北京：人民美术出版社，1990：45。

看一看右面那些蓝色的背景，就能知道毕加索是如何执著地要把图中的一切都放在画面最前方。蓝色一般都有往后缩的效果，但毕加索给它勾上白边，这样就使它拼命地向前凸。左边那个人似乎是古埃及的人物形象，接下来两个人又让人想起早期的伊比利亚艺术；右边那两个人愁眉苦脸；好像戴着非洲的面具。毕加索借用异国艺术，是因为这样就能有先例可循，可以在背离传统表现手法时困难相对少一些。他把人物的形象打碎了，然后无情地把那些小平面重新安装起来，由此得到一种野蛮的效果。他知道，这样一来，就会使别人大吃一惊。试看画面的排列与构图，那几乎就是把塞尚构图的方法用漫画的形式表达出来。"[①]这幅作品体现了毕加索追求的形式的净化，以及取消描绘感情细节的探索。他试图深化塞尚的通过平面的重叠来表现空间的做法，通过牺牲明暗对比和景深来探索新的空间观念。其中对形象的椭圆形处理和取消人物个体特征的面部面具化表达手法是源于非洲艺术的启示。

毕加索认为非洲艺术更具有概念上的结构性，更依赖于感知而不是视觉，因此是一个创造性的源头，也是一个解放性的启示，他无疑深受其影响。对此，毕加索后来在和安德烈·马尔罗（Andre Malraux）谈及时说："那个（民族学）博物馆里只有我一个人，还有那些面具、印第安人的玩偶、布满灰尘的人体模型。《阿维尼翁的少女》肯定就是那天在我的胸中形成了，但这绝不是出于形式的考虑，因为那是我的第一幅驱邪图——绝对是的！……特洛卡罗宫民族学博物馆实在令人作呕……我打算逃开，但是没有走，待在那儿，待在那儿。我明白那极为重要……那面具和其他雕刻不一样……黑人的作品反对一切——反对那些不可知的，吓唬人的精神……我也反对一切，我还相信一切都是不可知的，一切都是敌人！一切！……它们（那些偶像）是武器，用来帮助人们躲避精神的困扰，把故人们独立。它们是工具，如果我们赋予精神以形式，我们就会独立……我明白我为什么做画家。"[②]毕加索是为了打破传统才做画家的，他反对当时的一切，要用充满创造性的精神力量来反对传统，这是破坏性的宣言，立体主义是 20 世纪艺术解放的排头兵，毕加索用破坏性的力量粉碎了传统对绘画的限制，为 20 世纪的艺术家们带来了自由。

《阿维尼翁的少女》取消了统一的单一视点，人物的面孔同时以正面和侧面出现，拉长的人物也似乎是从不同视点观察的结果，前景中放着水果的桌子更是竖立的平面图，这样，画面就被扩大到了多个视图，成为多个观察瞬间的组合，他不但创造了新的绘画空间，而且把崭新的时间量度也融进了画面中。

布拉克的父亲和祖父都是业余画家，他们鼓励布拉克从小学画。他早期是印象主义的追随者，认识毕加索前，其风格主要受塞尚和马蒂斯影响。1907 年他初次见到《阿维尼翁的少女》时非常吃惊，最初不能接受这种风格，但是他正处于对自己的画法不满的阶段，到了年底，他也尝试着使用类似的风格作画。1908 年他的《埃斯塔克的房屋》（House at L'estaque）同样放弃了透视方法，而运用色彩来造型。他对每一个形状分别上光，而不是像画一幅风景画那样让光线从同一个角度射过来，不同的光影效果使不同的形状宛如来自不同时空，它们的并置就是对表现单一地点单一时间片段下的景象的传统绘画的反叛。这样，布拉克和毕加索就具有一些共通之处，他们都放弃了传统的透视法，以及透视所造成的立体错觉；他们使用浅得多的绘画空间，所描绘的对象似乎都被挤到了画布的最前面；他们还把绘画对象拆散，再安装起来，形成新的构造；而在形式的变革背后，最重要的是这一处理手法打破了单

---

① 唐纳德·雷诺兹，罗斯玛丽·兰伯特，苏珊·伍德福德．剑桥艺术史（三）[M]. 钱乘旦，罗通秀译．北京：中国青年出版社，1994：209-210。

② [美]阿莲娜·S·哈芬顿．毕加索传——创造者和毁灭者 [M]. 弘鉴，田珊，光午等译．北京：人民美术出版社，1990：45。

图4-9　布拉克1908年的作品《屋与树》来源：修·昂纳，约翰·弗莱明．范迪安主编．世界艺术史[M]．海口：南方出版社，2002：786。

一时空的表现，引入了更为复杂的时空关系，从而迈向了新时空观念。1908年，毕加索和布拉克认识到他们的目标和方法是一样的，于是他们决定一起工作，直到1914年第一次世界大战爆发前都形影不离（图4-9）。

1907～1909年是立体主义的第一阶段，即立体主义的初期，这个阶段，毕加索和布拉克仍然在很大程度上受到塞尚的影响。布拉克的几何简化风格把所有的自然形式都分解成半抽象的、倾斜而重叠的平面，压缩在一个浅平的空间里，整个画面似乎向观察者移动，而不是向后消失在灭点上，甚至取消形式的立体感，把形体扁平化，成为一个色彩平面，毕加索这一时期的风格也是如此。他们这一时期的画，初看之下好像只是静物写生，完全没有景深的感觉，画上的东西都被推到画布的前面，跳出了背景，甚至像在盒子里一样堆积在一起。这是立体主义的过渡阶段，似乎要取消一切形体，排除一切不必要的干扰。

1908年布拉克把新作提交秋季沙龙时，全部被马蒂斯等人组成的评委会拒绝了，马蒂斯后来评论他的《埃斯塔克的房屋》是由"一些小立方体构成的"①。于是布拉克拒绝在沙龙上展览任何作品，1908年11月他在卡恩韦勒尔美术馆的个人展览上展出了自己的27幅作品。为野兽派命名的评论家路易·沃塞勒（Louis Vauxcelles）评论这次展览时借用了马蒂斯的话，他说布拉克使"一切物体、风景、人物和房子，变成了几何图形和立方体"②，后来"立体主义"就成为了毕加索和布拉克开创的画派的名称，不过这是一个错误的称谓，完全误导了他们的概念，毕加索和布拉克从未认可过这一名称。

1909～1911年是立体主义的第二个阶段，即所谓的分析立体主义（Analytic Cubism）阶段，这是几年后西班牙立体主义画家胡安·格里斯（Juan Gris）的说法，暗示着一切理性的解体过程，是对毕加索和布拉克的探索的又一个错误称谓。这一阶段他们比从前更不重视形体，毕加索的画逐渐变得不具雕塑感，有片断的轮廓，具有透明性的平面，含混而浅平明亮的空间。他们在封闭的空间中去选择主题，例如画静物写生，这样就可以少受具体形式的影响，可以充分发展他们特点鲜明的画法。他们在绘画中研究的主要是形体和空间，不想受到色彩的干扰，因此使用冷淡的色彩，如黑色、灰色、棕色和赭色来创作。在处理形体时，他们认为，应该对物体的各个面都加以观察，然后把所有这些面一下子全都表现出来。理论上，这意味着要尽可能多地表现物体，但实际上却使识别这些图形的工作非常困难。所以他们就

①［法］埃蒂娜·贝尔纳．现代艺术[M]．黄正平译．长春：吉林美术出版社，2002：37。

②［美］H·H·阿纳森．西方现代艺术史——绘画、雕塑、建筑[M]．邹德侬，巴竹师，刘珽译．天津：天津人民美术出版社，1986：119。

使用熟悉的母题来创作，这样观察者就容易从画中找出他们熟悉的形式的片断，通过联想获得画家所要表现的形象的概念。评论家很不喜欢这一点，他们甚至认为画家试图用散碎的形式愚弄他们。不过毕加索和布拉克的本意并非如此，他们是想让观察者体验他们作画的感受，和他们一样用画布上的平面片断在心目中构成他们想要表达的形象。自古以来的画家都是试图在平面上表现三维空间，但是立体主义并不讳言他们创造的是平面形式而非三维图像，通过抛弃对立体的表达来达到他们想要表达的效果。他们创作的形式越来越片断，最后走向抽象和知性的画风，到最后所描绘的物体达到了无法辨认的程度（图 4-10）。

图 4-10　布拉克 1911 年的作品《葡萄牙人》
来源：弗雷德·S·克莱纳，理查德·G·坦西，克里斯丁·J·玛米亚．加德纳世界艺术史[M]．诸迪，周青译．北京：中国青年出版社，2007：1014。

形体应当被分解到何种程度才算得当呢？为了抽象，应尽可能地进行分解，但是又不能完全失去物体的形，不能完全抛弃形体，否则的话，这些被分解然后再重新安装起来的物体失去了可辨识性，这一过程就没有什么意义了。在这个限度内，毕加索和布拉克要做的，就是把东西变得重新可以辨认，但这不是要恢复完整的形体，而仅仅是恢复一个样式，只要能被人认出来就行。不过，他们也认识到这种接近完全抽象的危险性，于是进入了立体主义的第三阶段，即所谓的“综合立体主义”（Synthetic Cubism）阶段（1911 ~ 1914 年），他们在绘画中加入了字母、字句、数字等符号，有时还有真正的实物。

分析立体主义阶段持续的抽象化造成了主题还原的困难，他们不能保证画出的抽象形式不被观察者错误解读为其他的东西。绘画是一种视觉媒体，虽然画家知道他所表现的是什么，但是他也必须让观察者在视觉上感知这一点，如果人们不能在某幅画上亲眼看见一样东西，那么仅凭哲学或者理论并不能让他们相信画家所表述的存在。虽然立体主义更着意于表现画家自身的存在，而不是反映任何外在于他的真实情况，但是对这一点也不能无所顾忌。于是他们发展了新的表现手法。

毕加索和布拉克 1910 年起都使用了字母和数字，布拉克还使用了可以乱真的木纹效果，毕加索早在 1908 年就在一幅素描的中心贴上过小纸片。他们把视觉要素插入到愈发抽象的绘画中，用这种方法来模糊幻觉和真实之间的界限，这样一来，画面的真实性就变成可以质疑的东西，画布到底是平面还是空间，观察者看到的又是什么，他们是否注意了这些拼贴和字母，这些都成为疑问。于是传统的绘画理念就完全被颠覆了，这些拼贴的要素配合颜料所建立的抽象结构，成为绘画的真正主题。毕加索和布拉克继续扩大和丰富他们的创作手段，这一阶段，他们不是继续进行绘画创作抽象化和普通视觉图像的研究，而是用他们掌握的一切造型手段来扩大绘画的概念。“综合立体主义”这一名称又可以说是一个错误的说法，因为它的使用过于广泛，包括了事后 20 年间毕加索、布拉克、格里斯等人的相互无关的探索。

毕加索 1911 ~ 1912 年创作的《藤椅上的静物》（Still Life with Chair Caning）在画布上用油彩和剪贴漆布模仿藤椅的形象，底板用一根绳子框住，首次把剪贴引入绘画，走出了把

图 4-11 藤椅上的静物
来源：雅克·马赛勒，纳戴依·拉内里·拉贡．范迪安主编．世界艺术史 [M]. 上海：上海文艺出版社，1999：283。

绘画从二维平面带向三维空间的第一步（图 4-11）。1912 ~ 1913 年是探索拼贴效果的过渡阶段，他们作品的形式趋于单纯化，使用简单的线条和所拼贴的实物要素进行对比。1913 ~ 1914 年，毕加索把画布上的绘画转化为在木头、纸张和其他材料上的雕塑性绘画，把二维的绘画直接转变成在三维空间中的绘画。这是绘画史上的又一个大突破，从此绘画不仅可以描绘三维空间，而且自己本身就可以绘制在三维形体上，拼贴使绘画成为二维平面上的色彩构成和三维空间中的塑形共同组成的艺术形式，并且使绘画中不仅具有平面上虚拟的空间层叠，也实际上具有了不同拼贴部分之间的空间层叠，使绘画具有了雕塑的部分特征，大大拓展了绘画艺术的边界。1914 年，第一次世界大战爆发，布拉克和很多重要的法国年轻画家都加入了法国军队，毕加索作为非交战国的公民在巴黎逗留到 1917 年才离开。这场战争的开始标志着 20 世纪西方艺术史上的第一个伟大时期的结束，各种风格的艺术大都处于停滞状态。

立体主义的绘画风格，一方面是对形体进行的一种特别处理，它把形体拆开分解，再把各个部分用画家希望的方式连接起来，制造出理想中的简化形体，消灭了造成错觉的传统绘画形象；另一方面，它探索了绘画对空间的塑造和表现，打破了传统的透视空间，把不同时间不同位置的多视点引入绘画，还通过拼贴把绘画直接带入三维空间。毕加索和布拉克的创作造成了巨大影响，打破了西方绘画中的一切禁忌和传统，使绘画可以完全摆脱描绘客观世界某一时间片段上的景象的束缚，他们的探索使画家们得到了自由，让他们在完全没有清规戒律的情况下自由创作。

毕加索和布拉克有很多的追随者，从 1910 年起，另外一些艺术家也加入进来。阿尔贝·格莱兹（Albert Gleizes）和让·梅青格尔（Jean Metzinger）成为立体主义的评论家和发言人，他们 1912 年发表了《论立体主义》(Du Cubisme)，还定期和罗贝尔·德洛奈（Robert Delaunay)、费尔南·莱热(Fernand Leger)、亨利·勒福科尼耶(Henri Le Fauconnier)等人来往，1911 年，亚历山大·阿尔西品科（Alexandre Archipenko）等人也加入进来。

由于雕塑本身就是一种空间的艺术，立体主义雕塑在对新空间观念的表现上更具优势。最早的立体主义雕塑家，不但受到立体主义绘画的影响，也明显受到非洲原始雕刻的影响，这也是当时的大潮流所在。立体主义对雕塑也起到了解放作用，它把雕塑定义成为体量、容积和空间的艺术，并为抽象表现铺平了道路，开拓了雕塑的新局面。

阿尔西品科 1887 年出生于俄罗斯基辅，他于 1912 年认识到立体主义对雕塑的意义，开始在人物的体量上开洞透空，这一创举完全颠覆了雕塑是空间围绕的实体这一概念。阿尔西品科 1912 年创作了《行走的女人》(Walking Woman),其抽象的人物形体上开有透空的孔洞，实现了空间的连通和流动，并且以此为整座雕塑的主题予以表现，实现了雕塑空间观念的飞跃（图 4-12)。他把雕塑看作是空间的构成而不是传统的体量组合，这是他最大的贡献。这对后来的雕塑家如建筑界熟知的亨利·斯潘塞·穆尔（Henry Spencer Moore）等产生了深远的影响。随后，阿尔西品科还在 1913 ~ 1914 年将拼贴技术运用于雕塑，由于曾经得到广泛的展览，他的拼贴雕塑比毕加索的拼贴绘画更早产生影响。

图 4-12　行走的女人（左）
来源：H. H. Arnason. History of Modern Art: Painting, Sculpture, Architecture, Photography[M]. 3rd edition. New York: Harry N. Abrams, 1986：169.

图 4-13　阿尔妇人（中）
来源：Sigfried Giedion. Space, Time and Architecture: The Growth of a New Tradition[M]. 5th editon. Cambridge: Harvard University Press, 1969：494.

图 4-14　包豪斯校舍转角（右）
来源：Sigfried Giedion. Space, Time and Architecture: The Growth of a New Tradition [M]. 5th editon. Cambridge: Harvard University Press, 1969：495.

关于立体主义和新建筑时空观念的关系，吉迪恩在《空间、时间和建筑：一种新传统的成长》一书中将毕加索 1911 ～ 1912 年的油画《阿尔妇人》（L'Arlésienne）和格罗皮乌斯 1926 年的德绍包豪斯校舍建筑作了对比（图 4-13、图 4-14）称包豪斯校舍的"玻璃墙面是透明的，使内部和外部可以被同时看到，正面和侧面，和毕加索的《阿尔妇人》一样……简言之，就是时空观念"①。他同时展示了两张图片，一张是毕加索的《阿尔妇人》，"从头上可以看到立体主义的同时性——同时展示一个物体的 2 个面，这里是侧面和整张脸的正面，交叠的平面的透明性也具有同样的性质"②。另一张则是格罗皮乌斯的包豪斯校舍的工厂一翼的转角处，"这里同时展示了一座建筑的内部和外部，大片的透明玻璃使转角处产生了消失的效果，使不同的面产生了现代绘画中的交叠的效果"③。建筑空间的连通和流动是赖特最早实现的，他的设计中可以清晰地看到连通而流动的空间，对此，立体主义的雕塑是绝佳的类比，在阿尔西品科 1912 年完成的《行走的女人》中，体现了同样的时空观念。

4.2.4　未来主义

未来主义对物质客体运动的研究是现代时空观念形成过程的重要组成部分。未来主义是一次涵盖广阔的文化运动，对当时的多种艺术门类都产生了很大的影响，在建筑设计领域，未来主义建筑师圣泰利亚创造了很多概念性建筑，促使未来主义直接地影响到新建筑时空观念的形成。

未来主义运动始于文学，1908 年诗人马里内蒂在米兰发起了未来主义运动。1909 年他在米兰发表了《未来主义宣言》（Futurist Manifesto），后来被法国《费加罗报》转载，其中

① Sigfried Giedion. Space, Time and Architecture—— The Growth of a New Tradition [M]. 5th editon. Cambridge: Harvard University Press, 1969：493.

② Sigfried Giedion. Space, Time and Architecture—— The Growth of a New Tradition [M]. 5th editon. Cambridge: Harvard University Press, 1969：494.

③ Sigfried Giedion. Space, Time and Architecture—— The Growth of a New Tradition [M]. 5th editon. Cambridge: Harvard University Press, 1969：495.

表现了对过去的彻底否定和对未来的盲目崇拜。马里内蒂在宣言中总结了未来主义的一些基本原则，包括对陈旧思想的憎恶，尤其是对陈旧的政治与艺术传统的憎恶，赞颂青春、机器、运动、力量与速度。他和他的追随者们表达了对速度、科技和暴力等元素的狂热喜爱。“我们歌颂被工作、欢愉和狂野鼓动的人群；我们歌颂现代都市的多彩潮流；我们歌颂灯火通明的兵工厂和造船厂；歌颂充满喷吐烟雾的火车的火车站；横跨河流的巨大桥梁……征服地平线的汽船；像铁马一样的火车……”[①]未来主义运动起源于意大利，开始是一群青年知识分子反对意大利陈腐文学的运动，他们认为意大利过去的光荣已经成为束缚，因此，应该使它步入未来。他们还有一个更远大的目标，就是使欧洲文化进入他们心目中的现代技术的光辉新世界。19 世纪以后，意大利确实已经落后于欧洲先进国家，而传统主义者对过去的津津乐道丝毫无助于社会的进步，未来主义虽然过分宣扬技术、机器和力量等元素，但是他们面向未来摧毁一切的精神却是针对意大利当时特定社会条件下陈腐落后的精神状况的良药，同时他们的民族主义观念和行为也博得了很多人的同情，因此未来主义在当时获得了很多人的支持，阵营迅速扩大。

马里内蒂狂热的艺术观点刚一问世就征服了米兰的画家们。翁贝托·波丘尼（Umberto Boccioni）、卡洛卡拉（Carlo Carrà）和路易吉·鲁索洛（Luigi Russolo）等人在视觉艺术领域发扬了马里内蒂的未来主义观念，鲁索洛同时还是一位作曲家，他将未来主义元素引入了音乐领域。他们和 1910 年结识了马里内蒂的画家贾科莫·巴拉（Giacomo Balla）和吉诺·塞韦里尼（Gino Severini）构成了第一批未来主义艺术家。

1910 年，画家和雕塑家波丘尼发表了《未来主义绘画宣言》(Technical Manifesto of Futurist Painting)，这同样是一份充满火药味的战书，宣言声称他们将竭尽全力和那些过时的、盲信的、被罪恶的博物馆所鼓舞着的旧信仰作斗争，要反抗陈腐过时的传统绘画、雕塑和古董，反抗一切在时光流逝中肮脏和腐朽的事物，他们具有勇于反抗一切的精神，这种精神是年轻的、崭新的，伴随着对不公正的甚至罪恶的旧生活的摧毁。未来主义绘画攻击传统的一切，包括评论、绘画主题，以及一切绘画流派和绘画技巧。当时，在绘画、音乐、技术，以及生活中的一切方面都有人开始挑战传统，试图打开自由之门，这一切无疑是激动人心的，因此许多人都坚信他们有光辉的未来。未来主义这个新运动的关键词语是“力的本体”，绘画要表现的就是这种普遍的力量。1912 年 2 月，未来主义画家们在巴黎颇有名气的伯恩海姆—让画廊举办了首次未来主义画展，这意味着未来主义画派正式成立。随后，他们在伦敦、柏林、布鲁塞尔、维也纳、芝加哥、阿姆斯特丹、海牙、慕尼黑等地相继举办了多次未来主义画展，未来主义逐渐走出意大利而成为世界现代艺术运动的重要组成部分。

未来主义绘画不像其他绘画流派那样是在摸索中产生的，没有经过理论和实践共同发展的阶段，它是在早已形成的文学理论的基础上发展起来的，有成熟的理论基础，但是这一理论基础并不属于绘画和图像艺术范畴。因此，未来主义的绘画共性很少，也没有多少创造性，很多技法仍然是源于印象主义或新印象主义。未来主义画家热衷于在绘画和观众之间建立情感的联系，这接近于德国的表现主义，他们也吸取立体主义的绘画技巧，但是目的不在于对形式的分析，而是利用形式去激发情绪。立体主义是一种静止的几何构成，通过分解重组展示静态美，而未来主义追求运动和变化，那些令人眼花缭乱的五光十色的场景表现了艺术家对工业文明的狂热和激情（图 4-15）。

1916 年在意大利骑兵训练中意外坠马身亡的波丘尼同时也是一位雕塑家，他开创了未

---

① 引自《未来主义宣言》，Caroline Tisdall, Angelo Bozzilla. Futurism [M]. London: Thames and Hudson, 1977：7.

图 4-15　贾科莫·巴拉（Giacomo Balla）《通过望远镜观察水星凌日》（左）
来源：Caroline Tisdall, Angelo Bozzilla. Futurism [M]. London: Thames and Hudson, 1977：192.

图 4-16　空间中连续的独特形体（右）
来源：Caroline Tisdall, Angelo Bozzilla. Futurism [M]. London: Thames and Hudson, 1977：87.

来主义雕塑，用绘画的手法寻求人物或物体主题与周围环境的一体化，思考如何组织三维空间，使之可以像实体一样地完美表现。1912 年，他发表了《未来主义雕塑宣言》（Technical Manifesto of Futurist Sculpture），其中强调了对运动的表现，他认为为了使雕塑这种静止的艺术具有运动的风格，应该废除确定的线条和精细的细节刻画，要让主题进入环境当中，雕塑家有权力把雕像的形式肢解和变形，可以采用各种需要的材料来进行创作。宣称玻璃、木材、硬卡纸板、钢铁、水泥、马鬃、皮革、布料、镜子、电灯等材料都可以用于雕塑，还设想使用发动机让雕塑活动起来，虽然他没有机会实现，但是这些设想在后来的达达主义和构成主义作品中变为现实。他在雕塑中不是寻求纯粹的形式，而是寻求造型艺术的纯韵律；不是寻求物体的构成，而是寻求物体的活动的构成；不是寻求静态的雕塑，而是要创造动态的艺术；在手法上寻求平面的相互渗透以达到物体和环境的完全融合。

1913 年的《空间中连续的独特形体》（Unique Forms of Continuity in Space）是他的代表作之一（图 4-16）。作品塑造了一个模糊的人形，表现人物步行时的连续性，这个青铜人物以飘然的曲面组成，曲面的体积没有被实际的人体所限制，一些体积位于运动方向之后，像是跟不上迅速前进的运动而留在人物身后的残像，又像是出于对运动的表现而故意同时并置的不同时间片段上的人物形体。这一作品基本上是在二维平面里的运动，不涉及前进方向所确定的平面之外的空间，似乎是把绘画的人物直接转化成为浮雕。波丘尼在创作中采取了动态分析摄影的方法塑造形象，这个形象是在一定的距离上对所看到的运动中的人的形体的直观感觉。

1912 年马里内蒂发表了《未来主义文学的技术性宣言》（Technical Manifesto of Futurist Literature），提倡文学革新，认为必须毁弃句法，应当使用动词的不定式，消灭形容词，消灭副词，名词可以并列，不使用任何连接词，消灭标点符号，扫除一切陈旧僵化的形象和平淡无奇的比喻，形象不分等级，掌握形象就等于掌握一切，消除文学中的“我”等。同时还宣称在文学中要引入三要素：声响、重量和气味。他要与过去，与一切陈旧的文学形式决裂，号召在文学中大胆地表现“丑”，以此来抹杀文学的尊严，从对文字和文学的粗鲁践踏中获得语言上的些微自由。他把灵感和直觉比喻成艺术生命力所不可或缺的细菌，把博物馆比喻成色彩和线条的互相残杀，希望抛弃理智，而通过直觉克服一切困难。马里内蒂的思想中充斥着赤裸裸的批判和摒弃，狂热的追求和向往，以及不顾一切的破坏和摧毁。未来主义者的过分狂热使他们的声音逐渐从振聋发聩的斗争号角转向歇斯底里的极端叫嚣。

虽然未来主义的狂热和抛弃理智摧毁一切的态度在特定的历史时刻起到了启迪的作用，但是这种激情注定是不能长久的，抛弃一切只是一个响亮的极端的口号，在具体的实践中并不具备可操作性。同时，未来主义赖以起家的民族主义思想也是一个不稳定的偏执因素，如果走向宽泛，则容易失去最初的号召力，如果走向狭隘，则成为灾难性的起源，当未来主义对暴力和机械化的理想真正走向实现的时候，它也同步走向自身的解体。从 1913 年起，立体主义分化为左翼和右翼两派，以马里内蒂为首的右翼是主导力量，他们与法西斯政党合作，坚持反对一切传统，走极端的道路。而以阿尔多·帕拉泽斯基（Aldo Palazzeschi）和卢基尼（Lucchini）为代表的左翼未来主义者则批判民族沙文主义和军国主义，反对法西斯，认为马里内蒂盲目地拒绝过去，势必导致盲目地否定未来。1915 年，两派彻底决裂，左翼退出了未来主义阵营，结束了未来主义的兴盛时期。

未来主义艺术家们的实践几乎涵盖了所有的艺术门类，包括绘画、雕塑、诗歌、戏剧、音乐，甚至烹饪。20 世纪 10 年代，未来主义者连续发表了一系列宣言和原则，将其扩大到意识形态、文艺乃至生活的各个领域。未来主义者宣称 20 世纪初的工业、科学、交通和通信的飞速发展使物质世界的面貌和社会生活的内容发生了根本性的变化，机器、技术、速度和竞争已成为时代的主要特征。未来主义艺术家对描绘静止而单一的对象不再感兴趣，他们要表现隐喻飞速发展的社会的“运动”，未来主义建筑也不例外。未来主义对新的时空观念最大的贡献是艺术要素的并置，他们把同时发生的各种现象都放在同一件作品里，例如声、光、运动都可以进入绘画和雕塑。未来主义者对运动的崇拜也是对新时空观念的巨大贡献，他们认为物体的高速运动引起一切相关事物的运行，运动无处不在，渗透于一切，因此在艺术中不遗余力地表现运动。他们在艺术创作中通过并置运动的不同片断表现运动的做法明确地将时间因素引入作品，推动了当时的时空观念的进步。

1914 年加入未来主义的圣泰利亚是一名年轻建筑师。圣泰利亚 1888 年出生于意大利北部城市科莫，1905 年从科莫市的一所技术学校取得了建筑主营造师的文凭，随后在米兰和布雷拉学习建筑学，1912 年毕业。毕业后他回到米兰工作，并和乌戈·内比亚（Ugo Nebbia）、马里奥·基亚托内（Mario Chiattone）等人组成著名的新倾向小组（Nuove Tendenze）。

随后，圣泰利亚投向未来主义，并在 1914 年发表《未来主义建筑宣言》（Manifesto of Futurist Architecture）。他宣布要创造令人信服的新建筑体系，体现科学和技术领域的一切进步，建立完全对应现代生活的新的形式和原理，建立新的美学观。这样的建筑不会属于任何传统，它面向的是全新的世界，“我们不属于大教堂、宫殿和墩座的时代，我们属于拥有大型旅馆、火车站、宽阔的街道、巨大的港口、室内商场、有照明的廊道、笔直的道路的时代”[①]，建筑本身也必然是全新的，对应所处的特定时代。

他引述了马里内蒂 1912 年对拉斯金和英国工艺美术运动所进行的攻击，“马里内蒂反对莫里斯的乌托邦建筑思想中的过时理论，主张：世界范围的旅行、民主的精神和宗教的衰败使那些曾经用来表达皇室权力神权政体和神秘主义的大型永久性的和装饰华丽的建筑变得完

① Caroline Tisdall, Angelo Bozzilla. Futurism [M]. London: Thames and Hudson, 1977：121.

全无用……罢工的权利、法律面前人人平等、数字的权威、群氓的篡权、国际通讯的速度、卫生和舒适的习惯等，都要求有宽敞且通风良好的公寓，绝对可靠的铁路、隧道、铁桥、大型高速的轮船、巨大的会议厅，以及为每天可快速洗澡而设计的卫生间……简而言之，他正确地认识到一个新的致力于大规模和高度流动的社会的文化背景正不可避免地到来……现代的建筑像巨大的机器，电梯再也不用像孤独的虫子一样躲藏在电梯井里，楼梯现在已变得无用，必须废除，而电梯必须像玻璃和钢铁的长蛇一样在建筑正面成群起落。那些用水泥、钢铁和玻璃制造的房屋，没有雕刻和绘画装饰，只能靠线条和线脚的内在美来表现其丰富。在呆板的简洁中，它们显得特别粗野，需要多大就多大，而不是仅仅服从于分区规范。这类房屋必然会出现在混乱无序的空间的边缘；街道也不再会像擦鞋的棕垫一样，只把自己铺在门槛之前，而会深入到几层以下的地层内，用金属人行道及高速运输线把大都市中频繁的交通和必要的转换连接成一体。”①

图 4-17　米兰中心车站
来源：Caroline Tisdall, Angelo Bozzilla. Futurism [M]. London: Thames and Hudson, 1977：120.

1914 年圣泰利亚开始把建筑放在城市结构中进行研究。例如 1914 年对米兰中心车站（Station for Trains and Airplanes）的研究，车站是架空的，以便汽车能从下面通过，不因为其巨大体量的存在而切断城市交通，夸张的车道明确表现了未来主义对汽车和速度的偏爱（图 4-17）。随后的研究就倾向于建筑本身在城市肌理中的存在和适应。圣泰利亚认为：“建筑必须从喧嚣的深渊的边缘升起，街道本身也不再像擦鞋垫一样简单地铺在那里，而是深深地埋入地下，通过狭窄的金属人行道和高速传送带与大城市的交通连接在一起。我们必须开发屋顶，利用地下室，挖出我们的街道和广场，把城市的平面抬高，重新安排地表，让它适应我们的需要和爱好。”②这和勒·柯布西耶的光辉城市的观念非常相近，未来主义对城市和运动的偏爱想必对他颇有影响。1914 年的有室外电梯、风雨廊商业街、风雨廊人行道、三层街道平面、灯塔和无线电报的复合公寓（La Città Nuova: Apartment Complex with External Elevators, Galleria, Covered Passageway, with Three Street Levels, Light Beacons and Wireless Telegraph）是圣泰利亚的研究中最成熟的作品之一，这一冗长的名字来自他在草图下的注释。建筑外部的街道分为三层，分别供城市交通、私人汽车和行人使用，建筑没有传统的集中入口，而是代之以复杂雄伟的孔洞体系，道路从孔洞中穿过，人们可以自由地经由孔洞进入建筑，体现了建筑和城市的紧密结合，道路对建筑的穿越同时还体现了未来主义对机器和运动的关注（图 4-18）。圣泰利亚其他的作品也大多具有宏伟的外观、城市交通对建筑的穿越等特征，例

① [美] 肯尼斯·弗兰普敦. 现代建筑：一部批判的历史 [M]. 张钦楠等译. 北京：生活·读书·新知三联书店，2004：88。

② Sanford Kwinter. Architectures of Time：Toward a Theory of the Event in Modernist Culture [M]. Cambridge: MIT Press, 2002：89.

图 4-18 有室外电梯、风雨廊商业街、风雨廊人行道、三层街道平面、灯塔和无线电报的复合公寓
来源：Sigfried Giedion. Space, Time and Architecture: The Growth of a New Tradition [M].5th editon. Cambridge: Harvard University Press, 1969：321.

如1914年的现代都市中的建筑物和平台以及对体量的研究等，其中通过城市交通对建筑的穿越打破了传统建筑只重视城市街道两侧的立面的做法，建筑给人们的印象不再仅仅是静止的立面，人们可以穿越建筑，在不同的时间观察到建筑的不同部分，并可以从不同入口自由进出建筑。圣泰利亚的设计只是使人们可以按照城市交通路线穿越建筑，没有像格罗皮乌斯的德绍包豪斯校舍那样真正将建筑体量分散，让人们可以在建筑中游走，感受不同时间段的不同建筑体验。但是他毕竟在20世纪10年代就在这方面有所突破，向新建筑时空观念迈出了先驱性的第一步。

1915年7月，圣泰利亚和一些其他未来派成员应征加入了伦巴第志愿军，开始了为法西斯服务的军事生涯，1916年阵亡。这场战争终结了多个向法西斯主义靠拢的未来主义艺术家的生命，也终结了未来主义的繁荣时期。

4.2.5 构成主义

构成主义产生之前，雕塑一直都是使用将原始体量切削或者通过不断增加材料堆塑的手法完成作品，这样一来，雕塑就成为体量的艺术，而空间则是附属品。毕加索的立体主义雕塑作品一开始也还是以体量为基础的，随后，他用各种材料的构成制作雕塑，虽然作品还比较粗糙，但是已经把雕塑由体量的艺术转变为空间的艺术。立体主义雕塑家阿尔西品科的雕塑探索了空间的连通和流动，不过仍然是用传统的手法塑造以空间为中心的造型。1912年未来主义雕塑家波丘尼在《未来主义雕塑宣言》中主张使用非传统的材料来适应构成雕塑的新手法。然而在强大的传统雕塑手法影响之下，他们都没有抛弃切削和堆塑的创作手法，也没有抛弃表现主题的雕塑手法。雕塑的抽象构成是在俄国首先获得成功的。

俄国构成主义的奠基者是弗拉基米尔·塔特林（Vladimir Tatlin）。塔特林1885年出生于莫斯科，1909年考入莫斯科绘画、建筑和雕塑学校，一年后退学。1913年塔特林访问巴黎时拜访了毕加索，毕加索的立体主义拼贴画给他留下了极深刻的印象。回到俄国之后，他用木料、金属、纸板制作雕塑，表面敷设石膏、釉面和碎玻璃，这是雕塑史上第一批完全抽象的雕塑作品，他把它们称作“绘画浮雕”（Pictorial Relief）。虽然构成主义一词是在瑙姆·伽勃（Naum Gabo）和安托万·佩夫斯纳（Antoine Pevsner）兄弟1920年所发表的《现实主义宣言》（Realistic Manifesto）中才出现的，但实际上构成主义艺术1913年就随着塔特林的“绘画浮雕”在俄国产生了。

构成主义艺术最初受立体主义和未来主义影响，反对用艺术来模仿其他事物，力图切断艺术与自然现象的一切联系，创造出一个纯粹的或者说绝对的形式艺术。构成主义大致可分为两派，一是以塔特林和亚历山大·罗琴科（Alexander Rodchenko）为代表，主张艺术走实用的道路并为政治服务，一是以伽勃和佩夫斯纳为代表，强调艺术的自由与独立，追求艺术形式的纯粹性，1917 年俄国革命后他们聚集在莫斯科，1920 年由于观念分歧而分道扬镳。

塔特林的“绘画浮雕”虽然是从毕加索那里得到启发的，但是他比毕加索更进一步，毕加索的实物材料拼贴的作品并不彻底排斥具象，它们仍在分解形式之后加以重组，具备一定的具象性，而塔特林的构成主义作品则彻底抛弃了客观物象，完全以抽象形式出现，他首先考虑的是空间。后来他甚至把它们吊起来，离开地面，不要基座，以此来表示和传统的彻底对立。其中每种材料都清晰地显示着各自的质感，但是都以无形象的单纯形式出现，绘画浮雕的构成要素就是这些所谓的“在真实空间中的真实材料”。它们的组合产生着节奏和意义，构成了一个与客观自然毫无关系的抽象艺术世界，塔特林用这种全新手法创造出空间和形体的新秩序。

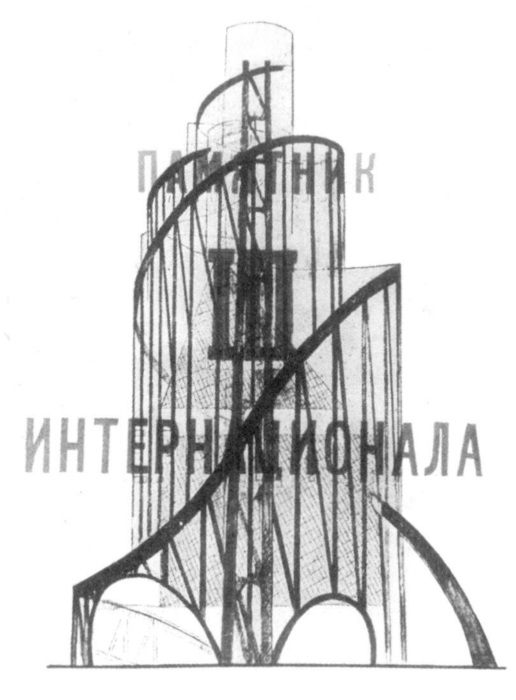

图 4-19　第三国际纪念碑立面图
来源：John Milner. Vlandimir Tatlin and the Russian Avant-Garde [M]. New Haven: Yale University Press, 1983：152.

随后，塔特林将主要精力放在雕塑和建筑上。他把结构作为建筑设计的起点，采用理性的结构表达方式，探索表现的单纯性和抽象的单纯结构。他设计的《第三国际纪念碑》（Monument to the Third International）既是雕塑也是建筑，是构成主义的代表作品（图 4-19）。这座塔设计高 400m，是一个用钢建造的空间结构，螺旋形式的钢架里，依次悬挂着三个玻璃几何体，一个立方体，一个圆柱体和一个圆锥体，包括国际会议中心、无线电台和通信中心等功能。塔的结构是由两个空间螺旋钢架组成，它们都与斜交的悬挑梁相连。按照设计要求，钢架内部的每一个几何体都可以围绕自己的轴架旋转，立方体每年一周，圆柱体每月一周，而圆锥体每天就转一周。《第三国际纪念碑》同时作为雕塑作品和建筑作品表现了构成主义关于空间构成和运动的观念。

叶列阿孔尔·李西茨基（Eleazar Lissitzky）主张艺术要适应社会在实用性和思想上的需要，他的抽象构成绘画包含着丰富的文学性和象征性内涵，其中一些明显具有政治宣传的色彩。他创造出一种独特的抽象画图式，即所谓的“普朗恩”（Proun），该词是俄语的缩写，意思是“为了新艺术”。李西茨基将其解释为“一种绘画与建筑之间的中介”，其中的形体具有某种建筑特性。画面上的具有体积感的几何形体，似乎漂浮在某种虚幻空间中，显得毫无重量，以几何形体精心组构出带有三维错觉的空间形体结构。

罗琴科属于追求艺术的实用性及功利性价值的构成主义者，他采用木头、金属等材料，制作了一些立体构成的作品，其中有些是活动的雕塑。例如 1920 年的《悬吊的构成 12 号》（Oval Hanging Construction No. 12）是以许多大小不一的圆环交插组合而成，并悬挂起来，这些交错的圆环在视觉上富于动感，而且还会随着气流真正地转动，这是最早把实际运动引入雕塑的构成主义作品之一（图 4-20）。

伽勃本名瑙姆·佩夫斯纳，后来为了和哥哥安托万·佩夫斯纳区别而改名。他和哥哥佩夫斯纳十月革命期间回到俄国，一度与马列维奇、塔特林等人一起在莫斯科美术学院任教，由于受到塔特林等人的影响，他们兄弟也开始赞成艺术应该服务于社会的思想，认为艺术应具有实际的意义，并加入了构成主义运动。伽勃最初的作品和立体主义很类似，但是他不像毕加索那样探索空间的流动，也不像立体主义那样通过一系列剖面形式展现运动，他主要研

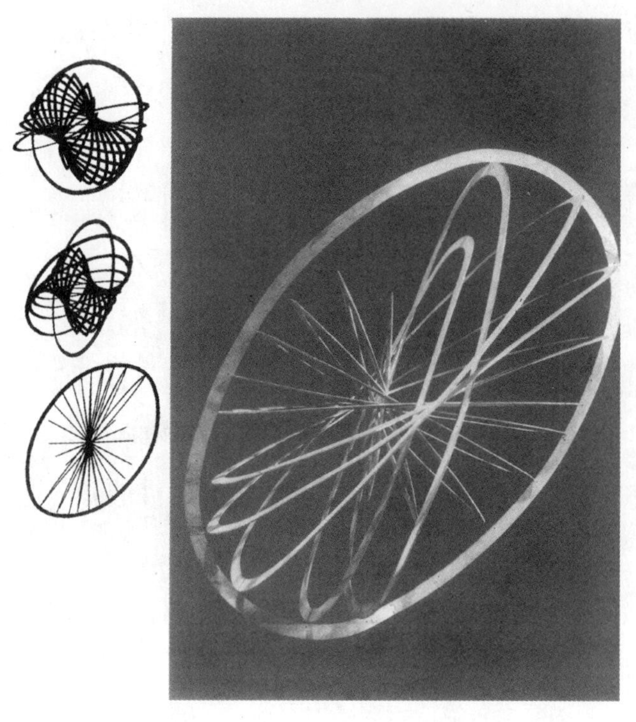
图 4-20　悬吊的构成 12 号
来源：John Milner. Vlandimir Tatlin and the Russian Avant-Garde [M]. New Haven: Yale University Press, 1983：187.

究的是展现雕塑的内部空间。伽勃认为当时的雕塑家仍然热衷于实体，使用切削和堆塑的手法进行创作，得到的是物体的体量，而他要使用的是构成的手法，描述因物体的存在而产生的可视空间。他认为空间是一种绝对的雕塑元素，应该从封闭的体积中释放出来。1917 年回到俄国后，伽勃开始创作和建筑一样的结构，探索对空间的表现。

1920 年，在莫斯科的林荫大道露天音乐厅展览的开幕式上宣布了伽勃所写的《现实主义宣言》，其中只有五条精炼的条款：①色彩是偶然的、表面的；②线的价值在于线是静力的方向；③体积的深度是仅有的描绘与塑造空间的形式；④雕塑的实体等于平面构成的同样体积；⑤上千年的静态节奏的错觉等于动态节奏，即我们描绘的现实的基本形式。《现实主义宣言》提出艺术必须建立在时间与空间的基础上，主张以空间来扩展立体主义的追求，以运动来扩展未来主义的追求。他们认为，雕塑应当抛弃那种与体量和体积相联系的空间传统，抛弃传统的制作材料而寻求在机器时代对新材料的发掘。他们之所以将其宣言冠以“现实主义”的名称是因为在他们看来，新的艺术从独立意义上来说是现实的，除了其自身以外，不表达任何东西。“他们在抽象绘画和构成里，正在形成一个新的现实，一种柏拉图式的理想现实，或者说形成一种比任何对自然的模仿都更加绝对的形式。宣言是作为一种新的、适于打开人类历史新纪元的艺术风格所做的激烈抗争。本质是空间和时间的再生。”“只有这些形式才能把生活建立在上面。因此，艺术必然是构成的艺术。”“描绘性的线条、空间和体量应当受到斥责，一切要素都要有它们自己的现实性，时间和运动就成为他们作品的基础。”①后来，他又进一步扩充了这一宣言的内容，例如加入了关于材料的内容，认为每种材料都是优秀的和有价值的，在雕塑和技术中，材料加工的方法由材料自身决定等。

构成主义是以运动和空间为主体的艺术，反对模拟自然，提倡工业的、机械的美，主张用几何形体来构成没有表现对象的抽象艺术。尽管他们和未来主义有很多相似的地方，但是他们更进一步，认为未来主义只是对一个捕捉到的运动的一系列瞬间情景简单的画面记录，并不是运动本身的再现创造。他们主张创造一种真正的具有活动节奏的新艺术，这种新艺术不只是三维空间的，而且是四维的时空艺术，让艺术品在时间中表现运动和节奏。随后的构成主义雕塑不仅部件之间可以活动，而且还使用机械动力来主动让雕塑产生运动，创造随时间流逝而改变的雕塑艺术。

以上艺术流派的探索虽然构成了现代时空观念的基础，但是其中很少有建筑师的参与，新建筑时空观念的确立还是由建筑师来完成的。

---

①[美]H·H·阿纳森．西方现代艺术史——绘画、雕塑、建筑 [M]. 邹德侬，巴竹师，刘珽译．天津：天津人民美术出版社，1986：224。

4.3　赖特对建筑时空观的探索

4.3.1　初期探索

赖特早期的作品大多是小住宅，他针对美国住宅当时的情况大胆革新，发展出独特的"草原式住宅"。

1893 年赖特离开沙利文的事务所后第一个作品——温斯洛住宅已经具备了草原式住宅的一些特征，可以说是草原式住宅的雏形。住宅正立面舒缓，呈横向构图，背面则较为开敞而复杂，建筑门廊开敞，平面局部突出，内部装修统一，具备了初步的空间连续性。赖特的探索在新世纪到来之前已基本成形，早在 1898 年赖特工作室（Frank Lloyd Wright Studio）就设计出了用隔断或室内小品限定，不加封闭的空间，室内空间连续而统一。1898 年美国中部艺术协会选中赖特等人为《横跨密西西比博览会》（Trans-Mississippi and International Exposition）设计一幢典型的美国住宅，由此引发了赖特对美国当时住宅状况的思考，他认为当时大量兴建的住宅并不适合中西部的环境。20 世纪初期，美国住宅建筑还沉溺于维多利亚式的传统中，新兴的中产阶级以仿效欧洲贵族气派为荣，他们的住宅充斥着仿自欧洲的形式和做法，其中高耸的都铎式烟囱、老虎窗、尖山墙、凸肚窗等被赖特嘲讽成是"美国初期的婚宴蛋糕、英国人的装腔作势和法国人的帽子"[①]。赖特认为美国中西部草原上真正的美国人住宅应该朴素单纯，表现时代和地点，适于生活需要。

赖特对传统住宅进行大胆的革新，创造全新的草原式住宅。首先是去掉舶来的装饰、虚假的高度和潮湿的地下室，随后去掉成排的假烟囱，用真正的壁炉烟囱作为住宅外部最明显的竖向构图元素，立面构图强调水平伸展，突出住宅与地面的平行面，使整座房屋尽量贴近地面。为此他用高度达到 2 层窗台标高的墙面和上部的连续窗带增强了水平感，屋顶坡度也从高耸变为平缓，用深远出檐下的浓重阴影加强水平方向的表达。建筑外观尽量使用单一材料，消除老式住宅的繁琐细碎。草原式住宅最为重要的贡献是对空间的处理，赖特希望住宅能促进家庭成员的和睦与交流，他把壁炉作为住宅室内设计的中心，为家庭成员提供一个聚集的中心，把各个独立的房间打通形成贯通一体的空间。他不但希望室内空间流通，还希望建筑内外空间可以沟通，使住宅不至成为与外界隔绝的场所，打破了建筑对外界封闭的传统观念，走向室内外空间的相互贯通渗透的新建筑时空观念。

1901 年，《女性家庭杂志》（Ladie's Home Journal）刊登赖特设计的取名为"草原城镇之家"（A Home in a Prairie Town）的设计图纸（图 4-21）。这是一个十字形平面的建筑，起居室高两层，上层有围廊，整个内部空间上下前后联通。外形是典型的草原式住宅风格，外观低矮，建筑呈水平方向伸展，檐下有连续的水平窗带，以壁炉的烟囱为竖向构图中心，内部为彩色砂浆和本色木装修。十字形平面向四个方向延伸，使住宅与外部景观建立更紧密的联系，打破了传统住宅的空间封闭性，创造出更灵活、更自由的建筑空间。

---

① 项秉仁．赖特 [M]. 北京：中国建筑工业出版社，1992：7。

图 4-21　草原城镇之家
来源：Kathryn Smith. Frank Lloyd Wright: America's Master Architect [M]. New York: Abbeville Press, 1998：30.

图4-22　威利茨住宅
来源：Robert McCarter. Frank Lloyd Wright [M]. London: Phaidon Press, 1997：52.

4.3.2　成熟时期的草原式住宅体现的新建筑时空观念

1902 年的威利茨住宅（Willits House）是草原式住宅的典型作品（图 4-22）。平面为十字形，内部空间围绕居中的壁炉组织，按功能要求用隔断分隔，内部空间一直延伸到门廊，与外部空间交融。二层正面的角窗使屋顶看起来好像是没有支撑物支撑，产生了漂浮感。这座建筑已经是成熟的草原式住宅，表现出明确的空间连续性。

1904 年的马丁住宅进一步发挥了空间的内外连续性，马丁住宅的空间不是由墙体而是由每个空间四角的柱墩来界定，这样墙就得到了解放，完全成为界定空间的隔断，空间也可以更为自由地穿插组织，整座建筑成为不同功能的空间相互穿插结合的结果。由于马丁住宅规模较大，赖特在这里作了充分的发挥，形成了层次极为丰富的空间效果，外观也非常舒缓平和。马丁住宅的各个尽端大多是开放的，尽管外观上还有沉重的墙柱，但已经做到了内部空间的流动和室内外空间的交融（图 4-23）。1908 年的罗伯特住宅（Roberts House）规模并不大，

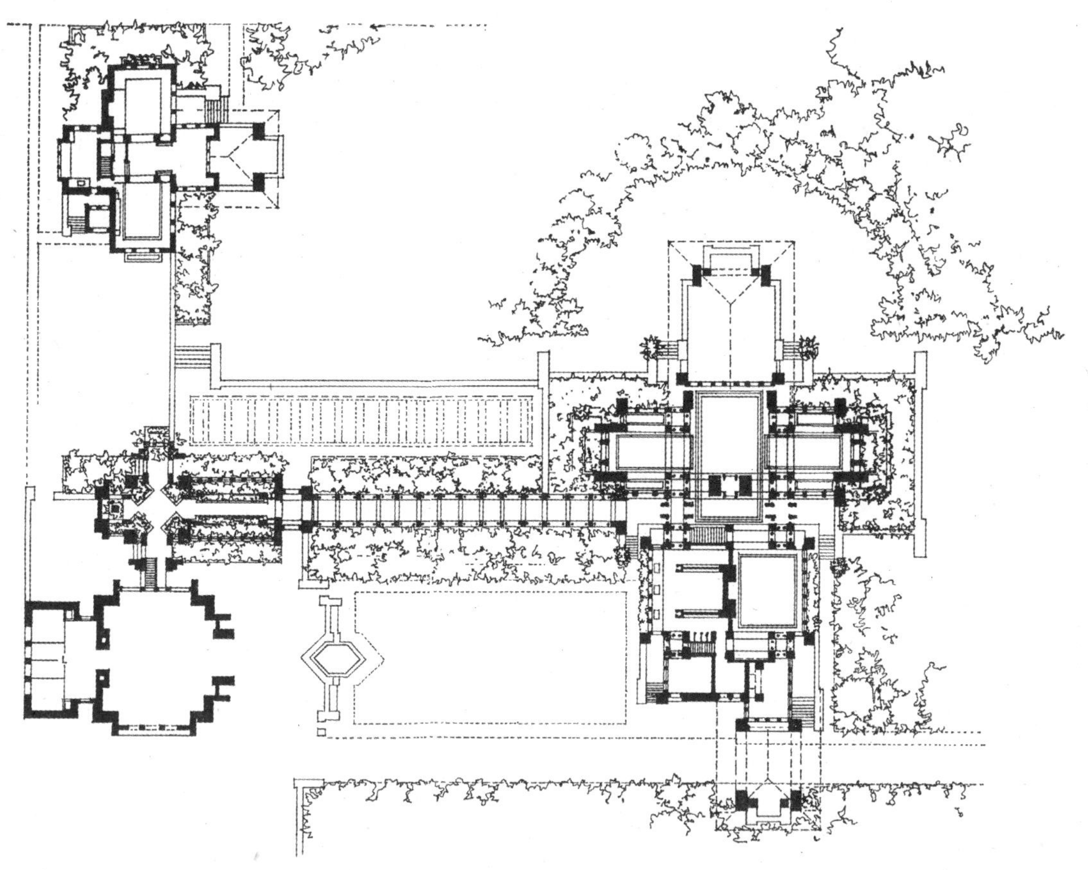

图 4-23　马丁住宅平面图
来源：Nikolaus Pevsner. The Sources of Modern Architecture and Design [M]. London: Thames and Hudson, 1968：184-185.

它的起居室是整个建筑的核心，一侧是餐厅，一侧是门廊，住宅的其他部分位于它们的后部，起居室部分高 2 层，二层的夹层有一条走廊，这样餐厅、二层过廊、起居室和门廊组成一组立体的连续空间，在水平和垂直方向上都实现了空间的流动。

1909 年的罗比住宅（Robie House）位于城市内，是草原式住宅的代表作（图 4-24）。从平面上看，这个别墅是由两个错开的长方形叠放在一起组成的，以长方形的长边相接。后部略小的长方形一层布置车库和入口，二层是仆人的房间、厨房和客房，较大的长方形是该建筑的主体，平面围绕楼梯和壁炉布置，半地下室布置儿童室和活动室，一层是起居室和主卧室。罗比住宅的入口位于背面，这样沿街立面就具有完整的水平线条，形象非常舒展。由于前后有半层的高差，从正面看上去建筑的一部分是架空的，还有一部分由于上层的挑出而处于深深的阴影中，看起来也仿佛是悬空的一般，使人产生具有动势的错觉，而高耸的壁炉烟囱又提供了坚定的稳固感。赖特在这座建筑中自如地组织空间，在水平和垂直方向都实现了空间的连通和流动，墙体分隔了不同的功能部分而又不加阻断，隔墙不但与两侧的外墙相交，有的在高度上也不到屋顶，因此完全没有实墙的厚重感，反而像是可以随意移动的屏风。赖特通过罗比住宅的建筑表达了和立体主义相似的空间概念，对此，文森特 · 斯库利认为："罗比住宅的起居空间打破了传统的盒子，制造了翼端。传统的实体被分散为组件，并用空间中连续运动的图式重新排列……这样一来，分散这一我们在现代时代开始找到的基本原理得到精确的正式定义，并和连续性统一在一起，欧洲当代的立体主义绘画也是如此。"①

① Vincent Scully Jr. Modern Architecture: The Architecture of Democracy [M]. London: Prentice-Hall International, New York: George Braziller, 1961：21-22.

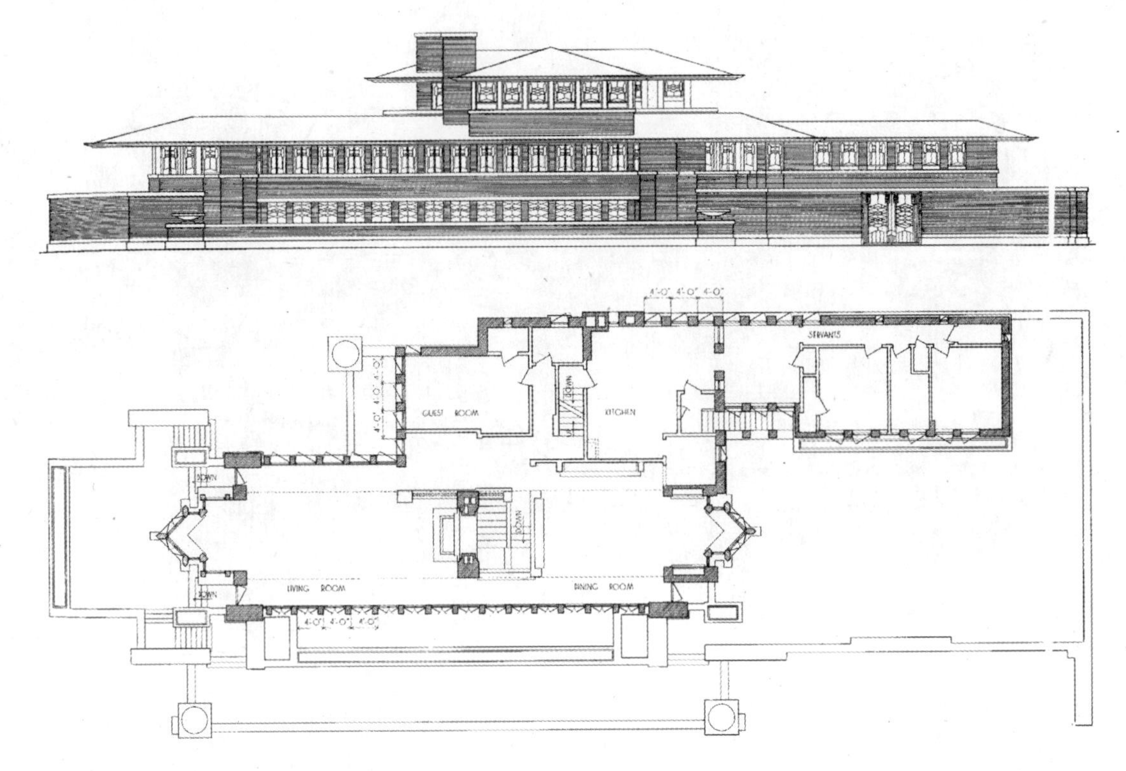

图 4-24 罗比住宅南立面与首层平面
来源：Werner Blaser. Stone Pioneer Architecture: Masterpieces of the Last 100 Years [M]. Zürich: Waser Verlag, 1996：69.

赖特的建筑时空观念不仅表现于他的住宅作品中，也表现于其他类型的建筑作品中，他在这一时期的公共建筑作品等也表现出了同样的空间品质，这表明赖特已经形成了系统完整的时空观念并有意识地加以运用，艺术史上，建筑一向由于其实用性的限制而处于其他艺术门类之后，赖特却与立体主义绘画同时甚至更早就在建筑中实践了新的时空观念。

4.3.3 赖特首创的现代主义建筑时空观念

国际建筑师协会 1977 年在利马通过了《马丘比丘宪章》(The Charter of Machu Picchu)，称“空间连续性是弗兰克·劳埃德·赖特的重大贡献，相当于动态立体派的时空概念”①。赖特早在 20 世纪初的草原住宅时期就形成了现代主义建筑时空观念，随后又经过进一步发展，提出了有机建筑的观念。在空间观念上主张建筑的内部空间是建筑的主体，认为这种体现了内部空间是建筑主体的有机建筑具有整体意义，房屋内部的空间在整体建筑中显示出来，不再有单纯的外部和内部，外部可以进入内部，内部也可以向外部发展，建筑室内室外统一。

早在草原式住宅时代，赖特就敏锐地发现了现代建筑的发展方向，首先打破了封闭的建筑空间，最先使用角窗来打破连续墙体对空间的封闭感，还使用开放的平面来创造空间的流动感，创造出流动的室内外空间流线。在事业走出西部草原地区之后，赖特放弃了具有地理局限性的草原式风格，认识到传统材料和构造方法的局限性，转而通过使用钢筋混凝土和玻璃等现代材料继续创造流动的空间效果。如他在 1930 年普林斯顿大学康恩讲座上发表的题为《工业中的风格》(Style in Industry) 的演讲中所宣称：“玻璃现在具有完美的可见度，它相当于薄层的、结晶的空气，把气流阻挡于室内或室外，玻璃表面也可以任意调节，使视觉能穿透到任何需要的深度，直至完美的境地，传统从未给我们留下使这种材料成为一种实现

① 引自《马丘比丘宪章》. 许溶烈主编 . 建筑师学术、职业、信息手册 [M]. 郑州：河南科学技术出版社，1993：741。

完美的可见度的手段的任何指令，因之，水晶般的玻璃还没有能像在诗歌中那样，进入建筑艺术的领域。任何其他材料所具有的色彩与质感，在永久性面前都要贬值。古代建筑师用阴影作为自己的‘画刷’。让现代建筑师用光线，散射的光线、反射的光线、为光线而光线、阴影的伴随等来进行创作吧。是机器使玻璃取得新机会成为现代的手段。”[①]大量使用玻璃的建筑可以摆脱草原式住宅时代比较厚重的外观，更好地表现现代主义建筑时空观念。

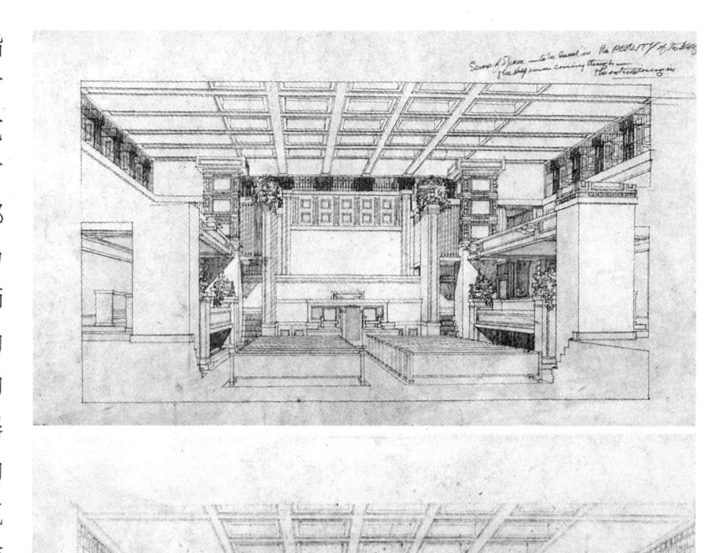

图 4-25　联合教堂
来源：Robert McCarter. Frank Lloyd Wright: Unity Temple [M]. London: Phaidon Press, 1999：8.

赖特创造了独特的“有机建筑”(Organic Architecture)，新的建筑时空观念是其中的重要组成部分。他说：“我很早就在我的设计生涯中感受到这种要求……统一教堂是我第一次意识到这一点，一座建筑的本体性并不存在于墙体或屋顶上……空间不是被墙体限定，而是更自由地呈现出来。在统一教堂中，你可以看到墙体实际上是消失了的，你可以看到室内空间向外开放，室外空间同样向内渗入。你可以看到室内空间的聚集、展现，无比自由，联结各种功能而不是被墙体围合起来。看，现在你可以不通过盒子空间的观念就能围合各种不同的功能，并通过室内空间去组织它们。但更重要的是，遮蔽物的概念得到了延伸，越过头顶，提供各户独立的庇护的感觉，同时又将人们的视野延伸到墙体以外……如果在一座建筑里，你既能感受到来自头顶的保护，还能感受室内空间与室外空间的自由流动，那么你就看到了使室内空间成功的一个重要秘密。”[②]这就是赖特对建筑空间的理解，而现代结构与透明的玻璃给了他创造的工具，两者相得益彰（图 4-25）。

赖特一次接受采访时，被问及能不能谈谈他对建筑的革新，他称：“首先是新的空间观。空间是建筑的实体，然后是这种空间观的外部表达，差不多就是后来我所称的流线。通过我的努力，流线这个词进入当时的语言。然后是开敞平面……外部的逐步进入内部，内部的逐步走向外部。……角窗也是我的创新……当摧毁方盒子的行动得到理解后，角窗就自然产生了。光线射进了过去从未进入的地方，视线可以看出去。你们有了作为隔断的墙而不是形成盒子的墙。作为‘墙’的墙消失了，作为‘盒子’的盒子消失了。角窗作为一种特色而问世，但我打算做的绝不止这些。空间的解放不能仅仅限于窗户而是整个结构意义的释放，一个在建筑物构思方面的巨大改变。”[③]这段话充分总结了他对现代主义建筑时空观念的贡献。

---

① [美] 肯尼斯·弗兰普敦 . 现代建筑：一部批判的历史 [M]. 张钦楠等译 . 北京：生活·读书·新知三联书店，2004：205。
② [美] 弗兰克·劳埃德·赖特 . 赖特论美国建筑 [M]. 姜涌，李振涛译 . 北京：中国建筑工业出版社，2010：77-78。
③ 见唐斯对赖特的采访。项秉仁 . 赖特 [M]. 北京：中国建筑工业出版社，1992：180。

4.4 欧洲建筑师对建筑时空观的探索

4.4.1 世纪之交前后的探索

玻璃的透明特性造就的空间连通性随着玻璃的使用早已在欧洲出现，1851年的水晶宫就是典型的例子；部分新建筑类型出于功能需要早已具有不加阻隔的完整的室内空间，例如1889年巴黎博览会机械馆。但是，当时的建筑师还没有现代时空观念的概念，他们看到了标准化、轻捷的立面、净化装饰、钢铁在建筑结构中的潜力、功能需要等，却没有意识到这些新建筑对推翻传统建筑时空观念所具有的意义。19世纪的欧洲建筑师还没有直接探索新建筑时空观念的可能性，即使设计出一些连通的空间，也大多只是出于功能需要或者无意识的行为。直到世纪之交前后才有一部分建筑师主动设计出连通的空间，不过他们仍然没有直接的理论指导，而是凭借非凡的艺术天分创造出连续的空间效果。

比利时建筑师维克托·奥太（Victor Horta）设计的奥太自宅（Maison Horta）是典型的新艺术风格建筑，从外观到细部都充满了自由曲线的铁艺装饰，其室内空间也有着同样的流畅灵动之处（图4-26）。奥太自宅大部分都按照传统方式用实墙分隔空间，彼此之间没有联系，但是以建筑前部的第一沙龙为核心的一组空间却由一座四跑楼梯连接在一起，这座楼梯没有设置在封闭的楼梯间内，而是直接位于沙龙后部，沙龙位于二层，上部是通高的，以透明的筒形屋顶采光。不过奥太虽然没有用楼板把上下两层分开，但是他在这一两层高的空间四周设计了墙壁，没有把空间直接开放，加之建筑其他部分均设置了隔墙，说明他并没有有意识地创造连续空间。不过他意识到这样一个空间显得比较封闭，于是他在三层的墙上开了一些形式不规则的洞，而三层下一间房间的墙也同样处理，加之最后一面墙上安装的镜子，形成重重叠影，仿佛存在大量连通的空间，效果奇异而新颖。奥太的这一做法并非孤例，早在1893年的布鲁塞尔塔塞尔住宅（Tassel House）中就有类似的处理，在那座住宅中奥太同样没有完全分割弧线屋顶下的空间，但是他用一道约2m高的屏风墙把空间分开，没有使空间完全连续（图4-27）。因此尽管奥太设计了一些连通空间的萌芽，但是他并非有意追求空间的连续性。

图4-26 奥太自宅室内
来源：Junichi Hshimomura. Art Nouveau Architecture: Residential Masterpieces 1892-1911 [M]. London: Academy Editions, 1990：79.

西班牙建筑师高迪的作品形式多样，充满塑性，他也曾设计过一些简单连通的空间。例如他在1898年设计的古埃尔教堂（Colonia Guell Chapel）入口前故意设计出一些本非必

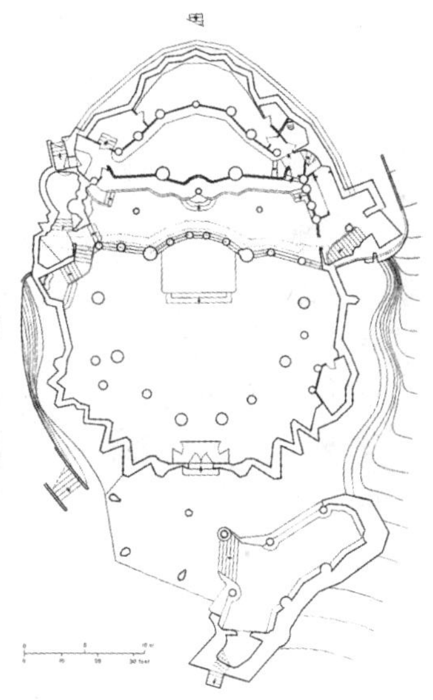

图 4-27 塔塞尔住宅室内（左）
来源：Frank Russell Ed. Art Nouveau Architecture [M]. London: Academy Editions, 1983：80.

图 4-28 古埃尔教堂通廊（中）
来源：James Johnson Sweeney, Josep Lluís Sert. Antoni Gaudí [M]. London: The Architectural Press, 1960：79.

图 4-29 古埃尔教堂平面图（右）
来源：James Johnson Sweeney, Josep Lluís Sert. Antoni Gaudí [M]. London: The Architectural Press, 1960：83.

要的通廊供人们穿越，这样一来，建筑外部的空间就被划分成了不同部分，又并非完全分隔，可以通过连廊连接，创造出丰富的空间层次和初步的空间连续性（图 4-28、图 4-29）。高迪的设计同样并非要故意创造连通的空间，也并未从空间观念出发进行设计。

荷兰的风格派运动实际只是一些荷兰画家、设计师和建筑师的松散团体，他们希望创造出代表时代的新建筑形式。风格派将形式特征完全去除，只保留最基本的几何形体，再将它们进行组合，运用直角几何结构和基本原色等，如皮特·蒙德里安（Piet Mondrian）的绘画在平面上排布垂直和水平的线条，形成正方和长方形，并在其中平涂红、蓝、黄三原色及黑、白、灰色，来达到艺术上的净化，风格派雕塑则强调线条和面的空间关系。由于风格派强调打破立方体，使部分“面”脱离立方体的表面，这种做法打破了立方体的封闭空间，在脱离主体的面和主体之间创造了另一种空间，这一点在风格派的建筑设计中得到明显的体现。风格派建筑师赫里特·里特韦尔（Gerrit Rietveld）1924 年设计的施罗德住宅（Schröder House）是风格派建筑的代表作品，这座建筑大体上是一个立方体，里特韦尔在立方体体块之外设置了一些墙板，或是阳台，或是屋顶，或是装饰性的墙面，完全打破了立方体的呆板，创造出丰富多变的空间，由于很多墙面借鉴了风格派雕塑的做法，似乎是一部分“面”从立方体上脱离开来，向外推出，后面的门窗就像是板块离开之后留下的空洞，室内外空间就这样贯通在一起；里特韦尔设计的室内空间也部分取消了隔墙，空间连续而流动（图 4-30）。虽然他的本意并非是从空间入手进行设计，做法也不够彻底，但是毕竟产生了符合现代主义建筑时空观念的结果，对后来的建筑具有一定的影响。

类似的例子还有很多，这一时期的很多建筑师都曾有意无意地创造过一些连续的空间，但是他们或者只停留在空间连续的初级阶段，或者只是在建筑局部设计一些连通空间，均未主动在整座建筑中有意识地采用空间连续性原则进行设计，也没有上升到理论高度进行总结分析，仍然处于探索新建筑时空观念的初级阶段。

4.4.2 贝伦斯和他的学生们

1909 年，贝伦斯设计了 AEG 透平机车间，包括一个车间和附属建筑部分，作为工厂车间，建筑需要采光充足的大空间，贝伦斯设计了大跨度三铰拱结构屋顶，以避免使用中柱，山墙

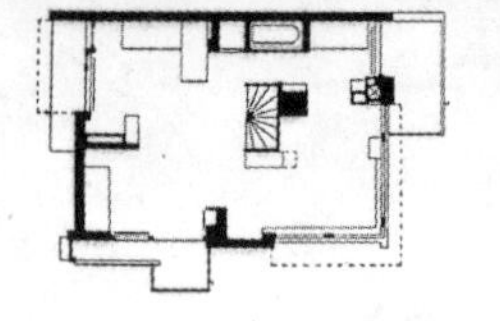

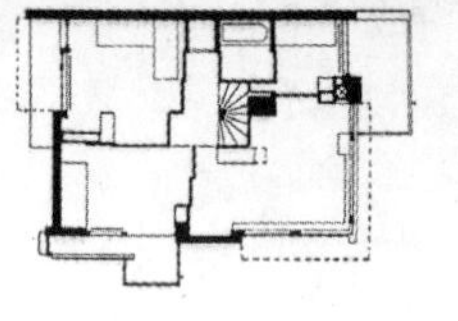

图 4-30　施罗德住宅室内及平面图
来源：Sabine Thiel-Siling. Icons of the 20th Century Architecture [M]. Munich: Prestel, 1998：45.

图 4-31　玻璃馆外观
来源：Russell Ferguson. At The End Of The Century: One Hundred Years Of Architecture [M]. New York: Harry N. Abrams, 1998：119.

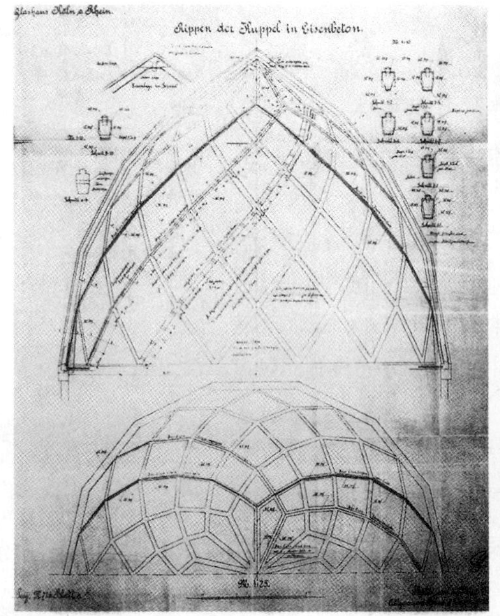

图 4-32　玻璃馆细部设计
来源：Christian Schittich, Gerald Staib. Glass Construction Manual [M]. Basel：Birkhäuser，1999：29.

图 4-33　玻璃馆室内
来源：Russell Ferguson. At The End Of The Century: One Hundred Years Of Architecture [M]. New York: Harry N. Abrams, 1998：119.

轮廓直接表现了结构使用的三铰拱的形式，柱墩之间全部开直到顶棚的大面积玻璃窗。这座建筑虽然成为新建筑的开山之作，但是贝伦斯仍然拘于传统观念，转角处使用了厚重的砖石墙体，没有达到彻底的现代性，不过柱墩之间的大面积玻璃窗已经接近于玻璃幕墙，成为随后格罗皮乌斯的探索的先驱。尽管有了这一个成功的先例，但是大部分欧洲建筑师并没有意识到这一点，例如陶特为 1914 年德意志制造联盟科隆展览设计了一座全玻璃建筑，但是他却使用了不透明的玻璃砖，虽然视觉效果相当璀璨，但是在空间意义上和砖石墙体并没有区别（图 4-31 ～图 4-34）。欧洲建筑界对现代主义建筑时空观念的认识主要源于三位欧洲现代主义建筑大师的探索。

图 4-34　玻璃馆楼梯（左）
来源：Christian Schittich, Gerald Staib. Glass Construction Manual [M]. Basel：Birkhäuser，1999：29.

图 4-35　法古斯制鞋工厂（右）
来源：Sabine Thiel-Siling. Icons of the 20th Century Architecture [M]. Munich: Prestel，1998：32.

格罗皮乌斯 1907 ~ 1910 年追随贝伦斯，亲身经历了 AEG 透平机车间的设计，深受贝伦斯的影响。他离开贝伦斯的事务所后和阿道夫·迈耶（Adolf Meyer）合伙，把贝伦斯的探索推进了一步。1911 年格罗皮乌斯和汉内斯·迈尔设计了法古斯制鞋工厂，建筑使用框架结构，因此不需要承重墙，设计真正表现了这一特征，外墙使用大面积玻璃幕墙，柱墩间全部开通高的玻璃窗，将楼板也一并退到玻璃之后。同时转角处也使用玻璃幕墙，造型简洁透明，打破了贝伦斯没有突破的限制（图 4-35）。1914 年他们为德意志制造联盟科隆展览设计了 2 层高的模范工厂，虽然建筑背立面使用了大面积实墙，但是其正立面的第二层使用了整面玻璃幕墙，与两个侧面的大面积玻璃幕墙直接相接。同时建筑两侧各有一个全玻璃围护的楼梯间，里面的螺旋形楼梯完全暴露，揭示出建筑内部的使用功能，由于其中没有墙体，这一整个透明玻璃盒子的效果还要甚于法古斯工厂的幕墙，极为轻捷清透（图 4-36）。格罗皮乌斯认为："建造房屋仅是解决材料和施工方法的问题，而建筑艺术则包含了掌握空间处理的艺术……新材料，钢、混凝土、玻璃取代了传统材料，它们的刚度和分子密度都提供了建造大跨度和几乎是透明的建筑物的可能性……新结构技术的杰出成果之一，就是取消了墙的独立功能作用。现在不是把墙用来承重，新的结构形式将构架的全部荷载传递到钢或混凝土的骨架上去，墙的作用就缩减到只是填在骨架之间的屏幕……玻璃在建筑上占有越来越重要的地位。玻璃那种明澈的无体积感，它那在墙面和墙面之间像无重力的空气那样浮动的效果……法古斯制鞋工厂和德意志制造联盟科隆展览模范工厂已经显示出我后来作品的主要特征。"① 钢筋混凝土框架结构和玻璃幕墙围护结构的组合创造了视线通透的视觉效果和内外连续的空间感觉，体现了新建筑时空观念。

格罗皮乌斯设计的德绍的包豪斯新校舍包括教学楼、生活楼和职业学校三部分，有礼堂、餐厅、健身房、教室、高年级学生宿舍和车间，楼顶上还有屋顶花园，总建筑面积近 1 万 m^2。新校舍教学楼是 4 层的钢筋混凝土框架结构，上三层使用全玻璃幕墙，教室室内均为大空间；教学楼后面是宿舍楼；教学楼对面是职业学校，其间相隔一条道路，道路上方的二层过街楼是办公室和教员室；宿舍楼和职业学校都是砖和钢筋混凝土混合结构。教学楼的大面积玻璃外墙促进了室内外空间的连通，而不对称的构图和多体量的布置还有更重要的意义，

① [德] 沃尔特·格罗皮乌斯 . 新建筑与包豪斯 [M]. 张似赞译 . 北京：中国建筑工业出版社，1978：2-13。

图 4-36 科隆展览模范工厂楼梯（左）
来源：Gillian Naylor. The Bauhaus Reassessed: Sources and Design Theory [M]. London: Herbert Press, 1985：51.

图 4-37 德绍包豪斯新校舍鸟瞰（右）
来源：贡布里希 . 艺术的故事 [M]. 范景中译 . 北京：生活 · 读书 · 新知三联书店，1999：560。

新校舍的几个部分之间不是完全连在一起的，其间是室外空间，这样一来，整个建筑就不是单一的只能环绕的体量，而是可以进入的分散体量，人们在进入校舍的运动过程中体验建筑，而不是在建筑之外就得到关于建筑的完整印象，时间因素被引入建筑，建筑成为四维的艺术（图 4-37）。这座建筑完全体现了现代主义建筑时空观念，可以说，现代主义建筑时空观念至此已经完全形成，只待完备和推广。

勒 · 柯布西耶不仅是建筑师，同时还是一位纯粹主义画家，纯粹主义是立体主义的变体之一，主要人物有勒 · 柯布西耶和阿梅德 · 奥占芳（Amedee Ozenfant）。从 1907 年起勒 · 柯布西耶多次在欧洲旅行考察，接触到佩雷、霍夫曼和德意志制造联盟的彼得 · 贝伦斯、格罗皮乌斯和密斯 · 凡 · 德 · 罗等人，1908 ~ 1909 年间还在奥古斯特 · 佩雷的事务所兼职，学习工程技术知识。1917 年勒 · 柯布西耶移居巴黎，重视对绘画的投入，并结识了奥占芳。奥占芳 1886 年出生于圣康坦，1915 ~ 1917 年间在和纪尧姆 · 阿波利奈（Guillaume Apollinaire）及马克斯 · 雅各布斯合办的杂志《冲》（L’ Elan）上鼓吹新艺术，介绍法国立体主义和俄国前卫艺术家的创作，描述了纯粹主义的一些原则。他的作品呈现为根据严格规则方法组织起来的纯化构图，以避免限制，充分发挥想象力，与消灭实体对象的直接抽象不同，他从真实的或可能的对象出发达到抽象，消灭事物中一切可变的和偶然性的成分，只保留下永恒的抽象因素。勒 · 柯布西耶的艺术思想也是如此，他从未放弃绘画，而是早上作画，下午从事建筑工作。“自 1918 年以来，我每天作画，从不间断。我从绘画中寻找形式的秘密和创造力，和杂技演员每天练习控制肌肉一样。如果人们以后从我作为建筑师的作品中看出什么来，他们应该将其中最深刻的品质归功于我的绘画工作。”①他在建筑中探索的新时空观念是和他的绘画以及作为纯粹主义画家的背景分不开的，他以画家的身份直接接受了立体主义对新时空观念探索的影响。

勒 · 柯布西耶对空间的解放基于框架结构承重这一技术手段的支持之上，他于 1914 年构思了“多米诺系统”，用钢筋混凝土柱承重，取消承重墙（图 4-38）。由于技术的进步，纤

① 吴焕加 . 论现代西方建筑 [M]. 北京：中国建筑工业出版社，1997：151。

细的柱子取代了将建筑封闭的承重墙，柱子和楼板构成了建筑的骨架，即使完全没有围护部分，这个骨架仍然可以成立。这样一来，墙体可以任意布置，建筑师可以随意划分室内空间，设计出室内空间连通流动、室内外空间交融的建筑作品。

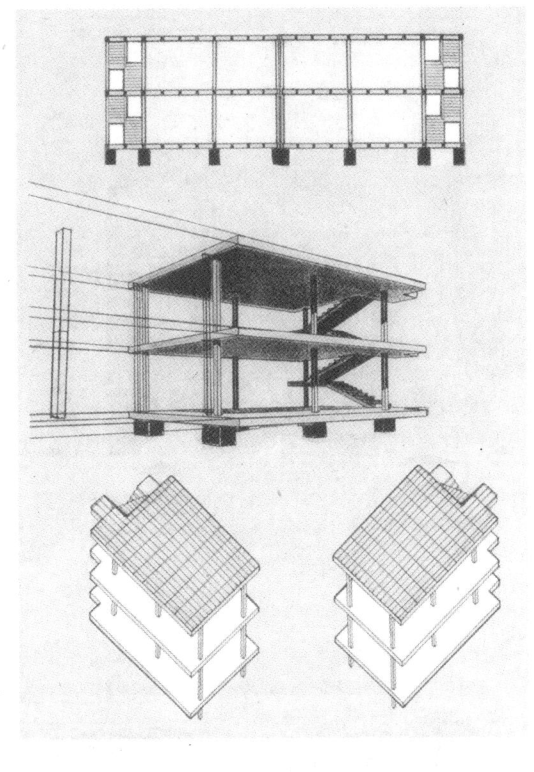

图 4-38　多米诺系统
来源：Charles Jencks. Le Corbusier and the Continual Revolution in Architecture [M]. New York: The Monacelli Press, 2000：95.

勒·柯布西耶 1920 年的雪铁龙住宅方案（Maison Citrohan，1920）开大面积玻璃窗，起居室两层通高，各主要空间之间有视线联系，创造空间连通的效果，室外空间处理局部架空，还有明显的室外楼梯通向顶层，明确地向人们表示，这座建筑不是一个封闭的体量，人们可以从架空部分穿过，或者沿着外露的楼梯走上顶层，在运动中体验建筑（图 4-39）。1922 年的另一个雪铁龙住宅方案（Maison Citrohan，1922）也具有同样的特征，不过这次的室外楼梯不是通向顶层，而是连接地面和二层平台，这一架空的大平台成为室内外空间的过渡和连接体，强调了室内外空间的一致和连续（图 4-40）。1923 年设计的罗谢—让纳雷住宅（La Roche-Jeanneret House）则首次在室内使用坡道，坡道沿着弧形外墙连接上下两层建筑，沟通上下两层空间，他认为平滑的坡道比逐级上升的楼梯更能强调空间的连续性，所以在之后的设计中经常使用这一元素。

现代主义建筑时空观念是勒·柯布西耶建筑观念的重要组成部分，他认为建筑空间是一个通过和穿越的体验过程，人四处走动并变换位置，在一连串的建筑现实之间移动，体验通过运动的秩序所得到的强烈感受。勒·柯布西耶对之前的空间设计进行反思，提出了“漫步建筑”，即“一个穿行并环绕建筑空间体量的通途，其目的是为了提供一种美学体验。这种

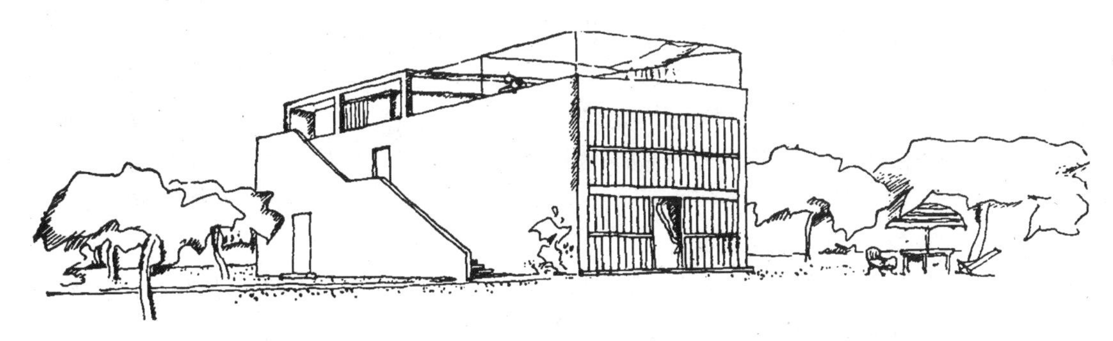

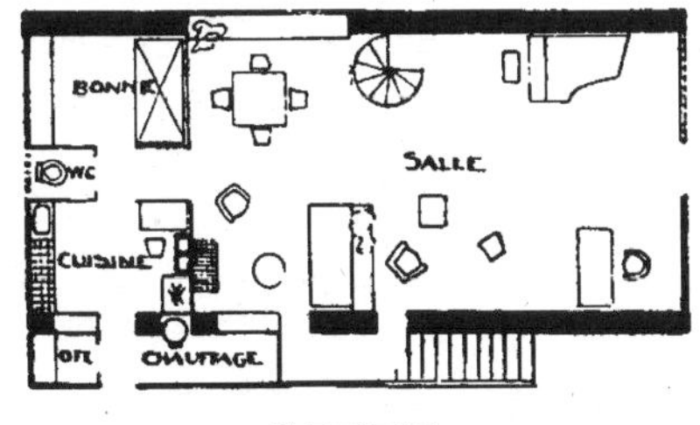

首层平面图

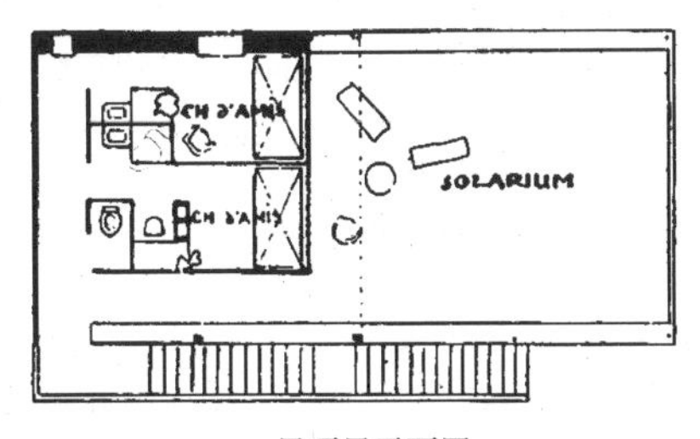

屋顶层平面图

图 4-39　1920 年雪铁龙住宅设计
来源：W. 博奥席耶，O. 斯通诺霍．勒·柯布西耶全集（第 1 卷．1910—1929 年）[M]. 牛燕芳，程超译．北京：中国建筑工业出版社，2005：26。

图 4-40 1922 年雪铁龙住宅设计
来源：W. 博奥席耶，O. 斯通诺霍．勒·柯布西耶全集（第 1 卷 .1910—1929 年）[M]. 牛燕芳，程超译．北京：中国建筑工业出版社，2005：40。

想法来自柯布西耶的信念，即建筑的交通与结构一样重要——‘建筑学就是为了交通’，而且它也应该得到清晰的表达。”[①]也就是说，“一个建筑，必须能够被‘通过’，被‘游历’。它绝非某些学院派试图让我们相信的那样，围绕着一个假设的人所在的虚拟点来组织……基于这种错误观念，古典时代毁灭了建筑学。我们人在头的前部有两只眼睛，高 6ft，站在地面，目视前方。这一生物学事实足以推翻大量围绕一个虚拟的核心组织空间的方案，它们都拥有环绕着一个虚构中心点的轮形构图。人有一双向前看的眼睛，他四处走动，变换位置，注意他感兴趣的东西，在一系列建筑事实中走动。他重温了在那一系列运动中获得的强烈感受。千真万确的是，忽视还是良好运用运动这一法则关乎建筑的生死。当一个人谈论外部运动时，他实际上是在谈论生死问题，他谈论的是建筑体验的生与死，感觉的生与死。论及内部运动时，更是如此。……好的建筑无论内部还是外部均可以产生‘通过’和‘游历’，这样的建筑是活生生的建筑。坏的建筑，则僵死地围绕着一个固定的、不真实的、虚构的点。这绝对与任何人类法则都格格不入。”[②]（图 4-41）

密斯·凡·德·罗同样探索了摆脱承重墙的框架结构和玻璃的使用，他认为：“钢筋混凝土建筑都是由框架构造做成的……用柱子和大梁，不用承重墙。也就是说，它是皮与骨（Skin and Bones）的建筑。”[③]其框架结构和玻璃幕墙表现着新的时空观念。1921 年，柏林钟楼公司（Berlin Trumbaugesellschart）举办了柏林弗里德里希大街高层办公楼设计竞赛，密

① [荷] 亚历山大·佐尼斯．勒·柯布西耶：机器与隐喻的诗学 [M]. 金秋野，王又佳译．北京：中国建筑工业出版社，2004：52。

② Le Corbusier. Le CorbusierTalks with Students [M]. New York：Princeton Architectural Press，1999：44-47.

③ Philip Johnson. Mies Van Der Rohe [M]. 3rd edition. New York: The Museum of Modern Art, 1978：188.

斯·凡·德·罗以“蜂巢”(Honeycomb)的化名参赛，他的设计平面呈三角形，中心是交通核。这一设计的特殊之处在于它使用钢框架和悬臂楼板，外墙为全玻璃幕墙，同时各层平面完全为大空间，不加分隔。1922 年，密斯·凡·德·罗又构思了另一座全玻璃幕墙摩天楼设计方案（Project for a Glass Skyscraper），构思更为大胆抽象，是全玻璃幕墙的自由平面塔楼，这座建筑的平面几乎全是曲线构图，他在这个概念性构思中对结构的合理性完全没有兴趣，关注的只是形式，这两个方案显示了他对摆脱承重墙的框架结构和玻璃的通透性的探索。1923 年的乡村砖住宅（Project for a Brick Villa）使用了传统的材料，但同样表现了现代主义建筑时空观念（图 4-42）。虽然它的自由平面和流动空间出自赖特的影响，但是密斯·凡·德·罗也有自己的创造。他用长而低矮的墙把建筑的内部空间和外部空间联系起来，同时建筑内部也是开敞式的，墙体自由而独立，它们既不封闭房间，也不限制体积，而是在空间中形成动态，使空间相互渗透，融为动态的统一体。

图 4-41　勒·柯布西耶设计草图
来源：Charles Jencks. Le Corbusier and the Tragic View of Architecture [M]. Middlesex: Penguin Books, 1987：19.

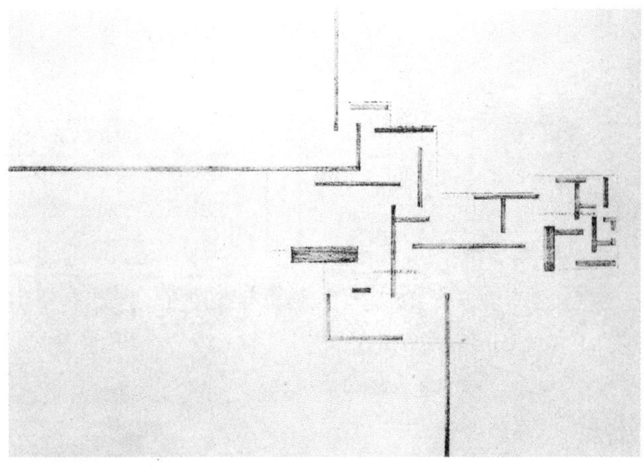

图 4-42　乡村砖住宅平面图
来源：Peter Carter. Mies Van Der Rohe At Work [M]. London: Phaidon Press, 1999：19.

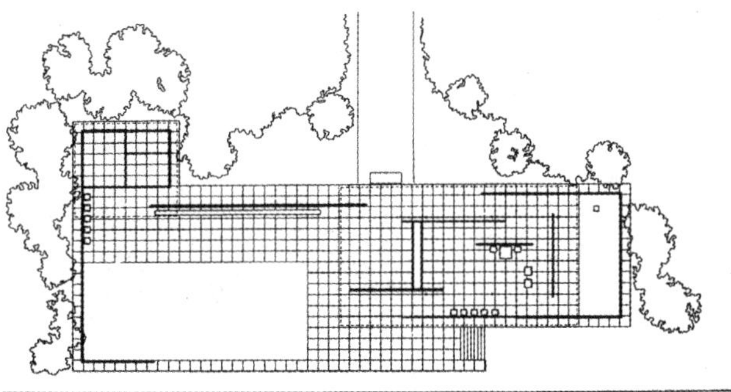

图 4-43　巴塞罗那世界博览会德国馆平面图
来源：Peter Carter. Mies Van Der Rohe At Work [M]. London: Phaidon Press, 1999：21.

这一空间处理手法形成后，密斯·凡·德·罗在 20 世纪 20 年代末迎来了事业上的第一个高峰期，1929 年的巴塞罗那博览会德国国家馆和 1931 年柏林建筑博览会示范住宅（Apartment for Bachelor）等都具有流动的动态空间。1929 年巴塞罗那世界博览会德国馆（German Pavilion）虽然建筑平面方整平直，但是空间处理却很复杂（图 4-43）。密斯·凡·德·罗将大理石墙板和玻璃灵活布置，相互交错，立面使用大面积玻璃，墙体纵横伸展，使室内外空间贯通流动，成为新建筑时空观念的典范作品和现代主义建筑的里程碑之一。1931 年，密斯·凡·德·罗为柏林建筑展览会设计了一座平面开敞的住宅，当时他是这个展览会的主持人。住宅中只有厨房和仆人用房是封闭空间，方案设计了封闭的内院，并使室内空间与内院空间连通，探讨了有限条件下对优质空间的创造。这些作品，尤其是巴塞罗那世界博览会德国馆，都是体现现代主义建筑时空观念的典型实例。

4.4.3 现代主义建筑时空观的确立

随着现代主义建筑的影响遍及整个欧洲，新的建筑时空观念也随之得到欧洲建筑界的认可和接受，并随着现代主义建筑的传播走向世界。20 世纪 20 年代后期到 30 年代，室内外空间交融的流动空间和时空一体的现代建筑时空观念已经深入人心，逐渐成为建筑师认可和接受的常识。

受到构成主义影响的苏联建筑师在复古建筑统治苏联建筑界之前也作出了很多成绩。例如 1925 年康斯坦丁·梅尔尼科夫（Konstantin Melnikov）设计的巴黎国际装饰艺术和现代工业博览会苏联馆（USSR Pavilion）使用大面积玻璃幕墙，并用两条楼梯通道引导人流的运动，室内完全没有墙体，最大限度地保证了空间的流动（图 4-44）；休谢夫（A. Shchusev）1928 年设计的莫斯科农业部大楼使用了底层架空、大面积玻璃幕墙和带形窗等设计手法；巴尔什（Ballsh）和弗拉基米罗夫（Vladimirov）1929 年设计的公社大楼方案外立面使用大面积玻璃幕墙，室内用柱子承重，很少有隔断墙，各层建筑保持视线上的连通；即使是在复古建筑风格占据统治地位之后，苏联的很多建筑的形式复古，却仍然体现了现代主义建筑的时空观念。

现代主义建筑时空观念形成后迅速传播到北欧地区。芬兰建筑师阿尔瓦·阿尔托 1929 年设计的帕米欧肺病疗养院（Paimio Tuberculosis Sanatorium）基地面积很大，阿尔托将建筑自由布置，建筑的几个部分互成一定角度，分散布局，要想全面了解这座建筑，就一定要在其中穿行，体现了时间因素在建筑中的存在（图 4-45）。瑞典建筑师埃里克·贡纳德·阿斯普隆德（Erick Gunnar Asplund）设计的 1930 年斯德哥尔摩博览会展览馆（Stockholm Exhibition）

图4-44 巴黎国际装饰艺术和现代工业博览会苏联馆（左）
来源：Jonathan Glancey. 20th Century Architecture: the Structures that Shaped the Century [M]. London: Carlton, 1998：140.

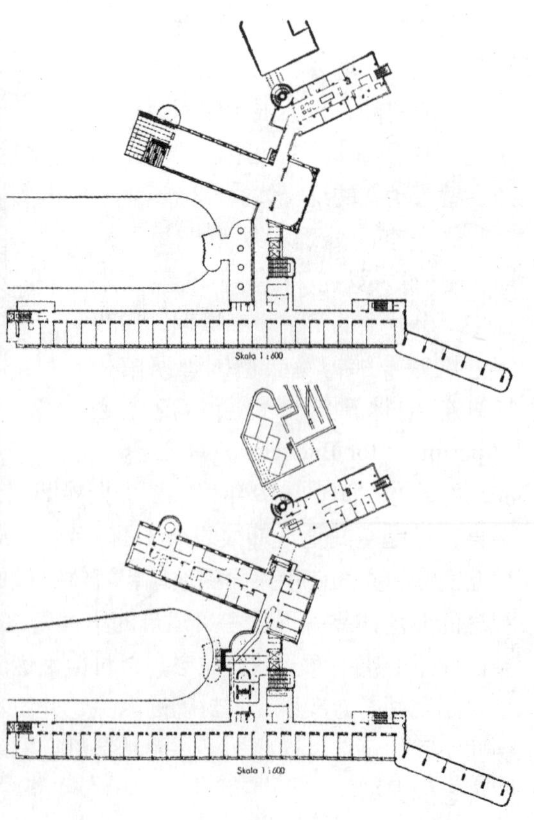

图4-45 帕米欧肺病疗养院平面图（右）
来源：Frederick Gutheim. Alvar Aalto [M]. London Mayflower, 1960：46.

图 4-46　斯德哥尔摩博览会展览馆（左）
来源：约迪克．近代建筑史 [M]. 孙全文译．台北：台隆书店，1974：197.

图 4-47　斯德哥尔摩博览会展览馆（右）
来源：J. M. Richards. An Introduction to Modern Architecture [M]. Baltimore: Penguin Books, 1959: 192.

是钢结构建筑，首层架空，外立面和室内隔断全部是玻璃，整座建筑室内外空间一览无余（图4-46、图4-47）。

20世纪20年代中期，现代主义建筑的影响已经遍及整个欧洲。1928年，勒·柯布西耶等在瑞士拉萨拉兹建立了由8个国家的24位建筑师组成的国际现代建筑协会（CIAM），进一步促进了现代主义建筑的发展，现代主义建筑逐渐成为欧洲占主导地位的建筑潮流，现代主义建筑时空观也随之得到欧洲建筑界的认可和接受，并随着现代主义建筑的传播走向世界。20世纪20年代后期到30年代，室内外空间交融的流动空间和时空一体的现代主义建筑时空观已经深入人心，逐渐成为建筑师认可和接受的常识。

4.5　小　结

对时空观念的革新于19世纪末首先出现于其他艺术领域，然后出现于建筑领域，可以说，在很大程度上是其他艺术领域时空观念的创新启迪，引发了建筑领域时空观念的创新。19世纪末罗丹的雕塑出现了空间的连续和渗透。此时，摄影艺术也通过拍摄连续运动以及多次曝光等技术手段进行了时空并置，随后电影的发明和发展更是以自由的时空组合帮助人们打破旧时空观念。摄影术的发明给绘画很大的冲击，描绘客观世界某一时间片段上的景象已经不是绘画的优势，艺术家们开始寻求对虚拟时空场景的表现。飞机、汽车、电报、电话等发明也为艺术提供了新题材和挑战。随着科学和哲学的发展，人们逐渐接受了时空一体的概念。毕加索和布拉克开创的立体主义首先开始对新时空观念进行探索，不是在二维的画布上模拟三维空间，而是在二维的画布上表现画家所体验、构思的三维空间。阿尔西品科则在立体主义雕塑中首先实现了空间的连通和流动。意大利的未来主义是一次涵盖广阔的文化运动，崇尚机器、技术和速度，未来主义建筑师圣泰利亚构思出可以穿越的建筑，直接影响到新建筑时空观念的形成。塔特林奠基的俄国构成主义以运动和空间为创作主体，并创造出活动的雕塑和建筑。19 世纪末 20 世纪初的很多欧洲建筑师已经创造出一些连续的空间，但是他们仍然处于探索新建筑时空观念的初级阶段。赖特从草原住宅时期就创造出流动空间，使空间成为建筑的主体，体现了新建筑时空观念。随后欧洲的贝伦斯也接近了新建筑时空观念，而他著名的学生们则彻底实现了新建筑时空观。

第5章

现代主义建筑美学观的渊源

伴随着欧美各国的工业化进程，19世纪下半叶以后，欧美各国的城市与建筑也发生了巨变。城市规模迅速扩展，城市人口急剧增加；新建筑类型不断产生，许多旧建筑类型也增添了新内容，建筑功能由古典建筑的单纯性与简单性转化为多样性、复杂性使建筑由注重外观转向注重功用；许多与工业化产品相关的新技术、新材料、新设备开始应用于建筑使建筑必须应对工业化生产；建筑师从为权贵服务转向为全民服务使建筑的纪念性减弱而实用性加强；诸如此类的问题使现代建筑各个方面都与古代建筑截然不同。每个时代都会有对应的建筑风格，工业化时代的建筑已经具备了建筑探新的物质技术基础与社会发展基础，这必然引发对传统的学院派建筑美学观的质疑，以及对适应时代发展要求的新建筑美学观的探讨。审美判断是在实践过程中形成的，受到审美能力、审美趣味、时代、历史、文化等因素的制约，建筑美学观的转变也是在建筑发展中不断推进，和时代、文化、时代建筑、大众审美口味等都有密切的关系，因此建筑美学观的革新与建筑技术、建筑材料、工业化、功能主义建筑、抽象艺术等问题息息相关。从质疑古典建筑美学，提倡取消装饰，渴盼属于时代的新建筑美学，到新建筑美学确立后大众的审美认可，也即从19世纪下半叶的早期探讨开始，至20世纪20年代简洁抽象的几何构成风格的现代主义建筑美学观基本确立，并开始在世界范围内产生影响，其间经历了漫长的探索历程。

5.1 摆脱学院派建筑美学的束缚

5.1.1 18～19世纪建筑师的早期探索

19世纪中叶以前的欧洲建筑界流行的主流建筑思潮是复古主义折中主义建筑风格。虽然大多数建筑师都将古典建筑奉为圭臬，但是早在人们普遍认识到复古主义折中主义建筑已经成为建筑发展的障碍之前已经有一些观念超前的建筑师开始尝试突破传统建筑的束缚，在探索、倡导新建筑风格方面作出了贡献。受当时特定社会条件的制约，他们超越时代的建筑思想并没有得到社会的认可与广泛的传播，最终淹没在复古主义折中主义建筑潮流之中，但是他们的建筑思想及其建筑构思、建筑作品都是没有历史先例的。

首先挑战学院派建筑美学的是法国建筑师部雷（Etienne-Louis Boullée），他认为“建筑艺术的首要原则，就是要看出匀称的立体形象，诸如立方体、金字塔形和最重要的球形；在他看来，球形是可能设计出的唯一完美的建筑形状”[①]。因为球形从各个方向上看都是对称的，而且形象不变。部雷设计过一些理想方案，一概使用基本几何形体，外观简洁，没有装饰，和当时的建筑风格大相径庭，然而由于缺乏技术支持和文化认同，部雷的理想方案始终只能停留在纸面上（图5-1）。他的同胞勒杜也喜欢使用立方体和球形体量以及实墙，认为只有建筑“个性”需要的时候，才允许使用装饰。[②]他后来将自己的基本建筑元素简化到只有“圆和方，这就是字母表中的全部字母”[③]（图5-2）。部雷和勒杜的作品雄伟质朴，对学

① [英]彼得·柯林斯.现代建筑设计思想的演变[M].英若聪译.北京：中国建筑工业出版社，2003：12。

② [德]汉诺—沃尔特·克鲁夫特.建筑理论史——从维特鲁威到现在[M].王贵祥译.北京：中国建筑工业出版社，2005：116。

③ Peter Gössel, Gabriele Leuthäuser. Architecture in the Twentieth Century [M]. Köln: Taschen, 2001：11.

剖面图

透视图

图 5-1 部雷 1783 年博物馆设计方案
来源：Jean-Marie Perouse De Montclos. Etienne-Louis Boullee 1728-1799: Theoretician of Revolutionary Architecture [M]. New York: George Braziller, 1974：74-75.

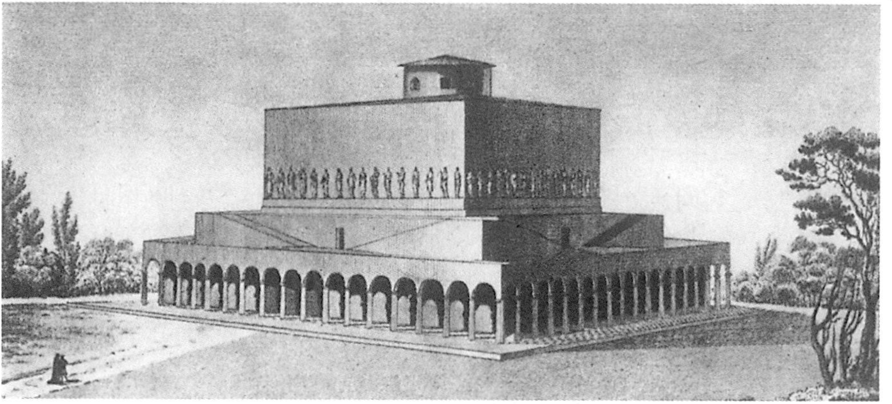

图 5-2 勒杜的住宅设计
来源：Vincent Scully Jr. Modern Architecture: The Architecture of Democracy [M]. London: Prentice-Hall International, New York: George Braziller, 1961：54.

图 5-3 迪朗的设计
来源：Robin Middleton Ed. The Beaux-Arts and Nineteenth Century French Architecture [M]. Cambridge: MIT Press, 1982：26.

院派建筑提出了挑战。除部雷和勒杜外，这一时期试图改变传统建筑审美观念的建筑师还有英国的约翰·索恩和德国的弗里德里希·吉利（Friedrich Gilly）等，他们也倾向于简洁的风格，尝试部分取消装饰，采用几何化的简洁造型，但是他们的做法没有部雷和勒杜那样大胆和彻底。在当时的社会条件下，这些先驱建筑师的设计很难得到普遍认同，但是他们向平静的建筑水面投下石头，激起了革新的涟漪。

部雷的学生迪朗进一步认为装饰对建筑美观毫无用处，因为一座房屋只有满足需要之时才是美丽的。他说："无论我们诉诸理智或考察古代的建筑物，显而易见的是建筑的基本目的，从来就不是赏心悦目，建筑装饰也不是目的。公共的或私人的用途、使人愉快和保护人类乃是建筑的目标。"[①]迪朗认为建筑应该出自于简单元素的良好组织，他反对使用古典形式，声称："人们必须认定柱式不能形成建筑的本质；不要指望使用柱式会给我们带来快乐，也别指望它会形成装饰，这两者都不存在，这种装饰是一种幻觉，为它花钱实乃荒唐之举。"[②]（图 5-3）19 世纪 20 年代，德国建筑师申克尔就认识到工业迅速发展的新时代需要寻找适合时代的新建筑风格。他推崇哥特建筑，认为"哥特式抛弃了没有意义的辉煌，它其中的每一个构件都来自一个单一的想法，因此它必然有一种高贵而肃穆的精神气质"。建筑要表现结构，"一座建筑中的所有重要元素都应该是可以被看见的：一旦结构的基本部分被掩盖，整个思维的过程就都丢失了。这种隐藏迅速而直接地导致一种虚假的出现"。申克尔还认为装饰是次要的，"当建筑的每一个部件都依据静力学的基本原则，没有限制地发挥自己的效用时，这个建筑的特征就能表现出来"。他主张要创造时代的风格，"每一个主要时代都在建筑上留下自己的风格，为什么我们不能寻求我们自己时代的风格呢？……如果一座完整建筑物的结构，从一种单一的材料中，用最为实际也最美丽的方式获得了它明显的个性，或者不同材料，通过它们各自独特的方法，获得了明显的个性的话，这座建筑物就具有了风格"[③]。申克尔的设计逐渐对古典建筑进行简化，客观上达到了简化和取消部分装饰的目标，向新建筑美学观迈出了最初的步伐（图 5-4、图 5-5）。19 世纪初的很多建筑师已经认识到无论是直接复古还是对古典元素加以折中，都只是从形式角度出发的做法，不过他们限于时代限制，只是从形式上进行了一些探索，甚至还没有摆脱对称构图原则的束缚，并没有完全认识到应该发展一种从思想观念到风格形式都完全不同的建筑风格。

19 世纪中期，建筑师开始普遍质疑学院派的复古主义折中主义建筑风格，更多的建筑师加入了探索适应时代需求的新建筑风格的队伍。建筑师认识到在新时代完全没有理由再建造

① [英] 彼得·柯林斯．现代建筑设计思想的演变 [M]. 英若聪译．北京：中国建筑工业出版社，2003：14。

② [意]L·本奈沃洛．西方现代建筑史 [M]. 邹德侬，巴竹师，高军译．天津：天津科学技术出版社，1996：27-29。

③ [德] 汉诺—沃尔特·克鲁夫特．建筑理论史——从维特鲁威到现在 [M]. 王贵祥译．北京：中国建筑工业出版社，2005：221-222。

图5-4 柏林新岗哨（左）

图5-5 柏林博物馆（右）

复古的建筑，还提出折中主义只是在找到新的建筑之前的过渡风格，必然不能长久，另外对19世纪滥用装饰这一风气的批评之声也不绝于耳。

德国建筑师森佩尔相信建筑具有深层次的意义，试图证明建筑装饰的根源来自应用不同材料和某种技术条件的结果，也就是说，建造手段决定建筑形式，因此新时代要有新建筑形式，新建筑形式应该反映当时的建筑功能与材料、技术的特点。森佩尔认为建筑物的功能应在它的平面与外观上，甚至包括任何装饰构件上反映出来，“建筑风格就是结构和建造原因之间的一致”，①这对后来的建筑师产生了很大的影响，但是森佩尔仅仅停留在理论探索层次，他的实际作品并没有全面体现其建筑思想。维奥莱—勒—杜克反对折中主义建筑，认为建筑应该以功能需要为基础，重视所使用的结构和材料，认为希腊建筑“看得见的外部形式仅仅是结构的效果……希腊人发明的建筑柱式就是结构本身……因而，希腊建筑物的结构和外观在本质上是统一的，因为不可能除掉此柱式中的任何部分，而不破坏此纪念建筑本身”，哥特建筑充分表现了这一点，其每个部件都是结构上需要的，因此“我不能给你们强加于形式上的规则，因为建筑形式的本质是使其本身适合于结构的每种需要。给我一种结构体系，我愿给你们自然地找到它应该产生的形式。但是如果你们改变了这种结构，我将被迫改变其形式。由于结构变了，外观上也要变，但精神却是不变的，因为精神恰恰是表现结构”②。他在《建筑对话录》中提出形式、功能、建造程序、材料和结构相互制约影响，因此“(建筑)形式要与需要、结构方式相结合……外观上，石头要像石头，铁要像铁，木头要像木头”③。他认为在建筑中形式要与结构和材料一致，而不是创造虚假的立面，虽然他没能亲自创造出一种新的建筑，但是其思想对后来的建筑师产生了很大的影响。英国建筑师普金也有同样的思想，他以清教徒的精神批判当时的物质至上和低俗的文化精神，认为建筑应该有真实的结构，号召用“真实”的哥特式建筑来恢复艺术中的道德性。

法国人拉布鲁斯特是一位杰出的建筑师，认为建筑要表现结构特征，他提出“从建筑构造自身发展出的装饰手法才是合理而有表现力的”④，应当从这个角度入手探索新建筑。他设计的巴黎圣吉纳维夫图书馆与巴黎国家图书馆使用铁框架，室内大胆暴露结构和材料，减

① Albert Bush-Brown. Louis Sullivan [M]. London: Mayflower, 1960：19.

② [英]彼得·柯林斯. 现代建筑设计思想的演变 [M]. 英若聪译. 北京：中国建筑工业出版社，2003：210。

③《对话录》，转引自[英]尼古拉斯·佩夫斯纳. 现代建筑与设计的源泉 [M]. 殷凌云等译. 北京：生活·读书·新知三联书店，2001：8。

④吴焕加. 论现代西方建筑 [M]. 北京：中国建筑工业出版社，1997：73。

图 5-6　巴黎国家图书馆室内（左）
来源：Werner Blaser. Filigree Architecture: Mental and Glass Construction [M]. New York: Werf & CO , 1980：31.

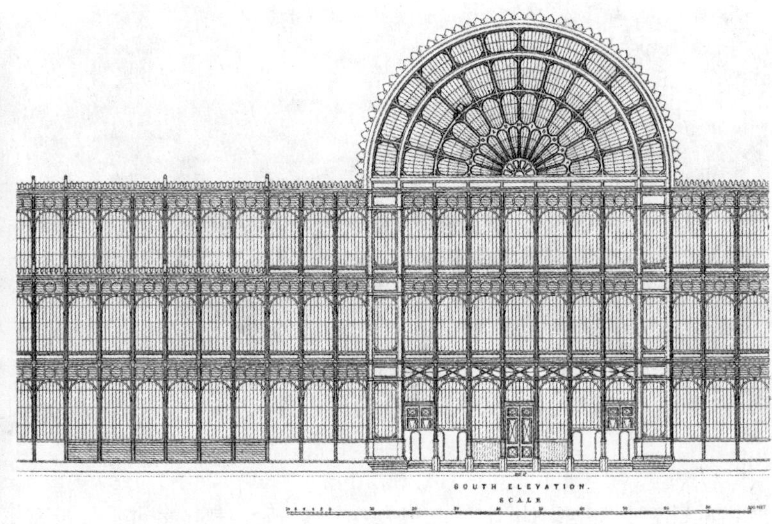

图 5-7　水晶宫立面图（右）
来源：Werner Blaser. Metal Pioneer Architecture [M]. Zürich: Waser Verlag, 1996：75.

少装饰，虽然外观仍是砖石建筑，也存在传统建筑的细部，没有完全摆脱传统建筑的风格，但造型已开始净化，为后来创造新建筑形式曾起到了一定的示范作用（图 5-6）。德国哲学家尼采（Friedrich Nietzsche）的思想对西方社会有很大的影响，他说过“上帝死了”，鼓舞人们质疑权威，探索各种新的可能性。1873 年，尼采在《对历史的使用和滥用》（On the Use and Abuse of History for Life）一文中提出要扫除历史包袱，解放建筑的潜力。[①] 这体现了整个社会对新建筑风格的关注。

当时还有很多建筑虽然没有建筑理论指导，但是出于经济、效率等原因也采用简洁的形式，取消装饰，建筑形式反映结构特征。尤其是注重实用的军事建筑、工业建筑、交通建筑等建筑类型常常出现直接暴露结构、取消装饰的建筑作品，并逐渐从相对无意识的不彻底设计走向真正有意识的设计。1851 年伦敦世界博览会的展览馆水晶宫建筑面积约 7.4 万 m^2，以 8ft（约 2.44m）为模数，用标准铁构件建成，建筑全部用玻璃围护。这座建筑只用 9 个月建成，造价大大低于传统建筑，实现了建筑形式与建筑结构的统一，展示了新材料新结构的美学潜力，是建筑史上的里程碑，也是新建筑美学观的里程碑。水晶宫的工程主管欧文·琼斯负责建造和增添“建筑效果”，他认为 19 世纪的生产力是科学、工业和商业，建筑师必须尽力表达和体现它，因此没有给构架添加任何装饰。[②]当时的普遍观念认为工厂、温室、展览馆只是构筑物而不是建筑，帕克斯顿本人也只是按照建造温室的经验设计一个能够满足功能需要的结构，如果没有琼斯的贡献，水晶宫势必被加上古典建筑的装饰元素，不会如此纯净完美。尽管水晶宫代表了建筑的发展方向，但是当时人们仍然只把它看作是临时构筑物而不是真正的建筑，没有意识到它真正的意义，水晶宫毕竟过于大胆前卫，在审美观念没有转变之前不会得到社会的普遍接受（图 5-7、图 5-8）。

5.1.2　工艺美术运动

英国是世界上最早实现工业化的国家，也是最先遭受工业发展带来的各种城市痼疾及危害的国家。城市交通、居住与卫生条件越来越恶劣，粗制滥造的廉价工业产品取代了高雅、

---

① William J. R. Curtis. Modern Architecture Since 1900 [M]. 3rd editon. Oxford: Phaidon Press, 1996：53.

② [英] 罗宾·米德尔顿，戴维·沃特金 . 新古典主义与 19 世纪建筑 [M]. 徐铁成等译 . 北京：中国建筑工业出版社，2000：369。

精致、富于个性的手工业制品，人们对此甚为不满，因而出现了一股反对和憎恨工业，鼓吹逃离工业城市，怀念中世纪安静的乡村生活与向往自然的浪漫主义情绪；同时很多著名的建筑理论家和建筑师也很崇尚哥特式建筑的结构真实性，社会因素和哥特崇尚促成了工艺美术运动的产生。

图5-8 水晶宫立面细部
来源：Ian McCallum. Machine Made America [J]. Architectural Review, 1957(5): 304.

1851年伦敦世界博览会是对工业化成果的一次检阅，但是展出的产品有很多设计和制造水平都很低劣，很多艺术家对欧洲工艺美术的状况表示不满。博览会的组织者亨利·科尔等人认为工艺美术水平下降的根本原因是工业与艺术的分离，而机械生产是不容怀疑的，艺术家们应该积极参与工艺品的设计与制作，并建立起工艺美术的审美标准。[①]科尔的想法相当先进，但是不为人们所接受；他们比较容易接受拉斯金的看法，拉斯金认为工艺美术水平下降的原因在于工艺与艺术的分离，机器生产则是罪魁祸首，为了抵制工业化对传统建筑和传统手工业的影响，他提倡复兴“真实”的中世纪的哥特式风格以对抗工业化制造，恢复手工艺行会传统。

拉斯金1849年出版《建筑七灯》(The Seven Lamps of Architecture)，认为当时时代对物质的重视超过了对精神的关注，工业革命带来的物质上的迅速发展造成人们盲目推崇技术，而开始淡化建筑中积淀的“精神因素”和“道德因素”，对于这一状况的解决方法就是树立一种永恒的不可否认的规则来规范建筑思想和创作。拉斯金认为建筑虽然可以存在多年，但是终究只是暂时性的存在，只有像哥特式建筑那样创造出一种永恒的精神才会使建筑永存，而不是作为没有精神内涵的建筑物随着时间而破败。他提出的第一盏明灯“奉献之灯”认为能够随着时间流逝而永恒存在的事物是神圣的，建筑应该能作为一个时代的标志。他认为为了建造建筑，人们奉献了时间、劳动和材料，应该能壮丽得使人敬畏，并且表现出内在的时代精神，不然建筑就只是不能永恒的结构物而已。建筑是人类思想和劳动的凝聚物，必须有值得流传的价值，对他来说，哥特建筑是这样一种理想的建筑范式，不过当然，这一次建筑要为人类而不是为上帝而建造。因此要遵循“真实之灯”，反对虚假的建筑，主张形式与内容的统一；要遵循“力量之灯”，给建筑以崇高的气度与尊贵的品性；要遵循“美之灯”，让建筑遵循自然法则的引导；要遵循“生命之灯”，注意与建筑有关的经济和生产问题；要遵循“历史之灯”，关注建筑的历史使命，正确对待历史建筑；要遵循“服从之灯”，发扬建筑蕴涵的真理和法则。《建筑七灯》强调的是建筑的精神因素，针对工业化时代初期大量粗制滥造的现象，提出通过重视建筑内在的真理和法则来创造具有历史意义的建筑而不是粗制滥造没有意义的建筑，准确地击中了工业化时代初期的弱点，因此得到很多人的追随。1853年他又出版《威尼斯之石》，继续推崇哥特式风格和自然主义风格，反对工业分工，认为工业化把操作者退化为机器，他深入研究了威尼斯的哥特风格建筑，倡导建筑师向这种建筑风格学习，采用简单的几何形式与源于自然的装饰形式。他的思想得到以莫里斯为首的一批艺术家的推崇，19世纪下半叶，主要在拉斯金的思想影响下，兴起了“工艺美术运动”。

---

① 张夫也．外国工艺美术史 [M]. 北京：中央编译出版社，2003：328。

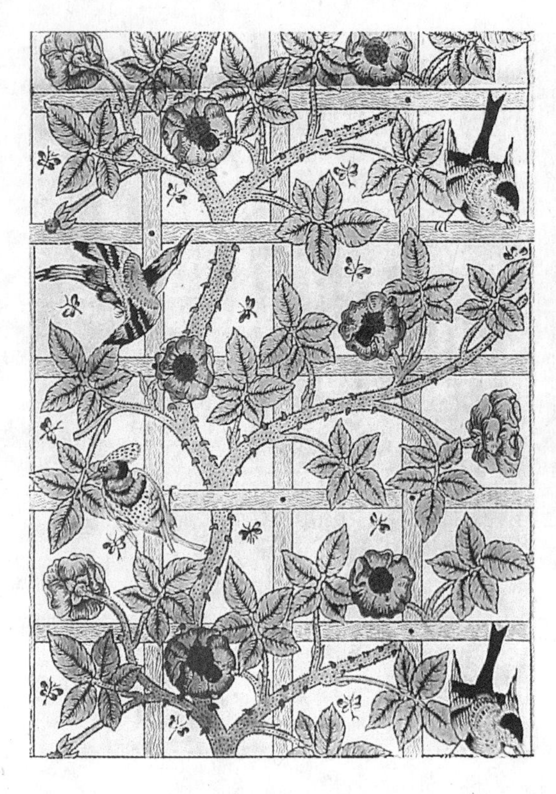

工艺美术运动赞扬手工艺制品的艺术效果、制作者与成品的情感交流，以及自然材料的美，其重要人物莫里斯痛恨机器，把当时产品质量的问题归罪于机器。为了反对粗制滥造的机器制品，莫里斯创立了一个作坊，制作家具、布匹、墙纸、地毯、彩色玻璃等，他的拉斐尔前派朋友们也加入进来。他们认为只有艺术家成为工匠，而工匠也成为艺术家之后，艺术才能免于被机器毁灭。莫里斯追随中世纪的艺术传统，但是并没有抄袭中世纪的设计，而是基于中世纪的精神创造新的形式，他们的作品很成功，质量上乘，受到欢迎。

1859 年，新婚不久的莫里斯在伦敦郊外建造了反映其倡导的美学思想的住宅“红屋”。建筑设计由菲利普·韦布负责，莫里斯等人负责室内装饰和家具设计。“红屋”不追求对称格局，根据实际需要合理布局，自然产生外部造型，外观上没有柱式、山花等古典元素。建筑使用当地的红砖砌筑的清水砖墙，红瓦坡屋顶，真实暴露材料，体现了自然清新的建筑美。“红屋”反映了工艺美术运动倡导的真实和自然的审美准则。莫里斯本人作为一个设计家的才能更多地表现在平面设计方面。他的事务所最初设计家具、地毯和建筑，后来又和企业合作，设计陶瓷、玻璃等产品，由企业生产销售，他还创办了出版社，印行过很多自己的设计（图 5-9）。

图 5-9　莫里斯设计的墙纸
来源：Elizabeth Cumming, Wendy Kaplan. The Arts and Crafts Movement [M]. London: Thames and Hudson, 1991：16.

1888 年，英国成立了“艺术与工艺展览协会”（The Arts and Crafts exhibition Society），协会的成员有不少当时杰出的工艺设计师和建筑师，进而形成“工艺美术运动”。这场运动不仅在英国工艺美术界引起强烈反响，而且风靡整个欧洲大陆。强调手工操作技能，认为机器生产必然导致产品质量下降；反对当时英国流行的维多利亚风格和古典复兴风格；提倡“真实的”哥特风格，讲求简单和功能；推崇自然主义的装饰风格。随后工艺美术运动扩散到欧洲和美国，一直到 20 世纪初期才告结束。工艺美术运动是反对设计美学中的古典复兴和繁复装饰风格的运动，声势浩大，影响广泛，为颠覆学院派建筑美学观打响了第一枪。这一运动具有一定的积极性，提倡建筑的“真实性”，反对不必要的装饰，莫里斯还认识到设计工作不应该个人化，而是应该视为集体创作，进行分工协作，虽然他反对工业化，但是这一思想却具有工业化时代的特征。虽然他们同样反对当时盛行的古典风格，但是他们的初衷并不是探索一种适应新时代的建筑，做法也并不彻底。

拉斯金反对建筑使用虚假的装饰，反对学院派建筑风格，希望对建筑进行适度的简化。他在《建筑七灯》一书中说：“一切设计都始于严格的抽象，要准备好，如有必要，要用抽象形式进行设计……好的光墙强过无数装饰……适当和抽象是建筑设计的两大特征。”①但是他也说：“装饰是建筑的重要组成部分。”②他要的并不是取消不符合工业时代特点的装饰，而是恢复传统手工艺制作的装饰，因为从中“可以感觉到凝聚在上面的人类的劳动和关怀”③。他认为：“装饰品的价值就在于作品成功前必须花费的时间……珍视荣誉的建筑工人看不起虚假的装饰……无论人和东西，凡是假装拥有实际上并不具备的价值，假装支出了实际上没

① Edward Robert De Zurko. Origins of Functionalist Theory [M]. New York: Columbia university Press, 1957：133.
② Nikolaus Pevsner. An Outline of European Architecture [M]. 7th edition. London: Butler & Tanner, 1985：383.
③ Elizabeth Cumming, Wendy Kaplan. The Arts and Crafts Movement [M]. London: Thames and Hudson, 1991：12.

有支出的成本，假装是别的东西，你只要使用他，就是在欺骗，就是庸俗，就是无理，就是犯罪。”[①]其言辞之激烈不下于将装饰等同于罪恶的路斯，不过显然他认为工业化制造的产品没有像手工产品那样投入工人的大量劳动，因此被他认为是没有凝聚人类思想的无价值物品，这一思想是守旧而错误的，他并没有认识到机器和工业化的价值所在，一味追思逝去的时代。因此他的理想不是建筑的进步，而是恢复建筑旧有的荣光，他理想中的建筑是哥特风格，相信只要恢复中世纪的传统和真实性就能复兴设计，他认为“我们不需要新的建筑风格，就像没有人需要新的绘画与雕塑风格一样。当然，我们需要有某种建筑风格。……我们现在知道的那些建筑样式对我们是足够好了，远远高出我们之中的任何人，我们只要老老实实地运用它们就好了，要想改进它们还早着呢。”[②]他认为装饰并不是多余的：“装饰也有功能，就是让人愉悦，应该让人适当地愉悦。”[③]在需要的情况下就应该使用装饰，他厌恶的只是奢侈的装饰：“奢侈不仅奴役了那些被迫去生产奢侈的穷人，而且也奴役了那些愚蠢而不太快活的人……假如我们是要人民的艺术，或任何种艺术，我们就必须斩钉截铁地和奢侈断绝关系”。[④]他反对的只是随意拼贴的、无意义的、奢侈的装饰，提倡符合功能和材料结构的“真实”装饰——哥特式的与结构一体的装饰，因此他的思想并不是一次革新，而是针对当时状况的怀旧（图5-10）。

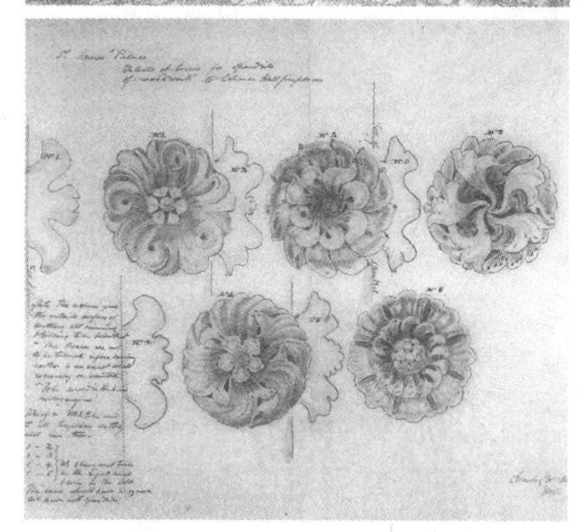

图5-10 圣詹姆斯宫（St. James's Palace）内莫里斯的室内设计和韦布设计的饰钉
来源：Sheila kirk. Philip Webb: Pioneer of Arts & Crafts Architecture [M]. Hoboken: John Wiley & Sons, 2005：45.

拉斯金和莫里斯还把机器看成是一切文化的敌人，莫里斯在埃菲尔铁塔建成后说他到巴黎只愿意待在埃菲尔铁塔下面，因为只有这样才不会看到铁塔。他们虽然看到了机器时代所带来的问题，却错误地把原因归于机器制造，向往过去，主张恢复手工艺生产，这无疑是与时代潮流相悖的。但是瑕不掩瑜，工艺美术运动还是具有积极意义的，莱奥纳尔多·本奈沃洛（Leonardo Benevolo）这样评价：“尽管有错误，拉斯金的思想还是至关重要的；人们可以说，那些缺点很突出也很表面，同时，他的真实思想也埋得较深且不太明显，然而，这是后来所有进步的基础。……（拉斯金的思想）是在艺术领域里发起一场真正改革运动的决定因素，改变了19世纪的思想路线。”[⑤]工艺美术运动第一个站出来挑战传统建筑美学，指出当时的工业时代社会存在的问题，并试图加以解决，是解放思想、反对学院派建筑美学观的早期尝试。

5.1.3 新艺术运动

新艺术运动是19世纪末、20世纪初产生与发展于欧洲和美国的一次影响面相当大的装饰艺术运动。对建筑艺术而言，新艺术运动建筑是从19世纪欧美流行的复古主义折中主义

① John Ruskin. The Seven Lamps of Architecture [M]. NewYork: Dover publications, 1989：54.
② 吴焕加．论现代西方建筑 [M]. 北京：中国建筑工业出版社，1997：57。
③ Edward Robert De Zurko. Origins of Functionalist Theory [M]. New York: Columbia university Press, 1957：133.
④ 莫里斯选集．转引自万书元．当代西方建筑美学 [M]. 南京：东南大学出版社，2001：330。
⑤ [意]L·本奈沃洛．西方现代建筑史 [M]. 邹德侬，巴竹师，高军译．天津：天津科学技术出版社，1996：160-161。

图 5-11　萨穆埃尔·宾的新艺术之家的广告（左）
来源：Alastair Duncan. Art Nouveau [M]. London: Thames and Hudson, 1994：26.

图 5-12　奥太 1899 年设计的布鲁塞尔奥贝克旅馆（Hotel Aubecq）屋顶（右）
来源：Frank Russell Ed. Art Nouveau Architecture [M]. London: Academy Editions, 1983：93.

建筑走向现代主义建筑的一个过渡阶段。贡布里希（Sir Ernst Hans Josef Gombrich）在他的名著《艺术的故事》（The Story of Art）中这样论述这一段历史："拉斯金和莫里斯本来还指望通过恢复中世纪的创作条件使艺术获得新生。但是许多艺术家看到那是不可能的。他们渴望以一种新感受对待设计和各种材料自身所具有的潜力，去创造一种'新艺术'。于是在 19 世纪 90 年代举起了这面新艺术即 Art Nouveau 的旗帜。建筑家开始采用新型材料和新型装饰进行建筑实验。"①新艺术运动是一次内容广泛的设计上的形式主义运动，涉及十多个国家，从建筑、家具、产品、首饰、服装、平面设计、书籍插图，一直到雕塑和绘画艺术都受到影响，其影响时间长达十余年（图 5-11）。新艺术运动的目的是希望解决建筑和工艺品的艺术风格问题，反对历史样式，创造出前所未见的、能适应工业时代精神的简化装饰，其装饰主题模仿自然界生长繁盛的草木形状的自由曲线。新艺术运动产生之后在欧洲迅速传播，还影响到美洲，其植物形态花纹与曲线装饰在形式上彻底脱掉了折中主义的外衣，但这种改革局限于艺术形式与装饰手法，只是在形式上反对传统形式，并未能全面解决工业时代新建筑的其他问题。新艺术运动是传统设计与现代设计之间的一个承上启下的重要阶段，始于住宅用具和装饰设计，随后体现于工业设计和建筑设计。

比利时是欧洲大陆最早实现工业化的国家之一，19 世纪中叶以后，布鲁塞尔成为欧洲的文化和艺术中心，也是新艺术运动建筑的发源地。新艺术运动的创始人之一亨利·凡·德·费尔德原来是画家，他认为当时的艺术界"对于改革非常懦弱，顽固地拒绝探索简单、真实而纯净的正确形式"②。他和比利时的其他新艺术运动艺术家们致力于艺术革新，目的是要在绘画、装饰与建筑中创造一种不同于以往的艺术风格。在室内设计领域，新艺术运动艺术家们要创造一种和谐的风格，室内的每个元素，从整体色彩方案到细部都要具有统一的风格，即使小到钥匙孔也不放过。在建筑领域，他们极力反对建筑的历史样式，试图创造一种前所未见的，能适应工业时代精神的装饰手法。铁是工业时代的象征，他们在建筑中大胆使用和表现铁结构以适应时代，由于铁易于加工制造成曲线和曲面，所以他们很容易就把平面设计中的自然界植物形式转移到建筑装饰上，成为新艺术运动建筑的标志（图 5-12）。

亨利·凡·德·费尔德当画家的时候就对当时的时代风格感到苦恼，他认为艺术不能流于

① [英] 贡布里希. 艺术的故事 [M]. 范景中译. 北京：生活·读书·新知三联书店，1999：535。

② Alastair Duncan. Art Nouveau [M]. London: Thames and Hudson, 1994：8.

形式，使艺术家变成装饰家："渐渐地，我得出结论，美术之所以落到这样一种令人痛惜的颓废地步，是因为越来越被自私自利的人和为了满足人类虚荣心而出卖它的人所利用……真正的艺术品被阴险地打上欺骗宣传和虚假价值的烙印，和大批生产的普通家用品别无两样……我的愿望是从过去的说教中解放出来，在设计中开辟新纪元……我们必须更深入地探索，我们要努力获得的不只是新颖性，那本来就是转瞬即逝的东西，我们要的是有活力的东西。要想得到它，必须清除几个世纪以来积留在我们道路上的障碍，抵制丑陋东西的侵蚀，向败坏自然趣味的每种力量挑战。我坚信，凭借以理性为基础的美学的力量，我能够达到我的目标。"① 亨利·凡·德·费尔德通过自学转为建筑师，希望能从新的专业角度有所突破，创造一种在大规模机器生产的条件下得到再生的艺术。他认为要区分装饰主义（Ornamentation）和装饰（Ornament），前者是附加的，后者则直接揭示内部结构或者形式的功能特性，直接表现结构和功能，②这为使用装饰提供了理论前提，同时也反对装饰的滥用。亨利·凡·德·费尔德凭借自己的成就成为著名理论家，在欧洲影响广泛，1902年亨利·凡·德·费尔德成为包豪斯的前身魏玛工艺美术学院（Kunstgewerbeschule and Art Academy）的院长，并且和德意志制造联盟关系密切，在德国建筑界具有很大影响。

图5-13 塔塞尔住宅
来源：Jonathan Glancey. 20th Century Architecture: the Structures that Shaped the Century [M]. London: Carlton, 1998：13.

比利时建筑师维克多·奥太是新艺术风格建筑和室内设计的创始人之一，他1893年设计的塔塞尔住宅是欧洲第一座新艺术运动风格住宅建筑，位于两座建筑之间，正面面宽很窄，奥太为了立面的艺术效果，首层采用基本对称的平面，二层和三层则以他著名的楼梯为中心相对自由地布置，这座建筑以强烈的新艺术风格著称，首重艺术效果（图5-13）。奥太职业生涯高峰期的作品奥太自宅于1901年建成，包括研究室和住宅两个部分，住宅基地面宽约12m，进深近40m，周围大多是精致的石头住宅，建筑外部用白色砂岩覆面，和周围建筑协调相处。建筑细部则充分体现了新艺术运动的特点，外墙上的白色铁饰像生长的植物一样爬在三层高的立面上，二层阳台用不透明玻璃做地面，所有的装饰形成统一协调的整体效果。镶铁花的大门内还有一道镶嵌彩色玻璃的内门，从这里开始，室内风格和周围环境相协调的外部风格有很大区别，装饰非常丰富。门厅满铺意大利卡拉拉大理石，黄铜花饰熠熠生光，门厅一侧的四跑楼梯的悬挑踏步是弧形的，楼梯顶部是彩色玻璃天窗，构成室内设计的核心，到处都有植物曲线形态的装饰。建筑内部充满了装饰，大到家具，小到五金部件，如每个门把手都是特别设计的，各不相同，体现了奥太对细节的关注（图5-14）。

① [意]L·本奈沃洛. 西方现代建筑史 [M]. 邹德侬，巴竹师，高军译. 天津：天津科学技术出版社，1996：251-252。
② William J. R. Curtis. Modern Architecture Since 1900 [M]. 3rd editon. Oxford: Phaidon Press, 1996：57.

图 5-14　奥太自宅细部（左）
来源：Junichi Hshimomura. Art Nouveau Architecture: Residential Masterpieces 1892-1911 [M]. London: Academy Editions, 1990：57.

图 5-15　机械馆（右）
来源：Stuart Durant. Lost Masterpieces: Ferdinand Dutert Palais des Machines Paris 1889 [M]. London: Phaidon Press, 1999：22.

19 世纪末 20 世纪初的巴黎是世界文化和艺术中心之一，新艺术运动也在这里得到积极响应。法国有着悠久的艺术传统，很多法国艺术家和建筑师对缺乏设计的简单工业化产品以及矫揉造作的历史风格有着同等的不满，工艺美术运动给了他们一个启示，而新艺术运动更被他们视为同时解决这两个问题的良药。法国建筑师对铁的使用由来已久，但是铁到底应该以什么样的形态出现在建筑中这个困扰世界建筑界的问题在法国同样存在。1872 年，维奥莱—勒—杜克提出一种“强有力的新建筑风格，通过使用金属，可以获得重量更轻的结构”①。这不是没有先例的，水晶宫就是这样的建筑，虽然人们仍然没有为接受这样的建筑完全作好准备，但是越来越多的铁制品的出现已经使他们逐渐熟悉了这一金属，对于他们逐渐在建筑中出现也采取了默许的态度。不过 1889 年的巴黎博览会埃菲尔铁塔和机械馆还是出乎他们的意料，这两座巨大的钢铁建筑一扫法国盛行的新古典主义和巴黎美术学院的历史风格，而具有讽刺意味的是，机械馆的建筑师费迪南德·杜特（Ferdinand Dutert）正是巴黎美术学院的杰出一员，1869 年罗马奖学金的获得者，还是著名的考古学家（图 5-15）。虽然顽固的古典主义者把批评的矛头对准埃菲尔，但是思想开明的建筑师们还是得出了钢铁建筑的时代已经到来的结论，现在的问题是如何使用钢铁，新艺术运动为他们提供了一个答案。法国有很多新艺术运动建筑师，其中最著名的是埃克托尔·吉马尔（Hector Guimard），他曾经到英国和比利时旅行，受到两地新艺术运动的很大影响。他使用生铁进行各种各样的设计，很快就成为了专家，在他的建筑中，不但建筑上装饰着铁，而且室内也装饰着各种铁样，从楼梯扶手、家具到门把手这样的细节，全部都是统一设计的，使建筑成为一个整体。他最著名的作品是巴黎地铁站的一批入口，他充分发挥想象力，为这些入口设计了各种用模具预制的流畅曲线金属花样（图 5-16）。

新艺术运动在英国的中心是格拉斯哥，1896 年查尔斯·伦尼·麦金托什（Charles Rennie Mackintosh）等四人一起在伦敦工艺美术展览会上展出作品，被称为格拉斯哥四人（The Glasgow Four），其中最有成就的是麦金托什，以他们为首的艺术家形成了格拉斯哥学派（Glasgow School）。麦金托什的设计多使用直线，色彩简洁明快，室内设计常以白色为背景，家具以黑白两色为主，具有鲜明的特色。1897 年，麦金托什在格拉斯哥艺术学校新校舍（Glasgow School of Art）设计竞赛中获胜，工程于 1899 年完工，1907 ~ 1909 年又进行了扩建。

① Frank Russell Ed. Art Nouveau Architecture [M]. London: Academy Editions, 1983：9.

这是一座砖石结构建筑，南面是山丘，一侧是陡坡。建筑立面相当简洁，基本都是规整的直角几何形状，开有大面积矩形玻璃窗，没有采用新艺术运动建筑惯用的弧线，窗户上的过梁直接暴露，二层的窗户有少许铁花装饰，用于擦窗时铺设木板。扩建部分同样简洁，麦金托什为扩建的图书馆设计了凸窗，上下窗户和窗间墙一起突出，形成竖向线条，细密的金属窗框对应苏格兰传统建筑风格。建筑室内充分体现了麦金托什的设计风格，充满新艺术风格的曲线及他独特的直线装饰（图 5-17）。

无论是以奥太和吉马尔为代表的自由曲线风格，还是以麦金托什为代表的直线风格都力图发掘和展现金属的魅力，同属新艺术运动风格下的不同探索。如果从狭义的角度上来说，他们的探索就可以称为新艺术运动风格，不过新艺术风格在欧美有广泛的影响，其中不但有西班牙的高迪等独具特色的建筑师，美国的沙利文等具有自己的建筑思想但是受到新艺术运动风格影响的建筑师，还出现了奥地利“分离派”和德国“青年风格运动”（Jugendstil）等新艺术运动的分支，在世纪之交前后盛极一时，他们都具有相对独立的特征，把原生的新艺术运动思想发展到更高的高度（图 5-18 ～图 5-20）。

新艺术运动的艺术家们相信产品的形式应当具有时代特征，并与其生产手段一致，他们比工艺美术运动进了一步，看到了机器生产的重要性，希望创造出适合于机器生产的装饰风格，他们善用的曲线风格适合铁材料和机器生产的特性，为探索新建筑美学作出了有益的贡献。19 世纪末 20 世纪初短短的十几年中，新艺术运动迅速传播到欧洲和美洲，是现代建筑摆脱传统形式束缚的重要阶段。但是新艺术运动的建筑改革仅仅局限于艺术形式与装饰手法，是对建筑装饰的更新，只是以一种新形式的装饰代替传统形式的装饰，并没有涉及建筑学的核心内容，因此新艺术运动并不能全面解决工业时代的建筑问题，其追随者则往往流于形式主义。正如萨拉·柯耐尔（Sara Cornell）所言：“新艺术在各种美术中是一种过渡性的风格，一种短命的现象。从它过分的装饰性线条与它有些柔弱的形来看，它是一种有意地在风格主义的时期中寻找范例的风格主义美术，它也是一种抗议的、依赖于一个唯一的宣言的美术，这个宣言一旦提出，就没给进

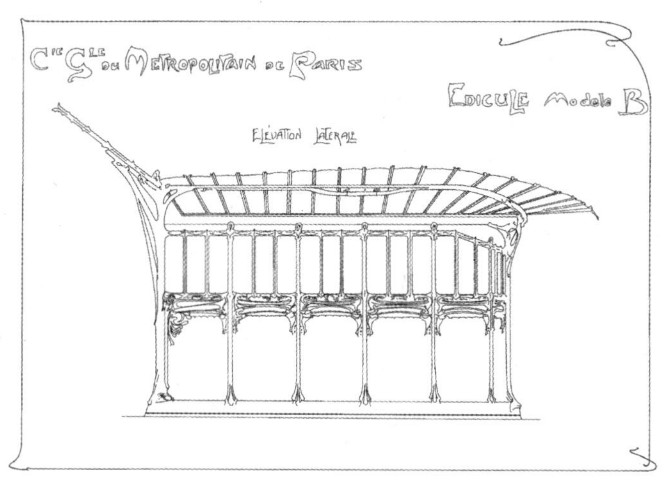

图 5-16　巴黎地铁站入口
来源：Frank Russell Ed. Art Nouveau Architecture [M]. London: Academy Editions, 1983：113.

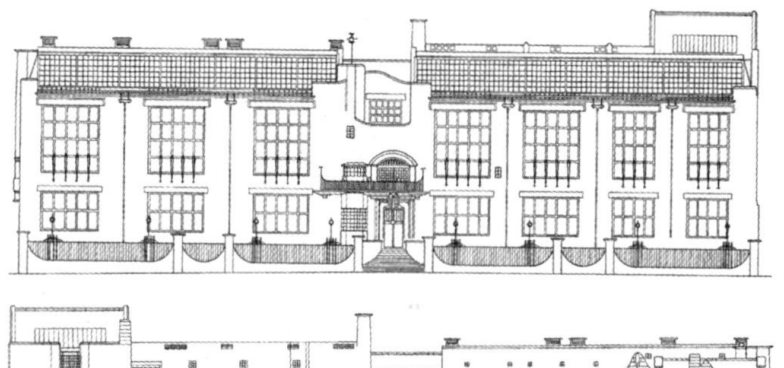
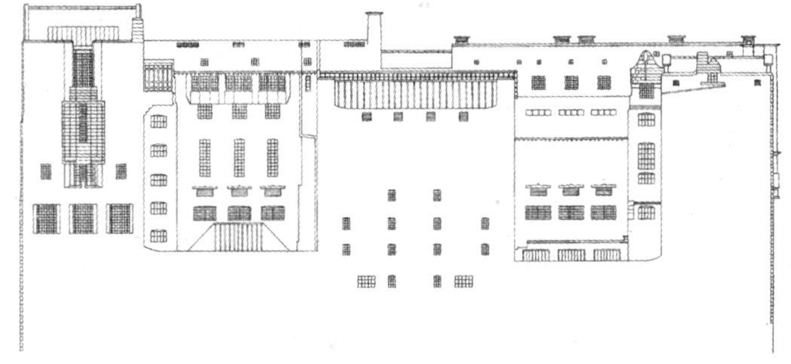

图 5-17　格拉斯哥艺术学校新校舍立面图
来源：Frank Russell Ed. Art Nouveau Architecture [M]. London: Academy Editions, 1983：49.

图 5-18　法国建筑师绍瓦热（Sauvage）设计的 1900 年巴黎博览会洛伊·富勒馆（Loie Fuller Pavilion）
来源：Frank Russell Ed. Art Nouveau Architecture [M]. London: Academy Editions, 1983：121.

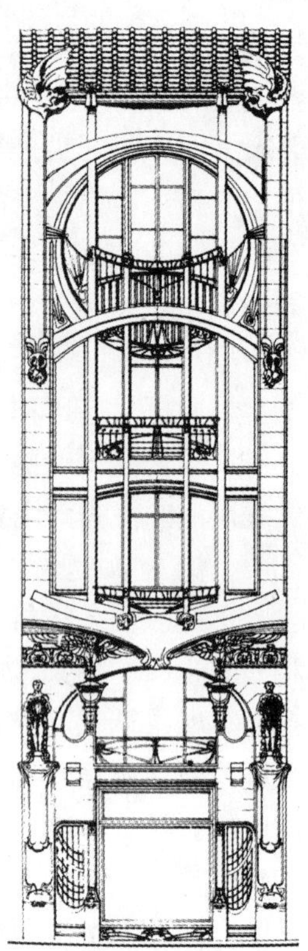

图 5-19 德国建筑师奥尔布里希设计的住宅（左）
来源：Frank Russell Ed. Art Nouveau Architecture [M]. London: Academy Editions, 1983：174.

图 5-20 意大利建筑师米凯拉齐（Michelazzi）的住宅设计（右）
来源：Frank Russell Ed. Art Nouveau Architecture [M]. London: Academy Editions, 1983：216.

一步完善留下余地。不过，这个宣言对各种美术具有深刻的解放作用；尽管它有着软弱无力的精致，但正是新艺术在美术界注入了激动并提供了令美术与公众的想象得到最终解放的冲击，以便使他们接受并期待新的形与空间的表现方式。因此，与其说它是一种逆流的运动，不如说它是一条水道更恰当，19 世纪的潮流经由它涌入了 20 世纪。”[①]新艺术运动可以说是现代主义建筑运动的前奏与过渡阶段，真正的建筑革命还未到来。不过新艺运动的意义仍然重大，它虽然在形式上受工艺美术运动很大的影响，并没有作出重大突破，但是新艺术运动艺术家的思想出发点是以工业化手段解决工业化问题，这比起工艺美术运动是一个巨大的进步，表明了他们对工业化时代的认识和接受，并创造出了一个适合铁材料特性的装饰风格。虽然他们并没有得出正确的结论，但是已经走在正确的道路上，只要沿着这条道路继续前进，就将达到真正的目标。新艺术运动在奥地利和德国的分支运动就是这样继续前进，继续推动着建筑的进步。

5.1.4 芝加哥学派

美国虽然在 1776 年已独立，但是并没有立刻摆脱欧洲的影响，进入 19 世纪后，美国的思想文化真正开始孕育发展。兴起于 19 世纪 30 年代，以爱默生（Ralph Waldo Emerson）和梭罗（Henry David Thoreau）为代表的“超验主义”（Transcendentalism）运动成为美国思想文化上的革命，是美国思想史上一次重要的思想解放运动。超验主义运动最初是一种文学和哲学运动，宣称存在一种理想的精神实体，超越于经验和科学之上，可以通过直觉加以把握。超验主义的核心观点是主张人能超越感觉和理性而直接认识真理，认为人类世界的一切都是

① [美] 萨拉 · 柯耐尔 . 西方美术风格演变史 [M]. 欧阳英，樊小明译 . 杭州：中国美术学院出版社，1992：194。

宇宙的一个缩影，强调万物本质上的统一，人则是万物的主宰者。这一思想强调人与上帝间的直接交流和人性中的神性，从而大大提高了人的地位，强调人的主观能动性。19 世纪初期的美国正处于文化形成期，这一思想正符合独立初期和资本主义上升期的时代需求，因而迅速传播到美国各地，确立了自立自强的美国平民主义精神，促进了美国民族精神的发展。在这一背景下，爱默生和梭罗成为美国人的崇拜对象，于是他们所推崇的自然主义（Naturalism）理所当然地得到美国人的偏爱，狂热崇拜爱默生的沙利文也不例外。

在沙利文初出茅庐的年代，历史主义仍然统治着美国建筑，然而反对的萌芽早已诞生。格里诺 1851 年所写的论文《形式与功能》对美国建筑提出了尖锐的批评，指出“这个国家从来没有认真考虑过建筑问题……只满足于从欧洲接受的建筑观念……只会把一大堆布置得颠三倒四的、阴暗的、不通风的房间胡凑在一起，然后用一个卑劣地剽窃来的希腊式的立面把这乱糟糟的东西遮掩起来”。①他从建设性角度提出了自己的建筑观念：“我曾把装饰说成是虚假的美。……美的正常发展是通过行动达到完善。装饰打扮的不可改变的发展是越来越装饰打扮，最后是堕落和荒唐。堕落的第一步是使用没有必然联系的、没有功能的因素，不论是形式还是色彩。如果告诉我说，我的主张将导致赤身裸体，我接受这个警告。在赤身裸体中我见到本质的庄严，而不是做虚伪的服饰……船舶的美在于形式适合功能和逐渐消除了一切不相干的、不恰当的东西。……我完全不能同意一些人说的由力学所决定的风格是经济的风格，廉价的风格……它的简单绝不是那种空虚和贫乏的简单，它的简单是正确的简单，我甚至要说，是正义的简单。”②沙利文接受了这一观点，并加以深入探索。

1871 年大火后芝加哥城市重建，高层建筑大量建造，这种适应时代需求的建筑类型是建筑师遇到的全新的课题，芝加哥学派的建筑师们开展了成功的探索，其中在建筑审美观念方面的探索尤其令人瞩目。

沙利文是芝加哥学派的得力支柱与理论家，他的理论与实践使其成为当时致力于探索高层建筑设计的芝加哥进步工程师与建筑师的代表人物，他提出“形式随从功能”的口号，认为装饰不是建筑的必要元素，他在《建筑中的装饰》（Ornament in Architecture）一文中说：“装饰从精神上说是一种奢侈，它并不是必需的东西……如果我们能够在若干年内抑制自己不去采用装饰，以便使我们的思想专注于创造不借助于装饰外衣而取得秀丽完美的建筑物，那将大大有益于我们的美学成就。”③他提出了高层建筑的形式设计原则，将建筑按照功能要求横向分为三段，他认为：“这样一来，我们不可避免地要用最简洁的可能方式设计高层建筑的外部……高层建筑的特征就是高耸……它必须高，从头到脚都不能有一条不一致的线条。”④他发展了继承自理查森（H. H. Richardson）的几何纯净性（图 5-21），认为高层建筑的外观应该是能表现结构特征的纯净形体。他的设计从早期厚重砖石外观的体量化形体走向几何化的简洁形体。1899 年的芝加哥卡森 · 皮里 · 斯科特百货公司（Carson Pirie Scott Store）是沙利文建筑设计生涯的一个高峰，建筑没有刻意追求对称，立面上匀质的格子形成无中心的图式，一个立面还有高低错落，因此没有在立面中心形成轴线，角部的圆形转角成为构图中心，与中心对称的传统设计方法迥异。建筑使用他倡导的三段式构图手法，三部分之间用水平线条分隔（图 5-22）。首层与二层作为建筑的基座，外观饰

---

① 万书元 . 当代西方建筑美学 [M]. 南京：东南大学出版社，2001：322。

② 汪坦，陈志华主编 . 现代西方艺术美学文选 [M]. 石家庄：春风文艺出版社，1989：3。

③ [英] 尼古拉斯 · 佩夫斯纳 . 现代设计的先驱者——从威廉 · 莫里斯到格罗皮乌斯 [M]. 王申祜，王晓京译 . 北京：中国建筑工业出版社，2004：9。

④ Albert Bush-Brown. Louis Sullivan [M]. London: Mayflower, 1960：8-9.

图 5-21　理查森设计的罗伯特·特里特·佩因住宅（Robert Treat Paine House）（左）
来源：Maureen Meister. H. H. Richardson: The Architecture, His Peers, and Their Era [M]. Cambridge: MIT Press, 1999：90.

图 5-22　卡森·皮里·斯科特百货公司（右）
来源：Albert Bush-Brown. Louis Sullivan [M]. London: Mayflower, 1960：79.

图 5-23 卡森·皮里·斯科特百货公司的芝加哥窗（左）
来源：Carl W. Condit. The Chicago School of Architecture [M]. Chicago & London: The University of Chicago Press, 1964：110.

图 5-24 卡森·皮里·斯科特百货公司装饰细部（右）
来源：Albert Bush-Brown. Louis Sullivan [M]. London: Mayflower, 1960：82.

有复杂的新艺术风格铁饰；沙利文将中间部分作为一个整体来处理，既然每层的功能都一样，那么形式也应该一样，立面除了框架结构之外全部开横长方形的“芝加哥窗”（图 5-23），用很细的窗套加以强调，辅以水平线脚强调横向构图，这一部分建筑没有传统风格的装饰，立面上只有简洁的线条；顶部的设备用房后退，以免影响外观。这座建筑充分体现了沙利文的三段式高层建筑设计手法，而且中间部分简洁清新，直接表现结构，富有特色的“芝加哥窗”成为立面构图的统治因素，充分体现了芝加哥学派的高层建筑特色，成为建筑史上的里程碑。

芝加哥学派在 19 世纪建筑探新运动中起了很大的作用，它摆脱了复古主义折中主义的束缚，其建筑艺术反映了新技术的特点，简洁的立面符合工业化时代的精神，探索出适应当时条件的高层建筑设计手法。但是芝加哥学派的建筑师还没有摆脱装饰，即使是提出应该取消装饰的沙利文在实际作品中也使用装饰来美化建筑；他们发明并完善了高层建筑钢结构，但是并没有主动去表现它，建筑仍然使用饰面，没有把新技术作为建筑美生成的核心（图 5-24）。虽然芝加哥学派的探索向现代主义建筑美学观迈进了一大步，但是无论在理论上还是实践上都有待提高。

5.2　19 世纪末 20 世纪初对现代主义建筑美学观的初步探索

经过 19 世纪一系列建筑师的探索和各种运动的洗礼，建筑已经从 19 世纪走入 20 世纪，不但摆脱了传统的束缚，而且还开始主动寻求对工业化的应对之策。但是之前的探索重点和成就主要在于装饰，只是在有限的范围和深度上探索了工业生产和建筑的结合，但是新的建筑美学不是要用新装饰手法代替旧装饰手法，而是适应新建筑体系的全新建筑风格，工业化给建筑带来的应该是一场革命，是从思想到方法的全面变革。这两个问题迅速被有识之士注意到，到第一次世界大战前后，这两个通向现代主义建筑美学的最后障碍都得到扫除，为现代主义建筑美学观的迅速发展扫清了道路。

5.2.1　抽象艺术对现代主义建筑美学观的影响

抽象艺术是经过印象派和后印象派等艺术派别对形式的冲击后，在 20 世纪初逐渐出现的。19 世纪摄影术发明后，真实再现客观场景的绘画艺术失去了意义，艺术家们开始反思绘画的意义，认为对形式和色彩的个人表现才是绘画的发展方向。19 世纪末，法国新艺术运动画家奥古斯特·恩德尔（August Endell）曾经说："一种全新的艺术即将出现，在这种艺术中，图中形体什么也不是，什么也不代表，也引不起任何回想，但它却与音乐相类似，产生出同样的感情效果。音乐，来自作曲家的心灵，只有在演奏时才成为'真实'，但它却创造出一种情绪和一种气氛，乃至在我们心灵中引起对形体和颜色的联想；当乐器把它送进我们的耳朵时，它又何其完美！既如此，画家心中的形体和颜色，虽可能并不代表可以辨认的实体，但当它被画上画布时．为什么就不可以臻于完美呢？"①

经过 19 世纪的初步探索之后，20 世纪的艺术家普遍接受了形式的变异。立体主义是艺术史上的转折点，画家们打散形体，再以几何图形的模式重新组合，产生了全新的艺术作品。如野兽派是 20 世纪初在巴黎作画的一小群画家，首领是马蒂斯，作品具有强烈的色彩和极度的变形形体。表现主义把心态的表现作为主题，注重描绘心态，往往扭曲物体的本来面目。20 世纪 10 年代，欧洲的交通已很发达，旅行与艺术家的相互交往相当方便，各种艺术流派和各种艺术思想重叠交叉，在欧洲广为传播，这些艺术流派和艺术思想都涉及抽象艺术，但是尚未达到真正的抽象艺术境界。

俄国人瓦西里·康定斯基是第一位真正的抽象艺术家。康定斯基 1866 年出生于莫斯科的一个贵族家庭，曾经学习过音乐，他在参观 1895 年莫斯科举办的印象派画展时第一次意识到，绘画可以表达感情，即便没有可以辨认的形体也是如此。康定斯基对抽象绘画的思考始于直觉，他在自传中记述过 2 次重要的经历。1895 年在莫斯科的印象派画展上，"我突然看到一

---

① 唐纳德·雷诺兹，罗斯玛丽·兰伯特，苏珊·伍德福德．剑桥艺术史（三）[M]. 钱乘旦，罗通秀译．北京：中国青年出版社，1994：238。

图 5-25 1913 年构成第七号，草图 1（Sketch I for Composition VII）
来源：修·昂纳，约翰·弗莱明．范迪安主编．世界艺术史 [M]．海口：南方出版社，2002：785。

幅前所未有的绘画，它的标题写着《干草堆》(Haystacks)。然而我却无法辨认出那是干草堆……我感到这幅画所描绘的客观物体是不存在的。但是，我怀着惊讶和复杂的心理认为：这幅画不仅紧紧地抓住了你，而且给了你一种不可磨灭的印象……我百思不得其解。绘画竟然有这样一种神奇的力量和光辉。不知不觉地，我开始怀疑客观对象是否应当成为绘画所必不可少的因素”。后来有一个时期，康定斯基在巴伐利亚乡间作画，“一天，暮色降临，我画完一幅写生后，回到家里……突然，我看到房间里有一幅难以描述的美丽图画，这幅画充满着一种内在的光芒……除了形式和色彩以外，别的我什么都没有看见，而它的内容，则是无法理解的。但我还是立刻明白过来了，这是一幅我自己的画，它歪斜地靠在墙边上。第二天我花了很多时间去辨识画上的内容，而那种朦胧的美感却不存在了，我豁然明白了，是客观物体毁了我的画”[①]。也就是说，由于他辨认出了画面上的实际物象，而使注意力从绘画本身的纯粹的形式和色彩转向了对物体的辨认，因此对作品的审美从形式下降到了功用的层次，而只有摆脱在欣赏中的功利性才能让人们真正欣赏绘画。于是，康定斯基走上了没有实际物象的抽象主义绘画之路（图 5-25）。

1910 年，康定斯基写下著名的《论艺术中的精神》，分析绘画成分，发现和音乐、舞蹈等艺术形式一样，其中都存在精神因素：“形式，即使它是抽象的、几何的，也都拥有它们自己的内部世界。”他认为绘画要超越自然，因为“它最坚固的基础——实证科学已经没有了，在艺术家面前一个物质分解的时代正在展开……我们很快就可以进行纯粹构图了……非物质

① [俄] 康定斯基．康定斯基文论与作品 [M]．查立译．北京：中国社会科学出版社，2003：4。

王国的一切事务没有任何理论可言，没有物质存在的东西不能以物质手段具体化。属于未来精神的东西只能在感情中实现，而艺术家的天才是通向感情的唯一渠道”。他还认为：“要么形式的目的在于确定二维空间的具体对象，或者形式作为一个抽象或者纯抽象的实体而继续存在下去。”①最终康定斯基毫不犹豫地选择了抽象艺术的道路。

新艺术流派趋向抽象代表了当时的艺术发展趋势，无论是建筑师直接受到艺术家的影响，还是艺术流派的发展中就包括建筑师的探索，又或是建筑师从社会流行的艺术风气中间接地受到影响，他们都不可避免地面对建筑是否应该和艺术同样趋向抽象的问题，而答案是显而易见的。康定斯基首创了非写实的构图组合，他深信：“未来的艺术形式将会把各种艺术手段结合成一体，并且会超越所有单一种类的艺术手段，产生出壮丽的综合成果。”②1922年初，康定斯基加盟欧洲现代主义建筑的大本营魏玛包豪斯学校，在包豪斯开设了基础设计课，主要讲授色彩问题。康定斯基的基础设计课“以严格的、准科学的分析手段来处理色彩、图形与线条，从而让学生们看到了，这种艺术手法其实有可能做到既充分地表达感情，又不失于理性的控制。再说，他本人的绘画作品也充分表现出，只需运用一些显然有限的抽象语汇，发挥出来的表现潜力便能达到仿佛无穷无尽的境界——康定斯基对几何形状的精妙应用，极大地影响了包豪斯的设计，尤其是在1925年以后”③。抽象艺术对现代主义建筑美学观的影响由此可见一斑。

5.2.2 美国建筑师的探索

赖特的家庭是唯一神派教徒，因此他自小就接受超验主义的观念，梭罗的个人主义，爱默生的自然主义都牢牢印记在他脑海中，因此在遇到同样秉承超验主义的沙利文后，赖特迅速就接受和吸收了沙利文的建筑观念，成为他日后发展的基础。

赖特吸收和发展了沙利文“形式追随功能”的思想，力图形成一种有机、整体的建筑学概念，即建筑的功能、结构、适度的装饰与环境融为一体，形成一种适于现代社会的艺术表现，他强调建筑艺术的整体性，建筑的每一个部分都要与整体协调。他自己总结的建筑特征中有几点值得注意：“建筑的装饰依靠材料的本质，使用适应于机器制造的几何形体或直线条；设计简洁，便于机器工作，使用直线和矩形；淘汰室内装饰家，他用的全是曲线和花纹，甚至还是什么‘时代的’。”④他认为装饰可以取消，1911年他在《建筑学》(Architecture)一书中说：“总而言之，我们必须记住，美也可能是不加雕琢的，很可能的是，装饰，是从纹身艺术中发展起来的，而这属于人类社会的童年时代，因而，装饰是可能从我们的建筑中消失的，就像从我们的机器中消失一样。”⑤显然，赖特受到路斯的影响，不过远没有路斯那么激进，装饰只是可能取消，并不是必须取消，实际上装饰在赖特的作品中存在了很长时间，也可以说是自始至终一直存在，只是自然、适度，与环境融为一体，因而成为赖特建筑的有机组成部分。

赖特早已意识到工业化时代背景下机器和机器生产的重要性，他在1894年就说：“生活

---

①[俄]康定斯基．康定斯基文论与作品[M].查立译．北京：中国社会科学出版社，2003：9-51。

②[英]弗兰克．惠特福德著，包豪斯[M].林鹤译．北京：生活·读书·新知三联书店，2001：99。

③[英]弗兰克．惠特福德著，包豪斯[M].林鹤译．北京：生活·读书·新知三联书店，2001：103-104。

④[意]L·本奈沃洛．西方现代建筑史[M].邹德侬，巴竹师，高军译．天津：天津科学技术出版社，1996：225-227。

⑤[德]汉诺—沃尔特·克鲁夫特．建筑理论史——从维特鲁威到现在[M].王贵祥译．北京：中国建筑工业出版社，2005：253。

正在准备满足那种即将到来的需要。建筑师将了解现代方法、工艺过程和机器的能力并且成为它们的主人，他将感觉到新材料对他的艺术的意义。”1901 年，他在《机器的工业和艺术》(The Art and Craft of the Machine) 讲稿中颂扬机器时代：“我们的钢铁和蒸汽的时代，机器的时代，其中火车头、工业发动机、发电机、武器或轮船取代了过去时代艺术品所占据的地位。”[①]他认为：“对于现在的建筑师，没有比使用这文明的工具能获得更多收益的了……迄今为止的那些拼凑起来的旧建筑结构形式已经衰亡，早已死去，新的条件，尤其是钢、混凝土和烧土[②]的工业化正在预言着一种更为灵活的艺术。”他后来还指出：“让建筑师首先使用机器工作，建筑师是而且必须是他的时代的工业手段的主人，他们是而且必须是他们时代生活美的解释者……机器、材料和人是美国建筑师用来产生自己建筑的三个要素，只有通过对这三个要素的深刻理解，才有力量去做称得上‘建筑’这个伟大术语的工作，没有对工具和原理的真正理解，不可能有技术上真正的繁荣，也不会有真正的艺术……如果我要建造一座建筑，我必须运用新的技术……不仅使运用的材料受到赞美，而且使它们可以适应机器施工而格外杰出。”[③]

赖特反对沉湎于历史风格，认为机器是必须应用的当代工具，能够揭示材料的真实特点和美感，建筑师应该利用机器，经济地表现材料的本质，创造新的美学。不过赖特并没有倡导直接学习机器，没有倡导创造机器美学，在他眼里，机器是创造美的工具而不是美的本身，他的建筑并没有直接表现技术。赖特采用的适用于机器制造的形式是几何化和标准化的，他的很多建筑都是基本几何形体的组合，装饰着机器制造的统一纹饰。1905 年设计拉金大厦时，赖特认为当时的美国建筑充满了堆砌的无意义的细节，应当加以扬弃，应当创造新建筑，他认为自己看到了时代的特性和力量，必须进行革新来对应机械时代。拉金大厦由封闭的砖石体块组合而成，外观非常简洁，很少装饰。建筑封闭是为了防止从旁边经过的火车的烟尘污染室内，这本来是不利因素，但是赖特却顺势将整个建筑设计成几何形体的穿插组合，创造出抽象的几何化的外部形式 (图 5-26)。赖特设计出几何形体构成的建筑，他认为：“让我们放过以艺术的名义曲解、歪曲和争论了几个世纪的东西，让它的内在尊严再次展现力量吧。我承认我热爱明确的尖脊，立方体令我鼓舞，球体让我雀跃。我在方形和圆形中找到建筑的母题……加上八角形，我找到了创造建筑交响乐的足够材料。我可以把它们结合起来而不造成混杂，不过我还是喜欢纯净、强壮而纯粹的它们……我确定，这为艺术家的工作提供了足够的回旋余地，而且符合建筑的首要规律。”[④]如果仔细分辨，就可以从赖特这一时期的很多作品中找到这种抽象的几何性，他开创了形式解放的新风格。

1910 年之后，赖特的建筑观念在欧洲得到了关注和传播，对欧洲现代主义建筑的形成起到了一定的影响。1910 年，德国人厄斯特·沃斯默思 (Ernst Wasmuth) 出版赖特的作品集 (Ausgeführte Bauten und Entwürfe von Frank Lloyd Wright)，包括平面图和透视图，同时在柏林举办展览，还邀请赖特本人到场；1911 年又出版了主要收录平面图和照片的第二卷 (Frank Lloyd Wright, Ausgeführte Bauten)，引燃了欧洲年轻一代建筑师的热情。[⑤]当时的欧洲建筑师第一次见到这样的建筑，他们发现在另一片大陆上，赖特已经知道如何解决欧洲建

---

① [英] 尼古拉斯·佩夫斯纳 . 现代设计的先驱者——从威廉·莫里斯到格罗皮乌斯 [M]. 王申祜，王晓京译 . 北京：中国建筑工业出版社，2004：11。

② Terra Cotta，也可译为赤陶土。

③ 项秉仁 . 赖特 [M]. 北京：中国建筑工业出版社，1992：43。

④ William J. R. Curtis. Modern Architecture Since 1900 [M]. 3rd editon. Oxford: Phaidon Press, 1996：127.

⑤ Vincent Scully. Modern Architecture and Other Essays [M]. Princeton: Princeton University Press, 2003：56.

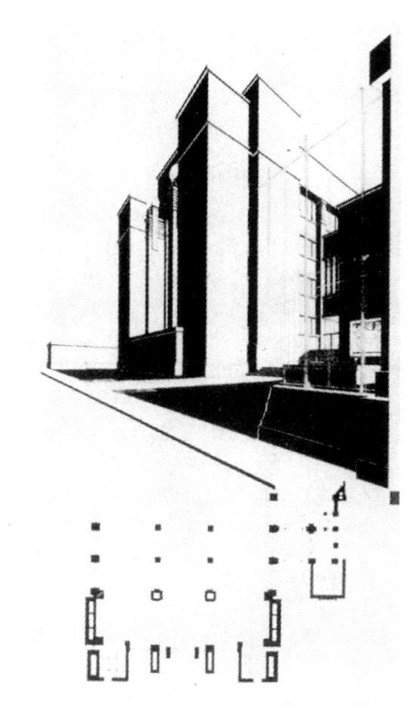

图 5-26 拉金大厦（左）
来源：曼弗雷多·塔夫里，弗朗切斯科·达尔科．现代建筑 [M]. 刘先觉等译．北京：中国建筑工业出版社，2000：67。

图 5-27 1911 ~ 1912 年巴克住宅（Barker house）（右）
来源：Thomas S. Hines. Irving Gill and the Architecture of Reform: A Study in Modernist Architectural Culture [M]. New York: Monacelli, 2000：120.

筑师还在考虑的问题，无论技术、材料、空间、风格都已经在赖特手中得到初步解决。赖特的影响迅速遍及欧洲，包括密斯·凡·德·罗等著名建筑师都受到他很大的影响。密斯·凡·德·罗后来在文章中回忆：“我们这些年轻的建筑师从未如此内心矛盾，我们充满热情的心要求不受限制，我们准备好把自己奉献给一种理念，但是那个时期的潜在的建筑理念在当时失去了。这就是 1910 年时候大致的情况。这时，对我们至关重要的赖特的作品展来到柏林，全面展示并详尽地出版其作品，使我们能真正地了解他的成就。这一偶然事件注定要对欧洲的建筑发展具有重大意义。伟大大师的作品展现了建筑世界中意想不到的力量，语言纯净，形式丰富，最后是建筑画，源自建筑真正的源头，来自光的创造力。真实的有机建筑之花。我们吸收得越多，就越仰慕他的天才，他大胆的概念和思想与行动的独立性，他的作品的动态的推动力鼓舞了整整一代人，他的影响在不可见之后还可以强烈地感受到。”①随后，欧洲建筑师纷纷在此基础上探索、发展。

美国的欧文·吉尔（Irving Gill）认为钢筋混凝土的特性要求建筑使用简单的矩形词汇进行设计，他认为美国南部一些传统泥土民居的无装饰的光墙是现代住宅值得学习的榜样。“我们应该把我们的住宅建得和石头一样简单、直接而坚固，然后把它留给自然去装饰，自然会用苔藓给它定调，用暴风砍凿它，让它和草场上的石头一样与树藤及花影和谐相处。我认为住宅应该更适用，更卫生。如果取消不必要的装饰，我们就会获得更持久更有品位的住宅。”他和沙利文及赖特同样相信最好的几何形式源于自然：“每个艺术家都迟早会直接面对 4 个规律——线条的力量。来自于地平线的直线是伟大的象征，庄严而高贵；来自于天穹的拱线表现出喜悦、尊重和渴望；圆形是完美和运动的标志，可以在石头落入水中时看到；方形是力量、公正、诚实和坚固的象征。它们是建筑的基本元素。”②吉尔的设计在 1910 年代就表现出抽象的几何形式特征，不过创作理念和欧洲现代主义建筑师完全不同，欧洲也没有人了解他的创作（图 5-27）。这一时期美国的主流建筑风格仍然陷于复古主义折中主义的装饰和传统之中，而此时通过大批建筑师的探索，欧洲已经开始向现代主义建筑迈进。直到 20 世纪 20 年代之后，美

① Vincent Scully. Modern Architecture and Other Essays [M]. Princeton: Princeton University Press, 2003：56-57.
② William J. R. Curtis. Modern Architecture Since 1900 [M]. 3rd editon. Oxford: Phaidon Press, 1996：97.

图 5-28　洛弗尔滨海住宅（左）
来源：David P. Handlin. American Architecture [M]. London: Thames and Hudson, 1985：219.

图 5-29　洛弗尔住宅（右）
来源：Esther McCoy. Richard Neutra [M]. London: Mayflowern, 1960：38.

国才重新向现代主义建筑靠拢，如 1922 年鲁道夫·申德勒（Rudolph Schindler）设计的洛杉矶洛佛尔滨海住宅（Beach House）（图 5-28）和 1929 年理查德·努特拉（Richard Neutra）设计的洛杉矶洛弗尔住宅（Lovell House）（图 5-29）外观都十分现代。

5.2.3　维也纳学派和分离派

瓦格纳 1841 年生于维也纳，曾先后在维也纳和柏林求学，1894 年瓦格纳成为维也纳艺术学院的教授，随后任院长，他和追随他的学生形成的设计学派称为维也纳学派。1895 年瓦格纳发表《现代建筑》一书，提出建筑要为现代生活服务，不能采用历史风格，设计要考虑现代技术条件。但是他认为新形式应该源于旧形式，主张对现有建筑进行净化来创造新形式。他认为应该发展一种基于新建筑材料和建筑结构的建筑，而建筑形式既不来自历史原则，也不来自虚无的想象，而是建筑本身的结果，在完成设计之后，自然就会产生形式。

1897 年维也纳学派中的部分成员又成立了分离派，宣称要与过去的传统分离，主张简洁造型和集中装饰，瓦格纳本人也于 1899 年加入分离派。分离派仍然是一个相对松散的学派，而且受到新艺术运动的影响很深，只是现代主义建筑起源期的一个过渡阶段。例如约瑟夫·霍夫曼（Josef Hoffmann）1905 年开始设计的著名的布鲁塞尔斯托克莱宫（Stoclet House）建筑形体方正，外观具有几何性特征，但是不乏各种线脚和复杂的装饰纹样，屋顶用 4 根粗壮的塔柱支撑镂空的金色球体，象征太阳神阿波罗的桂冠，也是这座建筑的标志，建筑的中央是展览大厅，四周是画廊，球体之所以镂空就是为展厅提供天然采光（图 5-30）。这座建筑虽然有几何构成的意味，并对建筑进行了的简化，具有一定的进步意义，但是仍然采用复杂的铁花装饰，显示出新艺术运动的巨大影响。相比之下，奥尔布里希 1897 年开始设计的分离派代表作品——分离派展览馆（Sezession House）建筑线条平直，采用较为抽象的方正体块，没有屋檐等古典元素，反而更具有现代性，但是这一建筑的屋顶上仍然有一个金属制造的圆形花环，清晰地标示出建筑的风格归属（图 5-31）。这一情况说明分离派运动仍然属于不成熟的探索阶段，虽然有优秀的作品出现，但是水平参差不齐，也没有做到完全摆脱装饰的束缚，距离真正的革新仍然有一段距离。

进入 20 世纪，瓦格纳的作品更加成熟，他认为现代技术必将带来简洁的新风格，提出：“我们的感觉必须明确告诉我们那些支撑的线条，平坦的平面的直接表达，概念的极度简洁和结构及材料的明显强调，将在未来的建筑中起支配作用。现在我们控制下的现代技术和方法，也确保了这一切的发生。毋庸置疑，这种建筑上的艺术效果，也一定会体现出现代人的

图 5-30　斯托克莱宫（左）
来源：Werner Blaser. Stone Pioneer Architecture: Masterpieces of the Last 100 Years [M]. Zürich: Waser Verlag, 1996：47.

图 5-31　分离派展览馆立面图（右）
来源：Frank Russell Ed. Art Nouveau Architecture [M]. London: Academy Editions, 1983：236.

生活环境和观念，并最终将建筑师的个性展现出来。”[①] 1904 年开工的维也纳邮政储蓄银行（Post Office Savings Bank），其大厅设计有重大革新，室内非常简洁，只有白色的光墙面和柱子，支撑中央的玻璃拱顶和两翼的玻璃平顶，柱子上的铆钉直接暴露，墙面装饰着大理石薄板，上面清晰凸现着固定用的铆钉，形成抽象的图案。大厅的混凝土地板上嵌有玻璃，以利下层建筑提供采光，建筑的入口、栏杆、雨棚、室内陈设都是铝制的，采用抽象的几何形式。这座大厅使用全玻璃屋顶，室内基本没有装饰，大量金属构件都直接暴露，固定金属构件用的铆钉也无意遮掩，到处都是银色的金属光泽，用暴露的结构、材料和设备体现工业化时代的特色，具有纯净的技术美，但是建筑外观仍然是富于装饰的典型新艺术风格（图 5-32）。维也纳邮政储蓄银行的大厅设计是一个特例，是超越时代的优秀作品，即使瓦格纳本人的其他作品也没有再次达到这一高度。

奥托·安东尼娅·格拉夫（Otto Antonia Graf）把维也纳学派 1898 ~ 1905 年间的活动总结为三个方向。“一个是形式问题……也就是开放性的空间，空间与体积的相互贯通，经处理的、原质化的、几何化的、抽象化的和基本的形式。第二个方向是结构之于形式的关系，或者，更确切地说，是结构赋以诗意的明确体现。自哥特时期结束之后，这种综合没有被注意过……最后第三个方向是对动态的新领域的规划设计的分析。”[②]几何化、抽象化、结构和形式的关系等都是现代主义建筑美学观的关键问题，不过维也纳学派虽然向正确的方向进行了探索，但是力度和深度都还有不足。

图 5-32　维也纳邮政储蓄银行大厅
来源：Frank Russell Ed. Art Nouveau Architecture [M]. London: Academy Editions, 1983：257.

① [德] 汉诺—沃尔特·克鲁夫特．建筑理论史——从维特鲁威到现在 [M]. 王贵祥译．北京：中国建筑工业出版社，2005：239。

② [英] 尼古拉斯·佩夫斯纳，J·M·理查兹，丹尼斯·夏普编著．反理性主义者与理性主义者：反理性主义者 [M]. 邓敬，王俊，杨娇等译．北京：中国建筑工业出版社，2003：96。

5.2.4 路斯的极端化建筑思想——“装饰就是罪恶”

维也纳是世界艺术的重要中心，在这里，传统和装饰的力量也相当强大，即使维也纳学派和分离派进行了很多有益的探索，但是他们仍然不肯抛开装饰，因此，20世纪初的维也纳仍然具有一种矫饰的浮华风气。曾经在美国游历数年的路斯对美国追求实际的文化和作风大为欣赏，两相对照之下，维也纳的建筑就让他无法忍受，他认为分离派沉迷于装饰，而且是肤浅的表面化装饰。他对此加以严厉批评，并且一度以装饰的坚决反对者身份出现，他认为艺术要和实用性完全分开，建筑不是艺术，而是实用品。因此他认为分离派的探索并没有进步意义，和他们所反对的传统没有本质区别，只是新奇的效果而已，“要谨防新奇，设计很容易驱使你那样做。设计时必须付出很大努力来驱赶一切奇异的想法……只有在把事情做得更好的前提下，才可以搞新东西。只有那些新发明，像电灯、混凝土等，才能改变传统”①。虽然这些看法有正确的一面，批判了“为艺术而艺术”（Art for Art's Sake）的做法，但是他的说法趋于极端，1908年，他发表《装饰和罪恶》（Ornament and Crime），认为装饰是一种恶习，必须加以去除，这是一种极端化建筑思想的极端表现，对当时的建筑界具有很强的冲击力。

《装饰和罪恶》以激进的口吻反对一切装饰，将它们和罪恶并列：“以我们的标准，儿童是道德的，巴布亚人也是道德的。巴布亚人屠杀敌人，把他吃掉，他是无罪的。如果一个现代人杀人并吃掉，他不是罪犯就是堕落者。巴布亚人纹身，装饰他的船和桨，装饰每件他能动手装饰的东西。不过纹身的现代人不是罪犯就是堕落者。为什么？监狱里80%的人都有纹身，如果纹身的人至死都没有犯罪，他只是还没有来得及犯罪，对儿童和巴布亚野人来说自然的事对现代人来说是病症。我因此提出以下格言并对全世界宣布：文化的进步和使用物品上装饰的消灭是同步的。”②他猛烈攻击当时的装饰：“既然装饰不再是我们文明的有机整体，它已经不再是这种文明的正确表达。今天设计的装饰与我们无关，与整个人类无关，也与宇宙秩序无关，它是落伍的，没有创造性的……过去的艺术家高居人类文明的顶峰，表达健康和力量。但是现在的装饰者们，却要拖文明的后腿，要么病态地呻吟。三年后他就会否认自己的作品。他的作品已经成为有教养人士的重负，不久也会成为其他人的负担……现代装饰既没有祖先也没有后代，没有过去也没有未来，它只能被未开化的人们欣然接受，对这些人而言，我们时代真正的伟大还是一本尘封的书。但是，即使是他们，装饰也即将被遗忘……装饰已死。”③路斯就是这样用极端化的激进语言肆无忌惮地表达他那极端化的建筑思想，这在当时的欧洲也许有振聋发聩的警示之功，但对路斯的过激言论我们不应脱离当时当地的具体条件在今天的建筑语境中误读。

路斯讨厌当时建筑大量的虚假立面，认为当时的装饰只是大量制造、大量消费的无用之物，虽然形式上有所改变，但是本质上和19世纪的装饰没有区别，他希望抛弃建筑的附加物，创造一种理性的简洁的风格，“只用形式而没有装饰，来寻求美，回到所有人类正在追寻的目标”④。虽然他使用的语言有时十分刻薄，但是他对当时欧洲建筑界的状况可谓

---

① [意]L·本奈沃洛．邹德侬，巴竹师，高军译．西方现代建筑史[M]．天津：天津科学技术出版社，1996：278-279。

② William J. R. Curtis. Modern Architecture Since 1900 [M]. 3rd editon. Oxford: Phaidon Press, 1996：71.

③ [英]尼古拉斯·佩夫斯纳，J·M·理查兹，丹尼斯·夏普编著．反理性主义者与理性主义者：理性主义者[M]．邓敬，王俊，杨矫等译．北京：中国建筑工业出版社，2003：30。

④ William J. R. Curtis. Modern Architecture Since 1900 [M]. 3rd editon. Oxford: Phaidon Press, 1996：70.

一语中的，无论风格如何演变，装饰仍然是装饰。路斯是这一特定历史时期的特殊代表，他用极端的语言表达他那偏激的建筑观念，虽然失之偏激，却切中要害。但是路斯远没有表面上看来这么极端，他曾经是古典复兴风格的追随者，即使是在他转向冷峻的几何风格之后，其建筑的室内仍然丰富多彩，使用各种材质的材料创造出丰富的视觉效果。他对装饰的厌恶更多的是对同属维也纳的分离派建筑的不满和对过分装饰的厌烦，在外加装饰真的取消之后，他又站出来表示惊讶，声称适当的装饰是必要的，而完全没有装饰也是不可想象的，他所要反对的是无意义的空洞装饰和滥用的装饰。不过，无论如何，他的言论对当时的欧洲建筑界有很大的震动，彻底摆脱装饰，走向抽象几何化的建筑风格无疑有他的一份功劳。但路斯本人实际上推崇历史建筑，也并非完全排斥装饰，他提出的思想虽然对建筑美学观的发展具有重要作用，但是他本人却没有成为纯粹的现代主义建筑师（图 5-33）。

图 5-33　路斯设计的戈德曼和萨拉特西大厦（Goldman and Salatsch Building）
来源：Jonathan Glancey. 20th Century Architecture: the Structures that Shaped the Century [M]. London: Carlton, 1998：130.

5.2.5　德意志制造联盟

1907 年建立的德意志制造联盟目的是“提高技艺，选拔艺术、工业、工艺美术和贸易方面最具有代表性的人物，把改进工业产品质量方面业已存在的各方面努力联合起来，形成这一切的聚集点，使他们能够而且愿意为质量而工作”①。他们承认新时代，承认机器的作用，试图寻找一条适合工业化生产的设计道路。

德意志制造联盟的创始人之一穆特修斯曾作为驻外使节在英国生活，其间曾研究英国的设计和建筑风格，认为英国的优良设计是工艺和经济的基础，但是工艺美术运动反对工业化的观点是不正确的。他认为机器制品是按照时代的经济性质制造的，因此它们的设计应该具有机器的风格，以实用主义的精神摒弃装饰，具有适用性和简洁性。他的观点在德国得到了共鸣，赫尔曼·奥布里斯特（Hermann Obrist）1903 年的文章提出，蒸汽轮船“巨大而弯曲的轮廓线具有力量和朴素的美，它们具有奇特的实用价值，干净光滑而又光辉夺目”；威廉·舍费尔（Wilhelm Schäfer）认为“一切造型都要做到既实用又朴素，这是一切产品通向现代风格的必由之路，正像机器和铁桥做到的那样”；瑙曼认为建筑和艺术具有社会功能，船舶、桥梁、储气罐、火车站、市场是“我们的新建筑”，钢铁建筑是“我们时代的最大艺术经验”，因为“这里没有结构部分的艺术加工，没有粘贴上去的假装饰。这里有迄今为止所能做到的一切，其妙处简直无法形容”。②

① [意] L· 本奈沃洛．西方现代建筑史 [M]. 邹德侬，巴竹师，高军译．天津：天津科学技术出版社，1996：346。

② [英] 尼古拉斯·佩夫斯纳．现代设计的先驱者——从威廉·莫里斯到格罗皮乌斯 [M]. 王申祜，王晓京译．北京：中国建筑工业出版社，2004：11。

德意志制造联盟将艺术家和工业联系在一起，探索工业时代的形式和德国精神，穆特修斯希望将德国的品位提高到世界之巅，从而创造有影响力的真实的德国文化。他希望回到基本的形式品质来表现建筑的尊严，并帮助德国确立新的自信的德国精神。“重新建立建筑文化是所有艺术的基础条件，让建筑适应我们有秩序和规则的生活方式，自然会体现出好的形式。”①穆特修斯要创造适应有秩序有规则的原则的理性工业化形式，德意志制造联盟成立之前，德国也有过机器批量化制造和部件标准化的实验，不过还没有普及。德意志制造联盟成立之后，穆特修斯的思想开始传播开来，他主张机器制造和标准化设计制造，“建筑与制造联盟的全部活动都倾向于标准化。只有通过标准化，它们才能重新获得那种在协调一致的文明时代中所具有的普遍公认的重要性。只有通过标准化，才能把众多力量有益地集中起来，才能引进一种为人们普遍接受的、确实可靠的艺术趣味”。特奥多尔·菲舍尔（Theodor Fischer）也在德意志制造联盟第一次年会上说：“在工具和机器之间没有什么固定的界限。人们一旦掌握了机器，并使它成为一种工具，就能用工具或者机器创造出高质量的产品……并不是机器本身使得产品质量低劣，而是我们缺乏能力来正常地使用它们……致命的并不是大量生产和劳动分工，而是工业无视于它的目标是生产高质量的产品，只觉得它是时代的统治者，而不是为我们社会服务的一个成员。”②

德意志制造联盟成立 3 年之后，已经拥有 731 名精选出来的成员，包括 360 名艺术家，276 名工业家和 95 名专家。③他们强调的是改革艺术和工业之间的关系，这种探索自然地把他们引上同样的道路，形成类似的风格。贝伦斯就是其中的佼佼者，他认为：“艺术不应该再被看作一种个人事务，不应再被看作一种个体艺术家自我迷幻或奇想——如同他被其情人弄得神魂颠倒的情形一样，我们不要这样一种美学——其法则来自浪漫的白日梦，而是要一个真实的美学——其威信基于生活。不过我们也不想要一个孤芳自赏不思进取的技术，而是要一个能显示自身，能随着我们时代的脉搏一致跳动的技术。”④他认识到机器带来了有力的革命，不可避免地将要淘汰手工传统，会改变当时倒退的历史形式主义风气，认为要让生活更加简朴、更实际，这一目标只有通过工业化才能实现，因此他积极探索工业化和标准化形式。

图 5-34　贝伦斯设计的电风扇
来源：Gillian Naylor. The Bauhaus Reassessed: Sources and Design Theory [M]. London: Herbert Press, 1985：35.

标准化是工业时代的必然产物，大大提高了制造速度，但是如何采用标准化设计产生工业化的美感而不落入简单粗陋的窠臼却仍然是一个不容易应付的问题。1907 年贝伦斯成为德国通用电气公司的建筑师和设计师后，采用标准化设计，取消一切装饰，创造出很多朴素实用的工业设计作品（图 5-34）。由于产品需要大规模生产，他没有使用难于用机器加工的形式和纹样，但这并不意味着贫乏的设计，他根据机器的加工能力设计出既易于加工又富于特色的几何形体的组合，充分展示了如何在取消装饰和怪异的形式之后进行设计的高超水准（图 5-35）。贝伦斯的积极实践和巨大成功为标准化设计设立了一个样板，因此，他可以说是德意志制造联盟的标准化思想的开创者和典范人物。

① William J. R. Curtis. Modern Architecture Since 1900 [M]. 3rd editon. Oxford: Phaidon Press, 1996：61.

② [英] 尼古拉斯·佩夫斯纳．现代设计的先驱者——从威廉·莫里斯到格罗皮乌斯 [M]. 王申祜，王晓京译．北京：中国建筑工业出版社，2004：15-16。

③ [意] 曼弗雷多·塔夫里，弗朗切斯科·达尔科．现代建筑 [M]. 刘先觉等译．北京：中国建筑工业出版社，2000：80。

④ [英] 尼古拉斯·佩夫斯纳，J·M·理查兹，丹尼斯·夏普编著．反理性主义者与理性主义者: 理性主义者 [M]. 邓敬，王俊，杨矫等译．北京：中国建筑工业出版社，2003：7。

1909 年，贝伦斯设计了 AEG 透平机车间，包括车间和附属建筑。车间位于街道转角，建筑屋顶采用三铰拱，立面上直接暴露钢柱和铰接节点，柱墩之间开直到顶棚的大面积玻璃窗，屋顶直接表现三铰拱的形式，这座建筑初步具有抽象形式和工业化特征，但是建筑转角处仍然采用沉重实墙，还没有彻底摆脱传统的影响（图 5-36）。德意志制造联盟的其他建筑师也对新建筑进行了探索。但是由于德意志制造联盟并非强制性的组织，成员之间有意见分歧是很正常的事情，甚至南辕北辙。例如 1914 年穆特修斯认为联盟应该致力于标准化，建立可以遵照的类型，但是遭到亨利·凡·德·费尔德为首的一部分人的激烈反对，很多建筑师仍然抱有不切实际的幻想，希望能在手工业的基础上提高质量以作为工业化和传统之间的妥协。虽然这个组织从整体上是进步的，但是内部仍然有各种各样的不同声音，并未完全一致地走向正确的道路。

图 5-35　贝伦斯 1908 年柏林 AEG 亭
来源：Francesco Dal Co. Figures of Architecture and Thought: German Architectural Culture 1880-1920 [M]. New York: Rozzoli, 1990：202.

图 5-36　AEG 透平机车间渲染图
来源：Walter Rathenau. L’ economia nuova [J] Casabella, 1998（651/652）：73.

5.2.6　未来主义建筑师的建筑美学观

1908 年马里内蒂发起未来主义运动，赞颂青春、机器、运动、力量和速度。他和他的追随者们表达了对速度、科技和暴力等元素的狂热喜爱，反对传统的一切，宣称 20 世纪初的工业、科学、交通和通信的飞速发展使物质世界的面貌和社会生活的内容发生了根本性的变化，机器、技术、速度和竞争已成为时代的主要特征，而他们要表现这一切。

未来主义建筑师圣泰利亚认为新时代应该有新建筑，有新建筑美学观，他提出：“现代建筑的问题不是重新排列线条，不是要寻找新的模型，不是为门窗设计发明新线脚，也不是简单地取消柱式、壁柱和牛腿，代之以女像柱或者黄蜂和青蛙之类的形式，不是考虑仅仅用砖建造立面还是加上石材贴面或者抹灰，一句话，不是要定义新旧建筑的形式主义特征差异。而是要创造令人信服的新建筑体系，体现科学和技术上的一切进益，高贵地对应我们在生活习惯上和精神上的一切需要。抛弃一切沉重的、奇形怪状的和冷漠无情的东西（包括传统、风格、美学和比例），建立完全对应现代生活的新的形式、新的线条和新的原理。要建立新的美学观。”[①]新的建筑和建筑美学观源于现代技术和现代生活，圣泰利亚写道：“我们必须发明和重新建设我们现代化的城市，使之成为好像一座巨大、繁荣的船坞，积极、多变、日新月异，到处生气勃勃。”[②]面对着一个机器的世界，建筑不能再使用传统风格了，因此要使用未来主义艺术对待元素和材料的做法。他强调建筑的时代特征，认为每代人都应该创造自

① Sanford Kwinter. Architectures of Time：Toward a Theory of the Event in Modernist Culture [M]. Cambridge: MIT Press，2002：71.

②［美］肯尼斯·弗兰普敦．现代建筑：一部批判的历史 [M]. 张钦楠等译．北京：生活·读书·新知三联书店，2004：88。

图 5-37 纪念性建筑（左）
来源：Caroline Tisdall, Angelo Bozzilla. Futurism [M]. London: Thames and Hudson, 1977：131.

图 5-38 现代都市结构体（右）
来源：Caroline Tisdall, Angelo Bozzilla. Futurism [M]. London: Thames and Hudson, 1977：134.

己的环境："住宅应该比我们存在的时间短，每一代人都应该建造属于自己的城市……每代人和未来主义建筑的基本特征，是独立于过去，是暂时性的。"[①]建筑要用钢筋混凝土、铁和玻璃等"具有最大程度的轻盈和弹性"的现代材料来代替砖石和木材。建筑要和雕塑一样创造更加复杂的材料关系，要更加轻捷，更加有运动感，形式不是第一位的东西了，它要让位给构造，不过建筑仍然要在满足功能和需要的同时创造纯净的美学。

圣泰利亚留下了很多纸面作品，它们都有庞大的体量和鲜明的几何性，然而并不像他声称的那样成为充分表现现代技术的机器，其形式和对技术的表达还有待进一步探索（图 5-37）。其他未来主义建筑师的思想与他大同小异，如马里奥·基亚托内（Mario Chiattone）的作品同样使用现代材料，对应现代城市（图 5-38）。然而过于激进的未来主义并没有兴盛很久，圣泰利亚也于 1916 年在第一次世界大战中阵亡，未来主义者未能将探索继续下去。

5.2.7 其他欧洲建筑师的探索

荷兰建筑师亨德里克·彼得·贝尔拉赫（Hendrik Petrus Berlage）的作品阿姆斯特丹证券交易所（Commodities Exchange, Amsterdam）虽然还是厚重的砖石体量，使用砖券等装饰，但是他设计了大片清水砖墙和钢铁屋架，室内开有大面积天窗，并直接暴露屋架等结构，这种暴露材料和结构的做法已经在时代的限制中有所创新（图 5-39）。他认为"最重要的是，墙必须裸露地表达自己的光洁美，我们应当避免附加任何使人尴尬的东西"[②]，而"几何形体在艺术形式的创造中，不仅是十分有用的，而且更具有绝对的本质"，因此未来的建筑"①建筑的构成，应该再一次强调以几何主体为基础。②早期风格中的个性化形式应该停止使用。③建筑形式应该向客观的方向发展"[③]。

---

① Caroline Tisdall, Angelo Bozzilla. Futurism [M]. London: Thames and Hudson, 1977：130.

② [美] 肯尼斯·弗兰普敦 . 现代建筑：一部批判的历史 [M]. 张钦楠等译 . 北京：生活·读书·新知三联书店，2004：69-70。

③ [德] 汉诺—沃尔特·克鲁夫特 . 建筑理论史——从维特鲁威到现在 [M]. 王贵祥译 . 北京：中国建筑工业出版社，2005：282-283。

图 5-39 阿姆斯特丹证券交易所室内
来源：Werner Blaser. Stone Pioneer Architecture: Masterpieces of the Last 100 Years [M]. Zürich: Waser Verlag, 1996：43.

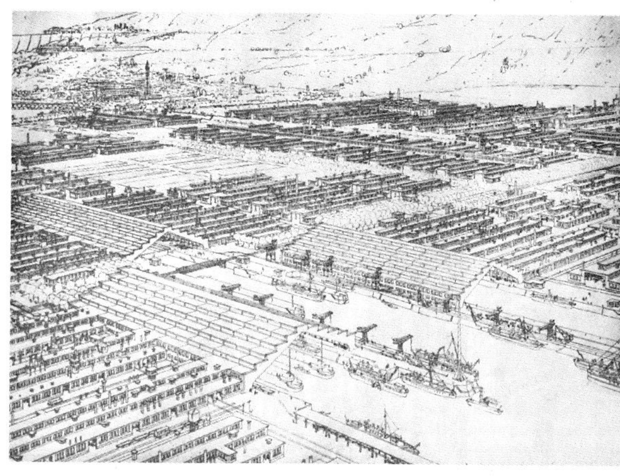

图 5-40 1901 年的工业城市规划
来源：Udo Kultermann. Architecture in the 20th Century [M]. New York: Van Nostrand Reinhold, 1993：24.

图 5-41 1901 年的工业城市住宅设计
来源：Russell Ferguson. At The End Of The Century: One Hundred Years Of Architecture [M]. New York: Harry N. Abrams, 1998：38.

20 世纪初，法国的佩雷探索了钢筋混凝土在建筑中的应用，他的同胞托尼·加尼尔也善于使用混凝土，加尼尔的工业城市方案，钢筋混凝土建筑形式简洁，住宅都是平屋顶的方盒子，公共建筑形式较为活泼，表现出依照混凝土特性设计的简洁形式。加尼尔本来相信存在能适应任何时代的形式原则，向古典建筑寻找灵感；不过他也相信历史建筑和建筑技术之间存在和谐，可以用这类手段应付现代生活问题，凭借这一观念，他创造出了几何抽象的现代城市景象（图 5-40、图 5-41）。

同样善于使用混凝土的还有表现主义者。20 世纪初，在德国、奥地利首先产生了表现主义艺术，旨在表现情感体验和精神价值，在这种艺术观点的影响下出现了表现主义建筑，建筑师常常设计奇特、夸张的建筑形体。如埃里克·门德尔松（Eric Mendelsohn）就善于用钢筋混凝土创造塑性建筑形体，他的建筑充分发挥了钢筋混凝土的特性，表现出千变万化的抽象建筑形式。门德尔松 1917 年设计的爱因斯坦天文台（Einstein Tower）是一座具有雕塑风格的钢筋混凝土建筑，门德尔松用钢筋混凝土建造了不规则的塑性造型曲面建筑，代表宇宙研究的诗意和神秘性。建筑呈流线型的塑性外观，没有直角，只有平滑流动的圆角造型和参差变化的建筑轮廓线，建筑形体独特而富有想象力。门德尔松本想用钢筋混凝土塑造一个完全塑性的曲面造型，但是由于战时的材料短缺，建筑部分使用了砖砌体，因此建筑有一部分相对平直，但是大体上还是流线型的自由塑性形体（图 5-42）。门德尔松成功地建造了一座表现主义建筑的纪念碑，他的其他作品也具有相同的品质，充分表现了钢筋混凝土材料的特性和塑形能力，以及抽象几何造型的艺术魅力（图 5-43）。

1914 年诗人希尔巴特出版了《玻璃建筑》（Glass Architecture）一书，认为玻璃建筑会带来一种新的文化。布鲁诺·陶特信奉这一说法，同年他为德意志制造联盟科隆展览会设计了玻璃建造的展览馆（The Glass Pavilion）。这座 14 边形建筑的墙体是彩色玻璃砖组成的，上面有一个拉长了的椭球性玻璃屋顶，由多块大小不等的菱形玻璃拼成，连室内的楼梯踏步都是玻璃的，在阳光照耀下流光溢彩，效果相当璀璨。陶特后来设想出更多水晶般透明的玻璃结构体，希望发展出一种玻璃的理想建筑，他认识到了玻璃这种新型建筑材料可能带来的

图 5-42　爱因斯坦天文台（左）
来源：Sabine Thiel-Siling. Icons of the 20th Century Architecture [M]. Munich: Prestel, 1998：37.

图 5-43　门德尔松的草图（右）
来源：Wolf Von Eckardt. Eric Mendelsohn [M]. New York: George Braziller, 1960：35.

建筑革新，并作为德意志制造联盟的成员支持工业化。但是陶特并没有理解工业时代的精神，他所做的仅仅是把自己局限在对玻璃这种新型建筑材料的探索之中。

19 世纪末 20 世纪初欧洲的很多建筑师虽然还没有形成明确的现代主义建筑美学观，却不约而同地试图表现工业时代和建筑技术，采用几何化的抽象形式，这说明经过许多年的探索和实验，现代建筑美学观的基本轮廓已经逐渐显现，时代感敏锐的建筑师们都自觉地随着时代潮流走向同样的方向，现代主义建筑美学观已经呼之欲出。

5.3　现代主义建筑美学观的形成

综上所述，现代主义建筑美学观发轫于 19 世纪后期，其成熟则是 20 世纪 20 年代的事。20 世纪 10 年代起，风格派与构成主义对建筑美学观的探索作出了很大贡献，影响广泛，但真正促成现代主义建筑美学观的成熟并产生世界范围影响的还是欧洲第一代现代主义建筑大师的创新性探索。他们主张发展新的建筑美学观，创造新的建筑风格，倡导新的建筑美学原则，包括建筑表现手法与建造手段的统一、建筑形体与内部功能的统一、建筑形象的逻辑性、反映时代精神的建筑形式美的原则、简洁纯净的建筑处理手法等，并主张建筑艺术应吸取视觉艺术的最新成果，与时代同步进展。

5.3.1 风格派与荷兰建筑师的探索

风格派是荷兰的一个松散艺术团体，主要活动时间在 1917 ~ 1928 年之间，代表人物是特奥·范杜斯堡（Theo van Doesburg）和蒙德里安。

蒙德里安 1910 年第一次看到立体主义绘画作品后很受启发，但是他认为立体主义没有达到最终效果，即纯抽象效果。于是他转向抽象艺术，将立体主义绘画演化为纯几何抽象绘画。1917 年，蒙德里安已经将物象简化为超越事物本身的艺术元素，形式只有平面、直线和矩形，色彩只有红黄蓝三原色和黑白灰三种色调，希望用明确、秩序和简洁建立精确完善的几何风格，形成不对称的均衡构图。蒙德里安认为："通过（新造型主义）这种手段，自然的丰富多彩就可以压缩为有一定关系的造型表现。艺术成为一种如同数学一样精确的表达宇宙基本特征的直觉手段。"①当时，风格派画家都用类似的风格创作，他们试图把设计的部件去除特征，形成基本几何体的"元素"，然后将其组合成有意义的结构，追求艺术的抽象和简化，崇尚理性，反对个性，力图寻找一种纯精神性的抽象艺术表达。他们认为事物的精髓可以用最简单的方式表达，只要将事物分析并简化到一定程度，就能得到它的精髓。1918 年，风格派的宣言号召："所有那些信仰艺术及文化改革的人们，起来摧毁那些阻碍进一步发展的事物，就像在'新塑型艺术中'，通过去除自然形式的限制，他们已经消除了那些阻碍纯艺术表现的事物。"②他们宣称新的艺术要抛开唯物论，走向精神性的机械化抽象："机器是精神规律的极佳现象。作为艺术和生活方式的唯物论认为手工艺是直接的心理表达。新的精神艺术家在 20 世纪不仅敏感地看到机器美，而且认识到机器在美中无尽的可能性……在唯物主义的统治下，手工艺把人降低到机器的程度，在文化发展的意义上，机器的正确发展趋向是社会解放的独特媒介。"③

图 5-44 红蓝椅复制品

1917 年，里特韦尔设计了著名的"红蓝椅"（Red and Blue Chair），这是风格派的第一件三维作品，不仅是一件家具设计，而且在建筑上也有重要意义，完美地体现了风格派的艺术理论。椅子的框架由 13 根相互垂直的木条组成，用螺丝连接在一起，木条整体漆成黑色，端部漆成黄色，表示它们只是连续构件的一个片断，椅子的靠背是红色的，坐垫是蓝色的。里特韦尔认为椅子的结构是为构件间的协调服务的，保证了各个构件的独立与完整，整体自由而清晰，形式从材料中抽象出来，成为设计的统治因素（图 5-44）。

① 赫伯特·里德．现代绘画简史 [M]. 刘萍君等译．上海：上海人民美术出版社，1979：113。

② [美] 斯蒂芬·贝利，菲利浦·加纳．20 世纪风格与设计 [M]. 罗筠筠译．成都：四川人民出版社，2000：153。

③ William J. R. Curtis. Modern Architecture Since 1900 [M]. 3rd editon. Oxford: Phaidon Press, 1996：156.

图5-45　施罗德住宅
来源：Mitchell Beazley Ed. the World Atlas of Architecture [M]. Artists House: Mitchell Beazley, 1984：374.

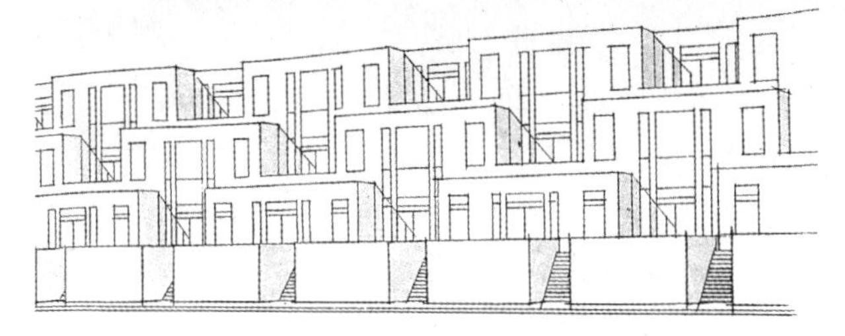

图5-46　斯海弗宁恩滨海住宅
来源：Nikolaus Pevsner. The Sources of Modern Architecture [M]. London: Thames and Hudson, 1995：187.

范杜斯堡在1923年的宣言中总结了风格派建筑的特征："新建筑是反立方体的，也就是说，并不企图把不同的功能空间细胞冻结在一个封闭的立方体内。相反，它把空间功能细胞（以及悬吊平面、阳台体积等），从立方体的核心离心式地甩开。通过这种手法，高度、宽度、深度与时间（即一个设想性的四维整体），就在开放空间中接近于一种全新的塑性表现。这样，建筑有一种或多或少的飘浮感，反抗自然界的重力作用。"①在形式上，要把立方体打碎，使组成立方体的线和面成为主角，通过穿插组合创造出抽象视觉效果，和"红蓝椅"一样成为风格派绘画的三维表现。20世纪20年代范杜斯堡尝试把这一风格用于建筑，进行了一些纸面研究，在方盒子的基础上，用线和面的穿插交错创造出丰富的造型效果。里特韦尔1924年设计的施罗德住宅则将这一原则具体实施。施罗德住宅大体上是一个立方体，一些面和线脱开立方体，打破了方盒子建筑外观，建筑形式的焦点在于抽象的线和面的组织（图5-45）。

奥德曾短暂参加过风格派，加之荷兰文化传统的影响，他也走向建筑的简化和抽象。1917年，他设计了斯海弗宁恩滨海住宅（Housing on the Esplanade，Scheveningen），1924年，他设计了胡克的工人住宅（Workers' Housing Quarters），这些建筑均采用抽象几何风格，平屋顶，形式舒缓平展，白色抹灰，重点部位有强烈的色彩作为装饰，除了局部使用的材料和色彩外与现代主义建筑别无二致（图5-46）。奥德后来这样论述自己的建筑观："在我看来，现代主义就是寻找一个明确而明朗的世界，他们试图用简单的形式、比例和色彩获得最大的艺术价值。这也是我在建筑中试图做到的。"②

风格派与荷兰建筑师的探索属早期新建筑美学观探索范畴，其设计的抽象几何形式与现代主义建筑美学观不谋而合，从这个意义上讲，可以认为风格派建筑师的探索是现代主义建筑美学观探索的重要组成部分。

5.3.2　构成主义与苏联建筑师的探索

苏联的构成主义设计是十月革命胜利后一小批先进的知识分子中产生的前卫艺术运动和设计运动，无论探索的深度还是广度，与德国的包豪斯或荷兰的风格派运动相比都毫不逊色，遗憾的是这种前卫探索遭到官方的反对，因而半途夭折，未能像包豪斯那样产生世界性的影

① [美] 肯尼斯·弗兰普敦. 现代建筑：一部批判的历史 [M]. 张钦楠等译. 北京：生活·读书·新知三联书店，2004：157。

② John Peter. The Oral History of Modern Architecture: Interviews with the Greatest Architects of the Twentieth Century [M]. New York: Harry N. Abrams, 2000：18.

响。但是其在现代主义建筑运动形成的早期所起的作用，及其对欧洲现代主义建筑运动的影响仍然是不可忽视的。

苏联构成主义者把结构当成是建筑设计的起点，将结构作为建筑表现的中心，利用新材料和新技术实现“理性主义”（Rationalist）设计，他们研究建筑空间，采用理性的结构表达方式，探索单纯的结构表现和功能表现，通过对结构的表现创造出抽象的几何化设计风格。完美地体现了构成主义设计观念的设计作品是塔特林于 1920 年设计的第三国际纪念碑，这座计划比埃菲尔铁塔高出一半的钢结构巨塔包括国际会议中心、无线电台、通信中心等，塔特林的目标是清晰地表现当时还不可能实施的现代结构概念，明确地宣传设计者的技术美学思想。苏联建筑师金兹堡 1924 年出版的《风格与时代》可以视为构成主义的理论著作，金兹堡认为建筑要适应工业化时代，当时的建筑已经落后了：“将近两个世纪，欧洲的建筑创作靠寄生在历史身上过日子。这时期，别的艺术多多少少都能向前进，把它们的革命的创新者一个一个变成了‘老古董’，而建筑却以无比的顽固坚持把眼睛盯住古代，或者盯住意大利文艺复兴……（生活改变了）生活之所以是这样是因为它不可能有别的样子；哀叹失去了昔日的诗意而有气无力地试图恢复它，（哀叹或怀旧）是无聊得很的。重要而又必要的，倒是抓紧我们所处的现实，立即动手去创造现代生活。”金兹堡认为只要掌握时代精神，所有的艺术都将走向现代形式，即符合时代精神的形式，“不论形式有多少种，它们用一种同样的语言。这是任何一种真实的、健康的风格的确切特征，经过认真的分析，所有这些现象的原因和相互关系都从时代的基本因素里产生”。他认为建筑要学习机器制造的清晰明确：“由于建造者的目标在概念上是清晰的，所以，理所当然，在寻找到与必要的构件相适应的材料之前，在这个构件获得最简洁的表现之前，在它的形式采用一种保证它在组合起来的整体系统中最经济的运动的外貌之前，创作活动不会停止。因而，探索最适合于设计功能的那种材料，探索每个节点、活塞或者瓣膜的形式直到找到最简单、最完善的结果。”像机器一样真实表现材料和结构是构成主义者的追求，“现代建筑师将不用灰浆覆盖一种材料，而是要尽可能清晰和直率地裸视它，开发和加强它的优点……十分自然，钢铁将主宰某一类型的和谐；石头主宰另一类；钢筋混凝土又是全然不同的另一类。19 世纪所喜爱的用柱子装饰起来的内墙的虚假的、戏剧化的雄伟性将被淘汰，代替的是，形式将与材料的内在有机生命交感的、共鸣的相似……这样一种性质将产生一种高度浓缩的形式，绝不啰唆的。其次，经济地使用一种材料就排除了任何掩盖它的潜能的机会。建筑物的内在力量将会在外表上表现出来，建筑物内部的静力和动力作用将清晰可见”。最终的结果将会产生合乎逻辑的理性结构美学，“对我们来说，最好的装饰因素是那些不失其结构意义的因素，‘结构’概念已经把‘装饰’概念吸收进去了……机器的直接后果，它的合乎逻辑的发展，是从人类同样的现代需要中生长出来的所谓工程结构”。[①]金斯堡的《风格与时代》和勒·柯布西耶的《走向新建筑》所表达的建筑美学观有类似之处，实际上，这也是所有现代主义者的类似之处——认为工业时代应当有相对应的新风格，技术将主宰建筑。

20 世纪 20 年代初期，苏联的建筑界思想相当活跃，形成了多个建筑团体。1923 年成立的新建筑师协会（ASNOVA）相对温和，主要关注形式问题，反对折中主义，强调建筑设计中的理性因素。他们接受欧洲各国的影响，主动宣传勒·柯布西耶和包豪斯的建筑理论，认为建筑要表现新技术和新材料，但是他们认为建筑是理智和直觉的产物，并具有形式主义倾

① [苏] M·Я·金兹堡．风格与时代 [M]. 陈志华译．西安：陕西师范大学出版社，2004：20，21，23，83-85，101，106-107。

图5-47　梅尔尼科夫设计的工人俱乐部
来源：Sabine Thiel-Siling. Icons of the 20th Century Architecture [M]. Munich: Prestel, 1998：53.

向。构成派的一些成员1925年成立了现代建筑师学会（OSA），金兹堡、维斯宁兄弟（The Vesnin Brothers）等人都是其成员，他们强调建筑设计要使用工业化手段，表现建筑技术。后来他们转为社会主义建设建筑委员会（SASS），认为建筑设计方法来自辩证唯物主义，建筑首先是一门科学，着重强调建筑的工程部分，希望每个细部设计都是有理由的。他们认为建筑形式与感觉以及复杂的人类感情和思想有关，坚决反对折中主义，反对"建筑风格"（Style in Building）、形式主义和复古主义，认为建筑创作必须建立在对社会、生产过程、结构材料的技术和品质彻底分析的基础之上。①这些建筑团体的思想和出发点虽然有所不同，但是同样强调技术在建筑中的作用，强调抽象形式的技术美学（图5-47）。1929年泛苏无产阶级建筑师学会（VOPRA）成立之后，对现代主义建筑师进行全面打击，认为抽象主义属于没落资产阶级，现代主义泛于空想，背离无产阶级，他们否认所有求新的建筑派别。至1932年苏联建筑师联盟（Union of Soviet Architects）这一官方组织成立后，苏联建筑彻底地退回到复古主义折中主义的老路，终结了20世纪20年代对新建筑美学观的朝气蓬勃的探索。

5.3.3　欧洲第一代现代主义建筑大师的创造性探索

20世纪初现代主义建筑美学观逐渐形成，在经历了1914～1918年的第一次世界大战期间的建设停滞与战争破坏之后，欧洲面临大规模的战后重建，这为现代主义建筑提供了迅速发展的社会机遇。一战之后，理论上已趋成熟的现代主义建筑美学观在欧洲得到大量实践的机会，欧洲第一代现代主义建筑大师也得以大显身手，大力倡导现代主义建筑美学观，用自己的建筑作品现身说法，实践、诠释和传播现代主义建筑美学观，使之迅速发展成为成熟的、有全球影响的建筑美学观。其中影响最大的是欧洲的三位建筑大师：格罗皮乌斯、勒·柯布西耶与密斯·凡·德·罗。

① Arthur Voyce. Russian Architecture: Trends in Nationalism and Modernism [M]. New York: Greenwood Press, 1969：134.

格罗皮乌斯从20世纪10年代设计的法古斯制鞋工厂开始形成简洁清新的建筑风格，后来不断探索，不断实践，成为现代主义建筑的奠基人之一。格罗皮乌斯与其他几位现代主义建筑奠基人的重要区别是他更热衷于现代主义建筑教育，1919年他应萨克森·魏玛·艾泽纳赫大公爵（The Grand Duke of Saxe-Weimar-Eisenach）之聘，接替比利时建筑师亨利·凡·德·费尔德任魏玛工艺美术学院校长，随即建议魏玛工艺美术学院与魏玛艺术学院（Weimar Academy of Fine Art）合并，并获得批准将合并后的学校命名为"国立包豪斯"（The State Bauhaus），德文中的名词"Bau"意为"建筑"；"Bauhutten"意为中世纪泥瓦匠、建筑工人与装潢师的行会；"Bauen"意为"种植作物"，格罗皮乌斯取"Bauhaus"为校名当有播种、培育与收获的含义，包豪斯也确实在现代主义建筑创立的盛期硕果累累、收获甚丰。1925年包豪斯校址迁至德绍，1926年改名德绍设计学院（Hochschule für Gestaltung）[①]。格罗皮乌斯任"包豪斯"校长的时间是1919～1928年，其中1919～1923年是"包豪斯"基本学术观点形成的时期，1923～1928年则是学术观点成熟的时期。可以说，格罗皮乌斯的现代主义建筑观，包括现代主义建筑美学观主要是在这一时期形成与成熟的。格罗皮乌斯的重要贡献不仅仅在于他个人的成就，更重要的是通过"包豪斯"开创了全新的现代主义建筑教育体制，使现代主义建筑观，也包括现代主义建筑美学观得到广泛的传播，在欧洲，继而在世界范围内产生影响。1928年汉内斯·迈尔（Hannes Meyer）继格罗皮乌斯之后任德绍设计学院校长，1930年密斯·凡·德·罗继汉内斯·迈尔之后任校长。1933年4月11日，刚刚上台的纳粹德国政府下令查封德绍设计学院，目的是扫除所谓"颓废的"或"布尔什维克的"艺术。包豪斯的历史至此终结，但包豪斯作为现代主义建筑的发源地之一的影响却远远没有终结，格罗皮乌斯在包豪斯期间创立的现代主义建筑美学观的影响也远远没有终结。

格罗皮乌斯认为新时代需要新的建筑风格，他说："我们处在一个生活大变动的时期。旧社会在机器的冲击下破碎了，新社会正在形成中。在我们的设计工作中，重要的是不断发展，随着生活的变化而改变表现方式，绝不应是形式地追求'风格特征'……我们不能再无尽无休地复古了，建筑不前进就会死亡。它的新生命来自过去两代人的时间中社会和技术领域出现的巨大变革……建筑没有终极，只有不断的变革……历史表明，美的观念随着思想和技术的进步而改变。每当人们想象他已找到'永恒的美'的时候，他就坠入了模仿和停滞，真正的传统是不断前进的产物，它的本质是运动的，不是静止的，传统应该推动人们不断前进……现代建筑不是老树上的分枝，而是从根上长出的新株。"[②]

1911年格罗皮乌斯和汉内斯·迈尔设计的法古斯制鞋工厂高3层，采用钢筋混凝土框架结构，柱墩间全部开通高的玻璃窗，看起来像是一个简单的玻璃盒子。主立面取消了角柱，转角处使用玻璃幕墙，体现了钢筋混凝土框架结构的特征，与传统建筑封闭沉重的建筑形象截然不同。传统建筑的角部都有柱子或者沉重的墙体，这是砖石结构建筑的结构特征，而格罗皮乌斯用透明的玻璃幕墙转角表现工业时代新结构的特征，继承了贝伦斯在AEG透平机车间的创新，又表现了贝伦斯没有达到的全新的现代主义建筑特征。这座建筑采用抽象的几何造型，使用平屋顶，取消了檐口，也没有附加任何其他装饰，是早期现代主义建筑的样板作品。格罗皮乌斯后来这样回忆法古斯制鞋工厂的设计思路："当时盛行的建筑观念和建筑教育观点仍然完全以使用古典柱式的学院派建筑风格占统治地位。是贝伦斯第一个引导我在

---

① 这是德国人造的一个新词，可试译为"设计学院"，但亦不能完全准确地表达德文原意。至1926年格罗皮乌斯才在德绍新校使用这个名称。

② 吴焕加．论现代西方建筑[M]．北京：中国建筑工业出版社，1997：79。

处理建筑任务中进行有规律有条理的协调配合工作……我在考虑，建筑的主要特征到底何在，我苦思这个问题，我确信现代结构技术不应被排除在建筑艺术表现之外，也确信建筑艺术表现一定需要采取前所未有的形式。”[①]

格罗皮乌斯在《新建筑与包豪斯》一书中提出新建筑的产生源于现代结构与现代技术，正是现代结构与现代技术为建筑形式更新创造了条件，他强调钢筋混凝土和钢框架结构、玻璃和平屋顶对建筑形式创新所起的作用：“新的结构技术的杰出成果之一，就是取消了墙的独立的功能作用。……墙的作用就缩减到只是填在骨架立柱之间的屏幕，只起隔绝雨水、寒冷和噪音的作用。……玻璃在建筑上占有越来越重要的地位。玻璃那种明澈的无体积感，它那在墙面与墙面之间像无重量的空气那样浮动的效果，给我们现代的住宅增添一种愉快活泼的气氛。”[②]1928年格罗皮乌斯辞去包豪斯校长的职务后，更多地关注住宅建筑设计问题，花费更多的时间从事住宅建设事业的社会问题方面和结构方面的研究，建筑产品工业化带来的标准化对新建筑美学观的影响也就成为格罗皮乌斯关注的课题。“我们的时代已经创始了一种工业上的合理化改革，建立在称为标准化的一种手工劳动和机器生产相结合的关系之上，这对建筑业也已发生了直接的影响。毫无疑问，在建筑上系统地采用标准化，必将取得巨大经济效果——确实，效果之大是我们目前简直无法估计的。……标准化并非文化发展的一种障碍，相反倒是一种迫切的先决条件。所谓标准，可以释义为，任何一种广泛应用的东西经过简化，融合了先前各种式样中的优点而成为一个切合实际的典型，这个融合过程首先必须剔除设计者们有个性的内容及其他特殊的非必要的因素。这种无个性的标准就称为‘规范’，这个词是从木工的曲尺借用来的。”格罗皮乌斯认为标准化并不会毁灭建筑的个性，“历史上所有伟大的时代，都有其标准规范——即有意识地采用定型形式——这是任何有教养和有秩序的社会的标志；因为毫无疑问，为同样的目的而重复做同样的事，会对人们的心理产生安定和文明的影响”。标准化与多样化的结合为新建筑开辟了广阔的道路，“最后结果应当是最大限度的标准化与最大限度的多样化的愉快协调的结合”[③]。

格罗皮乌斯倡导理性美学观和技术美学观，认为在满足功能需要的前提下自然会产生美的结果，建筑要适应工业化生产，要表现技术和结构，从而产生美，因此新建筑的最终目标是“合成的但又是不可分割的艺术作品，其中在纪念性的与装饰的成分之间的旧界限将永远消失”[④]。装饰并未灭亡，它仅仅是不知不觉地融合于结构之中，形成属于这个时代的技术美感。格罗皮乌斯的建筑形式简洁，外观是抽象几何形体的组合，他明确提出：“新建筑将墙面像窗帘一样拉开，迎进充足的新鲜空气和阳光；它不是用厚实的基础深深植入大地的建筑，而是轻捷而稳定地立于地面；形象上它不模仿任何风格样式，也不作点缀和装饰，而是采取简洁和线条分明的设计，每一个局部都自然地融入到综合的整体中去，这样的美学效果同时符合我们物质方面和心理方面的需求。”[⑤]这是格罗皮乌斯的现代主义建筑美学观宣言（图5-48、图5-49）。

勒·柯布西耶1918年和画家奥占芳一起发表纯粹主义绘画宣言《立体主义之后》（After Cubism），认为艺术要反映时代精神，强调理性的工程技术，认为对物理法则的遵循是美感产生的源泉，强调机械美学和几何形体美的追求，以经济法则为基础的工业生产的标准化物

---

①［德］沃尔特·格罗皮乌斯．新建筑与包豪斯[M].张似赞译．北京：中国建筑工业出版社，1978：13。

②［英］弗兰克．惠特福德．包豪斯[M].林鹤译．北京：生活·读书·新知三联书店，2001：4-5。

③［德］沃尔特·格罗皮乌斯．新建筑与包豪斯[M].张似赞译．北京：中国建筑工业出版社，1978：7，7-8，10。

④［英］彼得·柯林斯．现代建筑设计思想的演变[M].英若聪译．北京：中国建筑工业出版社，2003：120。

⑤［德］沃尔特·格罗皮乌斯．新建筑与包豪斯[M].张似赞译．北京：中国建筑工业出版社，1978：11-12。

图 5-48　德绍大师住宅之一，穆赫和施莱默住宅（Master's Houses, Haus Muche/Schlemmer）外景（左）

图 5-49　芝加哥透平机大厦竞赛（右）来源：David P. Handlin. American Architecture [M]. London: Thames and Hudson, 1985：199.

品成为其绘画的主要表现对象。这种倾向是第一次世界大战后在混乱的社会条件下追求秩序的一种反应，也是战后工业化标准化生产的产物。在此基础上，勒·柯布西耶进一步发展了基于机器美学和工业化的建筑美学思想。

1920 ～ 1925 年，奥占芳和勒·柯布西耶主编出版《新精神》（L'Esprit nouveau）杂志，勒·柯布西耶在杂志上连续发表论文，倡导建筑革新，呼吁建筑摆脱传统观念的束缚，走工业化、功能化的道路，走为普通平民服务的道路，倡导工业时代的全新的建筑美学观。勒·柯布西耶这个笔名就是这一时期开始使用的，以后逐渐代替了他的真名。在这些论文的基础上，1923 年勒·柯布西耶出版了现代主义建筑名著《走向新建筑》，1924 年出版增订的第二版。《走向新建筑》是现代主义建筑的宣言，也是现代主义建筑美学观的理论基础。在《走向新建筑》第二版序言中，勒·柯布西耶宣称："目前这本书所设想的起作用的方式是，不企图说服专业人员，而是说服大众，要他们相信一个建筑时期来临了。……现代建筑关心住宅，为普通而平常的人关心普通而平常的住宅。它任凭宫殿倒塌。这是时代的一个标志。为普通人，'所有的人'研究住宅，这就是恢复人道的基础，人的尺度，需要的标准、功能的标准、情感的标准。就是这些！这是最重要的，这就是一切。这是个高尚的时代，人们抛弃了豪华壮丽。"[①]勒·柯布西耶与格罗皮乌斯一样关注工业化生产的住宅建筑及由此引发的建筑美学问题，他清醒地认识到，结构工程师已经先行一步，建筑师应当迎头赶上。"依靠计算来工作的工程师使用几何形式，他们用几何满足我们的眼睛，用数学满足我们的心，他们的作品正走在通向伟大艺术的道路上……工业像一条流向它的目的地的大河那样波浪滔天，它给我们带来了适合于这个被新颖精神激励着的新时代的新工具……住宅问题是一个时代的问题，……批量生产是建立在分析与试验的基础上的，大工业应当从事建造房屋，并成批地制造住宅的构件。必须树立大批量生产的精神面貌；建造大批量生产的住宅的精神面貌；住进大批量生产的住宅的精神面貌；喜爱大批量生产的住宅的精神面貌。"他大胆地提出了后来为人指责的激进的口号：住宅是居住的机器。"住宅是工具，要大批生产住宅，这种住宅从陪伴我们一生的劳动工具的美学来看，是健康的（也

---

① [法] 勒·柯布西耶．走向新建筑 [M]. 陈志华译．西安：陕西师范大学出版社，2004：1-2。

是合乎道德的）和美丽的。艺术家的意识可能给这些精密而纯净的机件带来那种活力也带来美……过去的建筑史，经过多少个世纪，只在构造做法和装饰上缓慢地演变。近 50 年来，钢铁和水泥取得了成果，它们是结构的巨大力量的标志，是打破了常规惯例的一种建筑的标志。如果我们面对过去昂然挺立，我们会有把握地说，那些'风格'对我们已不复存在，一个当代的风格正在形成，这就是革命。""今天已没有人再否认从现代工业创造中表现出的美学。那些构造物，那些机器，越来越经过推敲比例、推敲体形和材料的搭配，以致它们中有许多已经成为真正的艺术品，因为它们包含着数，这就是说，包含着秩序……正是在大量性普及产品中蕴含着一个时代的风格，而不是像人们通常相信的那样，风格蕴含在一些精致的装饰品里，装饰品无非是那些攀附在唯一能够提供风格要素的思想体系上的外加物罢了。"[①]因此，应该将旧的建筑风格毫不犹豫地扫进历史的垃圾箱，创造适应工业时代的新建筑风格。勒·柯布西耶提出，建筑要向轮船、飞机和汽车学习，建筑需要一场革命。革命当然不是勒·柯布西耶的个人行为，但是他在《走向新建筑》一书中阐述的理论为这场建筑革命起到了振聋发聩的作用，所以肯尼斯·弗兰姆普敦在《现代建筑——一部批判的历史》一书中称赞盛赞勒·柯布西耶"在 20 世纪建筑学的发展中起绝对中心和种子的作用"。[②]

20 世纪 20 年代，勒·柯布西耶对现代主义建筑的探索渐入佳境，他设计了一系列独立住宅建筑，将其理论付诸实践，并试图建立一套简明扼要的现代主义建筑理论规则。1926 年，勒·柯布西耶和皮埃尔·让纳雷（Pierre Jeanneret）发表了一份文件，系统地提出过去几年中精心构筑的理论规则，这就是后来举世闻名的"新建筑的五项要点"（Five Points of Architecture）：架空支柱（Pilotis）、屋顶平台、自由平面、横向带形窗、自由立面。"新建筑的五项要点"从理论层次上提出了新的建筑观念。架空支柱使建筑离开地面，底层可以透空，室内外空间融为一体；传统的坡屋顶被屋顶平台所取代，可以建成屋顶花园；摆脱了承重墙束缚的钢筋混凝土框架结构使自由平面、横向带形窗在建筑设计中得以实现，楼板向外悬挑，承重支柱与外墙脱离，立面可以按建筑形式美的要求自由处理。这些建筑原则表达了勒·柯布西耶富有创新精神的新建筑美学观。最初勒·柯布西耶还曾提出第六项要点，即"消除檐口"。[③]不过檐口和其他装饰都必然随着"新建筑的五项要点"的实施而消失，因此正式发表时就去掉了这第六项要点（图 5-50）。

为创立和宣传现代主义建筑美学观作出巨大贡献的还有德国建筑师密斯·凡·德·罗。密斯·凡·德·罗同样认为设计应该适应时代："我们的时代是一个事实，它的存在和我们赞成与否毫无关系，也不比其他任何东西更好或更坏。它只是一个本身没有价值的事实。由于这个原因，我并不坚持要去解释这个新的时代，去指出它的比例或去揭示它的支撑结构。但是让我们不要看轻机械化、定型化和标准化问题。让我们接受变化了的经济与社会问题，作为一种完成了的事实。"[④]正如他在 1924 年所说："在我们看来，希腊的神庙，罗马的巴西利卡和中世纪的教堂都是伟大的，是当时时代的创造而不是建筑师个人的成就。谁会问他们的名字呢？重要的是他们偶然性的个人创造吗？这样的建筑是非个人的，它们是对当时时代的表

---

① [法] 勒·柯布西耶. 走向新建筑 [M]. 陈志华译. 西安：陕西师范大学出版社，2004：3，4，6，7，36，77。

② [美] 肯尼斯·弗兰普敦. 现代建筑：一部批判的历史 [M]. 张钦楠等译. 北京：生活·读书·新知三联书店，2004：161。

③ [英] 艾伦·科洪. 建筑评论——现代建筑与历史嬗变 [M]. 刘托译. 北京：知识产权出版社，中国水利水电出版社，2005：IXX。

④ [意] L·本奈沃洛. 西方现代建筑史 [M]. 邹德侬，巴竹师，高军译. 天津：天津科学技术出版社，1996：415。

图 5-50 斯图加特住宅展上勒·柯布西耶设计的住宅

达，它们的意义在于它们是时代的标志。建筑是转换为空间的时代精神。在我们的建筑中试用以往时代的形式是没有出路的。即使有最高的艺术才能，这样去做也要失败。”①适应时代需求的建筑，即使用新材料、用工业化方法建造的建筑，其建筑美源自现代结构和现代技术的表现，就像密斯·凡·德·罗后来宣称：“我必须选用一些在我们建成后不会过时的，永恒不变的东西……其答案显然是结构的建筑。”②

1921 年柏林弗里德里希高层办公楼设计竞赛（图 5-51）和 1922 年全玻璃幕墙摩天楼设计方案（图 5-52），都是全玻璃幕墙的高层建筑，密斯·凡·德·罗设计这两个方案都不是为了实施，他关注的只是对玻璃幕墙摩天楼建筑形式的探索。密斯·凡·德·罗当时的意图是把玻璃做成一种复杂的反射面，它在阳光的照耀下不断发生变化。他后来说：“在我为柏林弗里德里希车站附近的一座摩天楼所作的设计方案中，我采用了在我看来最适合于建筑物所在的三角形场址的菱形体。我使玻璃墙各自形成一个小的角度，以避免一大片玻璃面的单调感。我在用实际的玻璃模型试验过程中发现，重要的是反射光的表演，而不是一般建筑物中的光亮与阴暗面的交替。这些试验的结果反映在这里发表的第二方案中。粗一看来，平面上的曲线轮廓似乎是随便画出的。实际上，它是由三项因素确定的：足够的室内光线；从街上看过来的建筑体量以及反射光的表演。我通过玻璃模型证明了光影计算对设计一幢全玻璃建筑无济于事。”③这两个设计方案均采用框架结构和玻璃幕墙，差别只是形式，可见密斯·凡·德·罗对此已经有了相对成熟的构思和设计理念。他后来说：“摩天楼在建造过程中才显示出强而有力的结构；只有这个时候，巨大的钢柱体才真正表现出来。当板壁安装就位后，作为构图基础的结构体系，就被隐匿在无意义及琐碎的混沌形式之后。完工之后，这些建筑就只以其

① Philip Johnson. Mies Van Der Rohe [M]. 3rd edition. New York: The Museum of Modern Art, 1978：188，191.

② 罗小未 . 现代建筑奠基人 [M]. 北京：中国建筑工业出版社，1991：137。

③ [美] 肯尼斯·弗兰普敦 . 现代建筑：一部批判的历史 [M]. 张钦楠等译 . 北京：生活·读书·新知三联书店，2004：177。

图 5-51　弗里德里希高层办公楼设计竞赛（左）
来源：Arthur Drexler. Ludwig Mies Van Der Rohe [M]. Londen: Mayflower, 1960：33.

图 5-52　全玻璃幕墙摩天楼设计方案（右）
来源：Arthur Drexler. Ludwig Mies Van Der Rohe [M]. Londen: Mayflower, 1960：35.

庞大体量而引人注目，而它们本应更多和更单纯地表现我们的技术能力。不应该尝试用旧形式解决新问题，而应该根据新问题的性质发展新形式。使用玻璃幕墙，我们可以更清晰地看到新的结构规则，框架结构使外墙不必承重，使用玻璃成为新的解决方式。”①密斯·凡·德·罗认为玻璃幕墙对建筑形式而言，光影的反射效果比建筑形体变化造成的阴影效果更重要，玻璃幕墙改变了建筑审美观念，对它的表现造就了理性的技术美学。1923 年密斯·凡·德·罗设计了一座钢筋混凝土办公楼，这座建筑平面呈方形，平屋顶，使用钢筋混凝土框架结构，同样将框架退后，四边的楼板挑出，外观上的连续水平窗间墙和连续带形窗非常引人注目。连续的带形窗将建筑内部完全暴露出来，使建筑向外部开敞，并清晰地表现出结构。这一建筑明确地表现技术和结构，创造了基于混凝土的技术美学作品。

密斯·凡·德·罗认为新的建筑形式与过去没有关系，将来自抽象的几何风格。他在 1923 年著文提出：“我们拒绝一切直觉、教条和形式主义。不是昨天，也不是明天，只有今天才能给我们形式。只有这样的建筑才是有创造性的。”而“今天”的特征就是工业化，所以密斯·凡·德·罗在 1924 年的文章中称：“今天，我们的建筑理念必须要工业化……工业化在各个领域昂首挺进，很久以前就应该接管建筑了，如果没有特殊的阻碍，我相信工业化将是建筑师和建筑的关键问题。一旦我们解决了这一问题，我们的社会、经济、技术甚至形式问题都会迎刃而解。”②于是，在密斯·凡·德·罗的观念中，适应工业化批量预制的抽象几何风格理所当然地成为建筑形式的首选。

1928 年，密斯·凡·德·罗提出了著名的“少就是多”（Less is More）的建筑美学思想，认为理性结构会产生美。他的设计简化结构体系，精简结构构件，讲求结构逻辑，如在形

① Philip Johnson. Mies Van Der Rohe [M]. 3rd edition. New York: The Museum of Modern Art, 1978：187.
② Philip Johnson. Mies Van Der Rohe [M]. 3rd edition. New York: The Museum of Modern Art, 1978：188-189.

式上明确区分功能不同的结构构件，以此来净化建筑形式，去除不具备结构和功能意义的构件，追求几何构图建筑造型，以达到建筑形式上的“少”；同时又通过精确的设计施工和对材料的色彩、质感、肌理的精心组织使简单纯净的形式明晰精致，创造他所希望的能够“永恒不变”的形式，使人们百看不厌，以达到建筑形式上的“多”。密斯·凡·德·罗认为，一旦建筑师做到了这一点，他所完成的不仅仅是单纯的形式，还是在工业化时代对现代建筑技术和建筑方法的理解和使用。后来密斯·凡·德·罗进一步发展了表现结构的精美节点，提出“上帝存在于细部中”（God Being in the Details）的建筑审美观念，将建筑技术美学发展到极致。

5.4　小　结

随着时代的发展，越来越多的人呼吁建筑要与时代精神相符，抛弃传统、取消装饰的建筑实践进行得如火如荼。建筑探新的呼声早在 18 世纪就已出现，并在 19 世纪得到普遍认可，19 世纪后期的工艺美术运动和新艺术运动打破了折中主义的束缚，为建筑创新开拓了新天地，随后 19 世纪末 20 世纪初的建筑师们针对形式简化和技术表现提出了各自的解决方式。建筑师开始抛弃传统，取消装饰，在建筑形式中表现技术和功能等因素，逐渐走向抽象建筑风格。最终，通过先锋建筑师们在第一次世界大战前后的一系列探索，出现了真正的现代主义建筑美学观，在 20 世纪 20 年代末的一系列竞赛和展览中可以清晰地看到新美学观的壮大。1928 年，28 位建筑师在瑞士拉萨拉茨签署《拉萨拉茨宣言》（Declaration of La Sarraz），宣告国际现代建筑协会（CIAM）的创立，宣言提出“最有效的生产方法来自合理化和标准化。合理化和标准化直接作用于现代建筑学（构思）和建筑工业（实施）的工作方法”①。宣言确认了建筑工业化的影响，确认了标准化带来的理性建筑美学观，至此，现代主义建筑美学观得到了国际建筑界的共识，以阿尔瓦·阿尔托为代表的新一代建筑师自觉地接受和使用现代主义建筑美学观代表着它的确立，此后，现代主义建筑美学观随着现代主义者的活动迅速向世界传播，在全世界播撒现代主义建筑的火种并在各个国家开花结果，为世界建筑的发展作出重要贡献。

① [美] 肯尼斯·弗兰普敦．现代建筑：一部批判的历史 [M]．张钦楠等译．北京：生活·读书·新知三联书店，2004：301。

现代主义建筑的起源
第6章
结语

本书论述了现代主义建筑四项特征的形成过程，从历史事件出发，探寻思想理论的发展。文中讲到很多建筑师的贡献，尤其较为突出的个别建筑师，这并不代表着建筑的进步仅是他们的贡献，在他们所处的时代，正是现代主义建筑产生和发展的时期，当时的很多建筑师也都有类似的思想或完成了类似的作品，这些突出人物只是适逢其时地加以总结和完善，创造出完整而明确的理论框架，因此论述中以他们为典型实例更能说明问题。这些大师们只是认清了时代发展的方向并作出了正确的反应，建筑的发展是时代的产物而不是个别人物的贡献。“建筑史不是记录几个所谓‘大师’，独出心裁，树立造型，作为榜样；而是迫于当时社会发展趋势，凭藉经济机缘，通过劳动人民，利用物质条件，把理想加以实现。不应简单地把某人当作一个年代的英雄，而只能把他当作标志某一年代的里程碑。伟大的建筑是时代的产物而不完全是个人的产物。”①论述的重点在于历史发展的脉络而不是个人的成果，但是他们是时代潮流中比较典型的人物，成就较大，因此以他们的思想和作品为线索可以清晰地串联出现代主义建筑产生的脉络。

当然，本书也非对建筑思想和实例的简单罗列，正如科林伍德（R. G. Collingwood）在《历史的观念》（The Idea of History）中所说：“不是为了要知道人们做过什么，而是理解他们想过什么。”②本书的目的也不是介绍现象，而是希望从表象中找到历史演变的真正轨迹。虽然如维托里奥·格雷戈蒂（Vittorio Gregotti）所说：“历史有如某种奇怪的工具，对它的认识似乎是必不可少的，而一旦获得之后却不能直接应用；就像人们必须穿越的一条通道，但它并不教会我们任何什么走路的艺术。”③我们很难从中得到可以直接用于当前的理论和方法，但是本书仍然希望研究能增进我们对现代主义建筑的了解，使它更能发挥鉴事之镜的作用。

19 世纪的建筑一度处于复古思潮的统治之下，但是随着建筑思想观念的进步，人们逐渐开始质疑复古的建筑风格。古典复兴主要是一种形式上的复古，然而古代建筑存在的社会条件和现代大大不同，随着时代的发展，建筑技术不断进步，材料和结构都持续发展，新建筑类型的出现和旧有建筑类型的新要求使建筑功能的地位持续提升，人们的审美口味也逐渐改变，工业化时代具有全新的时代精神，复古风格已经不适应时代的要求。现代建筑的先驱者相信传统建筑已经过时，要将这些过时的东西加以扫除，重新创造一种新的建筑来适应新的时代。放弃传统就意味着要转而尝试使用现代观念和技术，用一种全新的视角去思考问题，找出建筑中有什么在阻碍进步，并且将那些旧观念替换成适应时代需要的新概念。最初的一步从形式开始，反对古典风格的建筑师认识到无论是直接复古还是对古典元素加以折中，都只是从形式角度出发的做法，他们认为要有新的形式来代替旧有形式，于是他们初步尝试了简化装饰，使用相对简洁的形式例如基本几何体的组合来进行设计等，工艺美术运动和新艺术运动还尝试了使用手工艺或者机器制造的新装饰形式来代替传统装饰，最终，现代主义建筑师发现应该完全抛弃不适应现代社会的传统，不仅要抛弃传统装饰风格，而且要将不必要的繁复装饰本身一并抛弃，以抽象的简洁几何形式应对工业化时代。传统建筑对建筑发展的阻碍还在于从形式出发的建筑观念，这样必然使建筑陷于形式的窠臼中，要探索新建筑，就要找到建筑真正的出发点。出发点之一是建筑功能，随着建筑功能的发展，功能因素在建筑中起到越来越重要的作用。传统建筑由于功能较为简单，所以一般可以在形式优先的前提下满足功能需要，当功能与形式有冲突的时候则牺牲功能以满足形式，可以为了建筑形体的完

① 童寯．近百年西方建筑史 [M]. 南京：南京工学院出版社，1986：5。

② [英] 彼得·柯林斯．现代建筑设计思想的演变 [M]. 英若聪译．北京：中国建筑工业出版社，2003：5。

③ [意] 曼弗雷多·塔夫里．建筑学的理论和历史 [M]. 郑时龄译．北京：中国建筑工业出版社，1991：49。

整而将功能填充进设定好的形体之内，为了立面的对称而将不同功能、不同需要的部分强行同样处理或者将功能类似的部分对称排布而不顾使用的方便合理。现代建筑具有复杂的功能要求，再强行把它们束缚在古典建筑的外壳下往往会带来使用上的不便，甚至有一些功能需求是传统形式所无法满足的，例如需要良好照明的工厂建筑希望尽量增加窗面积，但是古典建筑立面的墙面面积大于窗面积，这就造成了不可调和的矛盾，最终功能需要战胜了形式，形成了从功能出发的设计方法。另一个出发点是技术，技术是建筑得以建造的物质保障，古代建筑较为原始，常常凭借经验进行建造，这种建设方法只适用于建筑规模较小，结构较为简单的情况。现代建筑规模远大于古代，已经不是凭借经验能够建造的了，建筑材料、建筑技术、结构科学和建筑设备等的发展为建筑的发展提供了保障和促进，现代建筑师认识到技术在建筑中起到的重要作用，将技术列为影响建筑的重要因素。现代主义建筑还形成了新的时空观念，西方古代虽然形成了时间和空间的概念，但是并不能真正把握时间和空间的本质，只是从现象的角度去理解时间和空间。现代主义建筑起源期适值艺术、科学和哲学上的时空观念发展的时期。绘画界自摄影术发明之后就开始反思绘画的意义，认识到绘画应该表现虚拟的时空组合的场景，打破了传统的艺术时空观念，并在摄影与雕塑中探索了同样的概念，随着哲学和科学领域对时空问题的新解释为新时空观念提供了思想基础，现代时空观念逐渐形成。新时空观念也体现在建筑中，先锋建筑师探索在建筑体验中结合时间和空间因素，实现了新建筑时空观念。技术观、功能主义、时空观和美学观是现代主义建筑与以往建筑相区别的最基本特征。

现代主义建筑的这四项特征只是得到现代主义建筑师普遍遵循的建筑思想，并非至当不易的金科玉律，根据具体条件限制，也需要斟酌权衡。在现代主义建筑起源期，传统的力量仍然庞大，先驱者们为了打破束缚，曾经采用较为激进的说法来表达、推行自己的主张，并非他们真的认为这些规则需要不惜代价去捍卫。但是很多身处现代主义建筑时期的建筑师在理解现代主义建筑思想之前，就照搬照抄形式，人云亦云地大喊口号，把现代主义建筑变成死板僵化的八股文，他们非但不是真正的现代主义建筑者，反而曲解和伤害了现代主义建筑。

例如新建筑技术、新建筑材料是现代主义建筑起源与发展的物质基础。格罗皮乌斯宣扬建筑的标准化和工业化；勒·柯布西耶认为 20 世纪初的工程师们创造出美而建筑师却无所作为，建筑师要向工程师学习；密斯·凡·德·罗的“皮与骨”的建筑被认为是技术美学的典范；就连崇尚有机建筑的赖特也承认机器的力量，认为是机器改变了世界。他们的追随者创作了很多以建筑技术为设计决定因素的建筑作品。认为技术是建筑中最重要甚至是决定因素的建筑师普遍对现代建筑技术抱有乐观态度，一些人对建筑技术的推崇甚至上升到技术决定论的高度，他们看到建筑技术的成就，就相信建筑技术是解决一切问题的灵药，认为建筑技术无所不能。但是技术的重要性在于使用的方法和技巧，无论是复杂的现代技术还是原始的技术都是可以使用的，问题是为了恰当的目的，在恰当的地方使用恰当的技术。不能盲目夸大技术的重要性，技术本身不是目的，真正的目的是用技术解决建筑中面对的问题。因此并非遇到任何问题都直接要求使用最新技术，而是要考虑使用哪种技术，以及如何使用技术。赖特早已提出：“科学已经做出了许多奇迹为人类造福，但现在正成为祸害，因为没有创造性的文化，就无法使科学和文化共同为人类造福，没有创造性的建筑作为一切文化的主脉，我们将不可能利用科学已做的一切……今天我们由科学家、发明家代替了莎士比亚和但丁，因此我很担心，工业巨头不仅取代了国王和君主，他们也取代了伟大的艺术家。”[①]他曾

① 项秉仁. 赖特 [M]. 北京：中国建筑工业出版社，1992：44。

在一次采访中指出："机器是一种工具，手工艺——机器可以把它做得很好——创造美，这就是全部的意义。现在我在建筑中使用骨架。我的手也充满了骨架，不是吗？这些骨骼是为什么存在呢？现在我把这些骨头拿出来，说这些骨头就是手，这对吗？它只是一种元素，设计通过它的使用、目的和表达产生形式。现在的国际式风格是愚蠢的，它排除了建筑中的美和人性。"①如果一味强调技术，脱离人文因素，只会走向偏颇。早期现代主义建筑师创造的很多作品其建筑形式也是从建筑艺术的角度出发的结果，如密斯·凡·德·罗的技术美学并非真正的表现结构，而是借表现结构之名表现经过处理、装饰的建筑化的结构节点。实际上，钢结构建筑必须要进行防火处理，而对钢材表面的防火处理就意味着我们看到的不是真正的结构本身，密斯·凡·德·罗对此毫不在意，材料本身并不能产生美，只有经过建筑师的处理创造了优雅精致的结构后才会产生美，这种技术美才是密斯·凡·德·罗所要追求的。尽管工程结构具备原始的美感，但是只有经过建筑师的工作，它们才会上升为建筑美。

功能主义是现代主义建筑的另一大基本特征，但是有些建筑师和营造商在这方面也走上极端的道路，他们把建筑功能的地位无限提高，认为建筑必须出自功能，或把经济、实惠的建筑称为合乎功能的理想建筑。前者是对功能因素的过分强调，属于对功能主义的曲解；后者则忽视了建筑的本质问题，从营造商最大限度营利的角度出发，单纯强调商品化建筑的经济效益，有借功能主义之名压缩造价牟取暴利之嫌。二者都属于单纯强调建筑某一方面特性的极端化思想，使人们对功能主义思想产生了误解。

实际上，现代主义建筑的先驱者们虽然强调功能的重要性，但仍然具有理性的考虑，没有将功能的作用无限上升。如赖特在《有机建筑语言》(Language of Organic Architecture)中提出："只要诗一般的想象力与功能配合而不毁坏它，形式就可以超越功能。因此，'形式追随功能'在精神上就不再有意义了，已成了一种陈词滥调，只有我们说或写'形式与功能合一'时才有意义。"②赖特认为功能只是建筑的若干要素之一，他明确地表达功能，但并不会为了功能牺牲其余。与建筑技术一样，功能也只是构成建筑的诸多要素之一，过分夸大功能作用的思想同样是错误的。格罗皮乌斯早已预见到了这一点，他在《新建筑与包豪斯》中痛斥将现代主义建筑作为时髦风格来模仿者歪曲了他们的原意，他提出："这表明，这一运动如果想要摆脱由抄袭风气或错误理解所导致的实利主义和错误口号的控制，以维持原来的目标，那就必须从内部加以澄清。一些吸引人的字句，像'功能主义'和'适用＝美观'，起到将'新建筑'的正确评价扭向肤浅的渠道或使之完全片面化的作用。这表现为普遍忽视其创始者们的真正动机：这种忽视就使一些见地浅薄的人们，那些看不清'新建筑'是联结思想两极的桥梁的人们，将它归结为某种单一的，范围狭窄的设计领域。"功能主义并非他们所求的建筑根本因素，"就拿合理主义来说，很多人以为这是一条基本原则，而实际上它不过是一种净化建筑的媒介。把沉浸于装饰中的建筑解救出来，强调其结构功能，以及将注意力集中于简洁经济的方案探讨，这些都代表'新建筑'的实用价值所依靠的、创作过程的纯物质方面。其另一方面，满足人们精神上的审美要求，是与其物质方面同等重要的……比这种结构经济及其功能上的强调远为重要的，是在认识水平上的进展，为新的空间想象创造了条件。建造房屋仅是解决材料和施工方法的问题，而建筑艺术则包含了掌握空间处理的艺术。"③因此，格罗皮乌斯等人一向反对将他们的建筑贴上"功能主义建筑"之类的标签，至于一些建筑师发展出单纯强调功能的建筑思想更非他们的本意。

---

① John Peter. The Oral History of Modern Architecture: Interviews with the Greatest Architects of the Twentieth Century [M]. New York: Harry N. Abrams, 2000：25.

② 项秉仁. 赖特 [M]. 北京：中国建筑工业出版社，1992：188。

③ [德] 沃尔特·格罗皮乌斯. 新建筑与包豪斯 [M]. 张似赞译. 北京：中国建筑工业出版社，1978：2-3。

现代主义建筑师力图寻求一种可以代表时代的风格，但是他们并不是要追求一种一成不变的僵化风格。他们寻求的本来是一种活泼而生动的风格，这些先驱者也具有各自不同的鲜明个性，工业化时代并不意味着产生刻板的工业产品一般的建筑。格罗皮乌斯提出标准化建筑会增进城市的庄严统一，给它整齐匀称的面貌，但是这并不是建筑形式的标准化而是建造技术和建筑部件的标准化，非但不应该造成建筑形式的统一单调，恰恰相反，通过标准化设计提供的大量可以互换的部件能够为建筑设计带来无限的组合的可能性，为建筑师多样性的形式创造提供最大程度的可能性。弗兰克·皮克（Frank Pick）对此作过恰当的评价："格罗皮乌斯博士正确地指出，'新建筑'开始时是光秃而刻板的，也在追求某种型范或标准。这是长期沉浸于抄袭及搬用过去样式之后必然出现的反应，这种抄袭之风一涉及现代建筑就已经失去意义了。但这种反应也几乎就要过去了，新建筑正在从消极阶段过渡到积极阶段，正在寻求不仅通过扬弃什么、排除什么，而且更要通过孕育什么、发明什么来展开活动了。有独创的想象和幻想，将越来越善于运用新建筑的技术手段，运用其空间效果的协调性，运用基功能上的合理性，以此为基础，或更恰当地说，作为骨架，来创造一种新的美，给众所期待的艺术复兴增添光彩。"①

现代主义建筑的拙劣追随者常常用技术和功能为自己贫乏的想象力辩护，似乎符合技术和功能要求的建筑就应该是简单乏味的，理性的技术美学就应该创造出冰冷的方盒子建筑。但是真正的先驱者们虽然指出在形式创造中技术和功能的重要性，但是他们并没有要求人们将此作为教条来奉行，彼得·柯林斯认识到了这一点，他在《现代建筑设计思想的演变》（Changing Ideals in Modern Architecture, 1750—1950）中指出："这种追求纯净，也是比较革命的建筑的真正特征，可是它却经常陷入对建筑物结构现实的完全隐瞒。为了'纯净的'面，所有表面都完全不加调整，而碰到结构部件时，就一律把它们抹平；瓦屋面和檐口不见了；玻璃格条弄得细细的；内檐装修简化为空墙上挂一两张抽象画；以及建筑整个被赋予一种手术示范教室那样的洁净性质……'纯形式是这样的形式：它超然于所有装饰的形式，它是从直线、曲线和任意形状的基本要素中自由形成的，并将适于各种表现的目的——可以是一座宗教建筑或一座工厂。'因而，可以看出：纯形式与功能无关，与结构的关系也不大。"②

在不高明的模仿者手中，材料的力量、技术的优雅和批量化工业制造的经济性全不在他们的考虑范围之内，他们只是追随时尚的潮流，人云亦云地模仿，建筑技术并没有表现出应有的美学意义，人们看到的只是冷冰冰的材料和全无区别的"技术"形式，这绝非现代主义建筑的本意。格罗皮乌斯在《新建筑与包豪斯》中明确指出："最糟糕的是，'现代'建筑在有几个国家里，竟成了一种时髦，结果是，形式主义的模仿和假冒把作为这一艺术复兴基础的起码的真实性和简洁性都给歪曲了。"③格罗皮乌斯早在提出工业化和标准化的时候就考虑到了它可能带来的问题，他1910年建议批量建造标准化住宅时既提出了应该实行工业化和标准化，又申明："今天私人住宅修建方式以及强调独特性的趋势，与现代工业的原则相反，不可能创造一种我们这个时代的住宅模式。建立在手工业基础上的方法是陈旧的，必定会随着对现代工业概念的接收而被替换掉。对独特的追求，希望与邻居不同的愿望，使风格不能统一。这是对新颖的追求，而不是对完美形式的追求。过去的所有风格的范例显示，他们都

---

①［德］沃尔特·格罗皮乌斯．新建筑与包豪斯[M]．张似赞译．北京：中国建筑工业出版社，1978：6-7。

②［英］彼得·柯林斯．现代建筑设计思想的演变[M]．英若聪译．北京：中国建筑工业出版社，2003：278。

③［德］沃尔特·格罗皮乌斯．新建筑与包豪斯[M]．张似赞译．北京：中国建筑工业出版社，1978：2。

致力于建立多变的形式法则，使之仅适应于专门的场合。”他希望“新的房产公司打算为客户提供的不仅是廉价的，精心修建的，实用的房屋以及好品位的保证，还在不牺牲工业的一致性原则的情况下考虑个人的意愿……通过提供可互换的配件，房产公司能够满足公众对个性的需求，在不抛弃艺术统一性的情况下，为客户拥有个人选择和主动权的快乐。依靠形式、材料和色彩，每所住宅最终都是与众不同的。”①他的思想也有着合格的继承人，芬兰建筑师阿尔瓦·阿尔托说：“标准化，是对建筑的系统化方法的一大贡献。人们常常认为标准化就是所有的东西都一样，为产品设定固定的模式，这很显然是错误的……正确的标准化的建筑部件和材料造就了产生最大数目的不同组合的可能性……我提到过自然就是最大的标准化，自然无比丰富，但是标准化都是由最小的可能的单元——细胞组成的，产生无数种组合，绝不公式化……我们在建筑标准化中必须采取同样的道路。”②显然，阿尔瓦·阿尔托的理解才是正确的，标准化是以规格化的建筑部件和材料获得经济性和批量生产的可能，而这些标准构件的不同组合可以产生设计的不确定性。标准化不是将同样的一组构件生产若干套，再拼装成若干相同的建筑；而是将通过标准化设计可以随意互换的零件各生产若干件，然后由设计者自行挑选拼装成各不相同的建筑。

因此，现代主义建筑风格本来应该是丰富多彩、生机勃勃的。形式由功能产生、形式由空间产生、技术美学、理性美、工业化风格、几何风格、抽象风格，如此多的名词都可以用于形容现代主义建筑风格，但是皆未窥全豹，没有哪一个可以涵盖现代主义建筑的全部探索。现代主义建筑是一场复杂而深刻的运动，由于契合了时代发展的脉搏而生机盎然，现代主义建筑的先驱者们身为时代先锋，在时代精神的指引下向各个可能的方向探索，然后再把这些成果结合起来形成现代主义建筑，他们的成就绝非单个形容词就可以涵盖的简单问题。密斯·凡·德·罗的钢与玻璃的建筑，勒·柯布西耶的钢筋混凝土建筑，赖特的有机建筑，阿尔瓦·阿尔托的北欧地域化建筑都各具特色，正如布鲁诺·塞维（Bruno Zevi）所说：“现代语言将说：别让它们一样吧！多一点选择嘛！而古典法则会背诵：它们必须全一样，它们必须有秩序——像死尸。……现代语言永远包含着为什么，为什么要这样做？它不允许存在一个至高无上的原则，它只是重新思考每一个传统观点，系统地发展和审核新的前提。一种摆脱对清规戒律盲目崇拜的意志是现代语言的主要动力”③但是太多拙劣的模仿者使它沦为僵化死板的代名词，他们从未理解现代主义建筑的真正精神，而是照搬照抄；他们不顾具体条件，简单地奉口号和一些表象为教条；他们把技术、功能或者简洁作为挡箭牌，以此来掩饰他们在设计中的浅薄和无能，简单地复制着既不具有美感又不承载历史意义的盒子建筑。现代主义建筑本来是为了打破古典建筑的法则和僵化而生的，如果它的追随者们把它奉为新的范式和不可违背的法则，他们就陷入了对它的僵化曲解，陷入形式主义的教条。

因此，本书希望通过追溯现代主义建筑技术观、功能主义、时空观和美学观的形成过程来增进对现代主义建筑的理解，对这几个片断的分析当然不能使我们了解现代主义建筑的全貌，但是如果在了解现代主义建筑的历史之后去看这几个问题，却能够帮助我们理解现代主义建筑的真正意义及不合格的继承者对它有意或无意的曲解，从中得到经验教训。当然，要把现代主义建筑四项基本特征的产生这样复杂的内容涵盖在一本书中绝非易事，因此本书将内容限于较窄的范围，只讨论和现代主义建筑的四项基本特征有直接关系或者有影响的现象，

---

① [英] 尼古拉斯·佩夫斯纳，J·M·理查兹，丹尼斯·夏普编著．反理性主义者与理性主义者：理性主义者 [M]. 邓敬，王俊，杨娇等译．北京：中国建筑工业出版社，2003：51，53。

② Göran Schildt. Alvar Aalto in His Own Words [M]. New York: Rizzoli, 1998：100.

③ [意] 布鲁诺·塞维．现代建筑语言 [M]. 席云平，王虹译．北京：中国建筑工业出版社，2005：12。

试图清理出各项基本特征产生发展的历史脉络，一概不涉及关系较远的内容，具体的取舍以能够清晰交代所论述的问题为准。即使如此，对于每个理论问题或者历史现象，涉及的人物、言论和具体实例又何止千百，对此，本书一概遵循采用已经成型素材中的较早者或者相对著名的素材的原则，所提及的当然只是浩瀚史料中的万一，但是既然所求的是论述的明晰而不是资料的完备，对其他的内容也只能断然舍弃，因此，有必要说明，并不是本书中所提及的内容就完整涵盖了现代主义建筑产生发展过程，它们只是较早或者较典型的内容而已，历史绝不是由这些零散的片断组成的，与它们相同或者类似的无数其他理论和实例共同组成了历史的潮流，一起构成了现代主义建筑的产生发展过程。

中英文名词对照表（按英文首字母顺序排列）

A

A Dynamical Theory of the Electromagnetic Field 《电磁场的动力学理论》
A History of Architecture: Settings and Rituals 《建筑史：场所与仪式》
A History of Civil Engineering: An Outline from Ancient to Modern Times 《土木工程学史》
A History of Western Architecture 《西方建筑史》
A Home in a Prairie Town 草原城镇之家
A House Is a Machine For Living In 住宅是居住的机器
A Man Leading a Horse 《牵马者》
A. Shchusev 休谢夫
Abraham Darby 亚伯拉罕·达比一世
Abraham Darby III 达比三世
Académie des Beaux-Arts 巴黎美术学院
Académie Royale d'Architecture 法国建筑学院
Adolf Shneck 阿道夫·施奈克
Adolf Loos 阿道夫·路斯
Adolf Meyer 阿道夫·梅耶
Adolf Rading 阿道夫·拉丁
AEG Turbine Factory AEG 透平机车间
Aesthetic Movement 唯美主义文学运动
After Cubism 《立体主义之后》
Albert Abraham Michelson 艾伯特·亚伯拉罕·迈克尔孙
Albert Aurier 阿尔贝·奥里埃
Albert Einstein 爱因斯坦
Albert Gleizes 阿尔贝·格莱兹
Aldo Palazzeschi 阿尔多·帕拉泽斯基
Alexander Rodchenko 亚历山大·罗琴科
Alexandre Archipenko 亚历山大·阿尔西品科
Allgemeine Elektricitäts-Gesellschaft 德国通用电器公司，简称 AEG
Alvar Aalto 阿尔瓦·阿尔托
Akropolis 雅典卫城
Amedee Ozenfant 阿梅德·奥占芳
Analytic Cubism 分析立体主义
Anatole de Baudot 阿纳托尔·德博多
André Lurçat 安德烈·吕尔萨
Andre Malraux 安德烈·马尔罗
Andrew Carnegie 卡内基
Ango 昂戈
Apartment for Bachelor 柏林建筑博览会示范住宅
Apothecaries Garden 草药园
Antoni Gaudi 高迪
Antoine Pevsner 安托万·佩夫斯纳
Antonio Rinaldi 里纳尔迪
Antonio Sant' Elia 安东尼奥·圣泰利亚
Archimedes 阿基米德
Architecture 《建筑》
Architecture 《建筑学》
Architecture, Architect and Client 《建筑、建筑师和业主》
Architecture and the Machine 《建筑与机器》
Architecture: Nineteenth and Twentieth Centuries 《建筑：19 世纪和 20 世纪》
Aristotle 亚里士多德
Art for Art's Sake 为艺术而艺术
Arts and Crafts Movement 工艺美术运动
Art Nouveau 新艺术运动
ASNOVA 新建筑师协会
August Endell 奥古斯特·恩德尔
August Von Voit 奥古斯特·冯·福伊特
Auguste Choisy 奥古斯特·舒瓦西
Auguste Perret 奥古斯特·佩雷
Augustus Welby Northmore Pugin 奥古斯塔斯·韦尔比·诺思莫尔·普金

Auguste Rodin　罗丹
Ausgeführte Bauten und Entwürfe von Frank Lloyd Wright　赖特的作品集

B

Ballsh　巴尔什
Barbizon School　巴比松学派
Barcelona Chair　巴塞罗那椅
Barker House　巴克住宅
Baron de Montesquieu　孟德斯鸠
Baudrit　鲍迪
Bauhaus　包豪斯
Bauhaus School，Dessau　德绍包豪斯新校舍
Baukunst　营造艺术
Beach house　滨海住宅
Belper Mill　贝尔珀工厂
Benjamin Baker　贝克
Benjamin Franklin　本杰明·富兰克林
Benyon and Marshall Flax Mill　贝尼昂和马歇尔麻纺织厂
Berl house　贝尔住宅
Berlin Trumbaugesellschart　柏林钟楼公司
Bernard Forest de Belidor　贝尔纳·福雷·德贝利多
Bessemer　贝塞麦
Bethlehem Steel　伯利恒钢铁公司
Bibliothèque National　巴黎国家图书馆
Bibliothèque St. Geneviève　巴黎圣热那维夫图书馆
Bill Risebero　比尔·里斯贝罗
Bocking Mill　博金工厂
Bon Marche　巴黎廉价商场
Bonnamen　博纳曼
Bruno Taut　布鲁诺·陶特
Bruno Zevi　布鲁诺·塞维
Building News　《建筑新闻》

C

Cardinal Mazarin　马萨林
Carl Benz　本茨
Carlo Carrà　卡洛·卡拉
Carnegie-Phipps Steel Company　卡内基钢铁公司
Carson Pirie Scott Store　卡森·皮里·斯科特百货公司
Casa Batllo　巴特略公寓
Casa Mila　米拉公寓
Casa Steiner　斯坦纳住宅
Castellanos　卡斯泰拉诺斯
Cathedrale Saint-Pierre de Beauvais　博韦主教堂
Catherine Beecher& Harrier Beecher Stowe　比彻姐妹
Changing Ideals in Modern Architecture　《现代建筑设计思想的演变》
Charles B. Atwood　查尔斯·B. 阿特伍德
Charles Bage　查尔斯·贝奇
Charles Dickens　查尔斯·狄更斯
Charles Fourier　傅里叶
Charles Fowler　查尔斯·福勒
Charles Gildemeister　查尔斯·吉尔德迈斯特
Charles I　查理一世
Charles II　查理二世
Charles Le Brun　夏尔·勒布兰
Charles Rennie Mackintosh　查尔斯·伦尼·麦金托什
Chatham Naval Dockyard　查塔姆海军造船厂
Chatsworth Greenhouse　德比郡查茨沃思温室
Checks and Balances　三权分立
Chicago School　芝加哥学派
Christine Frederick　弗雷德里克
Christopher Blackett　布莱克特
Christopher Polhem　克里斯托弗·普尔海姆
Chronophotographic Gun　摄影枪
Chronophotography　连续摄影术
Chrysler Building　克莱斯勒大厦
Church of Saint Jean de Montmartre　蒙马特高地上的圣 - 让教堂
Church of Steinhof　斯泰因霍夫教堂
Clapeyron　克拉佩
Claude Nicolas Ledoux　克洛代尔·尼古拉·勒杜
Claudel　克劳德尔
Clifton Suspension Bridge　克利夫顿悬索桥
Coketown　焦炭城
Colonia Guell Chapel　古埃尔教堂

D

E

F

Form Ever Follows Function　形式永远追随功能
Form Follows Function　形式追随功能
Forum of Trajan　图拉真广场
Francis Bacon　弗朗西斯·培根
François Coignet　弗朗索瓦·夸涅
François Cuvilliès　弗朗索瓦·屈维利埃
Francois-Joseph Belanger　贝朗热尔
Frank Lloyd Wright　赖特
Frank Lloyd Wright Studio　赖特工作室
Frank Pick　弗兰克·皮克
Frank Lloyd Wright, Ausgeführte Bauten　赖特作品集第二卷
Frederick Scott Archer　弗雷德里克·斯科特·阿彻
Frederick Winslow Taylor　弗雷德里克·温斯洛·泰勒
Frencesco Borromini　普罗密尼
Friedrich Gilly　弗里德里希·吉利
Friedrich Naumann　瑙曼
Friedrich Nietzsche　尼采
Friedrichstrasse Skyscraper Competition　弗里德里希大街高层办公楼设计竞赛
Forth Railway Bridge　福思铁路桥
Fuller Building　富勒大厦
Futurism　未来主义
Futurist Manifesto　《未来主义宣言》

G

G. A. Wayss　威斯
G. T. Green　格林
Gage Building　盖奇大厦
Galieo Galilei　伽利略
Gallery of Machines　机械馆
Garden City　田园城市
Garonne River Bridge　加龙河大桥
Gartenstadt Falkenberg　法尔肯贝格公园
Georg Wilhelm Friedrich Hegel　黑格尔
Georg Carstensen　乔治·卡斯滕森
George Gilbert Scott　乔治·吉尔伯特·斯科特
George Hill　乔治·希尔
George Stephemson　乔治·斯蒂芬森
Georges Braque　乔治·布拉克
German Pavilion　德国馆
Gerrit Rietveld　赫里特·里特韦尔
Gertrude Stein　格特鲁德·斯坦因
Gguernica　《格尔尼卡》
Giacomo Balla　贾科莫·巴拉
Gillender Building　吉林德大厦
Gino Severini　吉诺·塞韦里尼
Glasgow School　格拉斯哥学派
Glasgow School of Art　格拉斯哥艺术学校新校舍
Glass Architecture　《玻璃建筑》
God Being in the Details　上帝存在于细部中
Goldman and Salatsch Building　戈德曼与萨拉特西大厦
Gottfried Semper　森佩尔
Gottfriend Wilhelm Leibniz　莱布尼兹
Gottlieb Daimler　戴姆勒
Guadet　加代
Grand Louvre　卢佛尔宫
Guillaume Apollinaire　纪尧姆·阿波利奈
Gustave Courbet　库尔贝
Gustave Eiffel　埃菲尔
Gustave Perret　古斯塔夫·佩雷

H

H. H. Richardson　理查森
Henry-Rusell Hitchcock　亨利-鲁塞利·希契科克
Halle au Ble　巴黎小麦市场
Hannes Meyer　汉内斯·迈尔
Hans Poelzig　汉斯·珀尔齐希
Hans Scharoun　汉斯·夏隆
Hans Straub　汉斯·施特劳布
Haus Muche/ Schlemmer　蒙克和史雷梅尔住宅
Haystacks　《干草堆》
Hector Horeau　埃克托尔·奥罗
Hector Guimard　埃克托尔·吉马尔
Hendrik Petrus Berlage　亨德里克·彼得·贝尔拉赫
Henri Bergson　亨利·贝格松
Henri Labrouste　拉布鲁斯特
Henri Le Fauconnier　亨利·勒福科尼耶

I

J

Jugendstil 青年风格运动

K

Karl Fredrich Schinkel 申克尔
Karlsplatz Station 卡尔广场地铁站
Kenneth Frampton 肯尼斯·弗兰姆普敦
Kings Cross 伦敦国王十字火车站
Konstantin Melnikov 康斯坦丁·梅尔尼科夫
Kunstgewerbeschule and Art Academy 魏玛工艺美术学院

L

L'Arlésienne 《阿尔妇人》
L'Elan 《冲》
L'Esprit nouveau 《新精神》
Labor office 职业介绍所
La Città Nuova: Apartment Complex with External Elevators, Galleria, Covered Passageway, with Three Street Levels, Light Beacons and Wireless Telegraph 有室外电梯、风雨廊商业街、风雨廊人行道、三层街道平面、灯塔和无线电报的复合公寓
Ladie's Home Journal 《女性家庭杂志》
Language of Organic Architecture 《有机建筑语言》
La Maison Art Nouveau 新艺术之家
La Roche-Jeanneret House 罗谢—让纳雷住宅
Lamassu 拉马苏
Larking Building 拉金大厦
Laurentian Library 劳伦扎纳图书馆
Le Blanc 勒勃朗
Le Corbusier 勒·柯布西耶
Le Figaro 《费加罗报》
le Manifeste du Symbolisme 《象征主义宣言》
Lectures on Architecture and Painting 《艺术演讲集》
Leiter Building 莱特大厦
Leland Stanford 利兰·斯坦福
Lenoir 勒努瓦
Leonardo Benevolo 莱奥纳尔多·贝奈沃洛
Léonor Fresnel 莱奥诺拉·费雷内尔
Less is More 少就是多
Lewis Cubitt 丘比特
Leys Wood, Groombridge, Sussex 格龙布里奇的莱斯伍德村居
Library of Alexandria 亚历山大图书馆
Liverpool Road Station 利物浦路车站
Loie Fuller Pavilion 洛伊·富勒馆
Louis Jacques Mande Daguerre 路易·雅克·芒代·达盖尔
Louis Lumierè & Auguste Lumière 吕米埃兄弟
Louis Sullivan 沙利文
Louis Vauxcelles 路易·沃塞勒
Louis XIV 路易十四
Lovell House 洛弗尔住宅
Lucchini 卢基尼
Ludwig Hilberseimer 路德维希·希尔伯塞默
Ludwig Mies van der Rohe 密斯·凡·德·罗
Luigi Russolo 路易吉·鲁索洛

M

Madeline Market 马德琳市场
Mafredo Tafuri 曼弗雷多·塔夫里
Maison Citrohan 雪铁龙住宅
Maison Horta 奥太自宅
Manifesto of Futurist Architecture 《未来主义建筑宣言》
Marcel Deprez 德普雷
Marcel Duchamp 马塞尔·杜尚
Marcus Vitruvius Pollio 维特鲁威
Maria Pia Bridge 玛丽亚·皮亚桥
Mario Chiattone 马里奥·基亚托内
Marquette Building 马凯特大厦
Mart Stam 马尔特·斯塔姆
Martin House 马丁住宅
Martin Roche 马丁·罗奇
Master's House，Haus Muche/Shlemmer 穆赫和施莱默住宅
Max Berg 马克斯·贝格

N

O

P

Paul Scheerbart　保罗·希尔巴特
Paul Souriau　苏里奥
Peter W. Barlow　彼得·W. 巴洛
Peter Behrens　彼得·贝伦斯
Peter Collins　彼得·柯林斯
Pictorial Relief　绘画浮雕
Pierre-Émile Martin　马丁
Pierre Francastel　皮埃尔·弗朗卡斯泰尔
Pierre Jeanneret　皮埃尔·让纳雷
Piet Mondrian　皮特·蒙德里安
Pilotis　架空支柱
Philip Johnson　菲利普·约翰逊
Philip Miller　菲利普·米勒
Philip Webb　菲利普·韦布
Philosophiae Naturalis Principia Mathematica　《自然哲学的数学原理》
Pliny　普林尼
Portal Action　桥门结构
Portland Cement　波特兰水泥
Post-Impressionism　后印象主义派
Post Office Savings Bank　维也纳邮政储蓄银行
Practical Treatise on the Strength of Cast Iron and other Metals　《铸铁等金属强度的应用文集》
Prairie Style　草原式住宅
Pre-Raphaelite Brotherhood　拉斐尔前派
Prince Albert　艾伯特亲王
Project for a Brick Villa　乡村砖住宅
Project for a Glass Skyscraper　玻璃摩天楼设计方案
Proun　普朗恩
Pyramids　金字塔

Q

Queen Anne Mansions　安妮女王大厦

R

R. G. Collingwood　科林伍德
Raffaello Sanzo　拉斐尔
Railroad Enthusiasm　铁路狂热
Ralph Waldo Emerson　爱默生
Rationalist　理性主义
Realism　写实主义
Realist Manifesto　《写实主义宣言》
Realistic Manifesto　《现实主义宣言》
Red and Blue Chair　红蓝椅
Reliance Building　里莱恩斯大厦
Reyner Banham　雷纳·班纳姆
Richard Docker　理查德·多克
Richard Norman Shaw　理查德·诺曼·肖
Richard Weston　理查德·韦斯顿
Robert Delaunay　罗贝尔·德洛奈
Robert Hooker　罗伯特·胡克
Roberts House　罗伯特住宅
Robert Maillart　罗伯特·马亚尔
Robert Owen　罗伯特·欧文
Robert Stephenson　罗伯特·斯蒂芬森
Robie House　罗比住宅
Rowland Burdon　伯登
Royal Pavilion　布赖顿皇家别墅
Robert Treat Paine House　罗伯特·特里特·佩因住宅
Rudolf Diesel　狄塞耳
Rudolph Schindler　鲁道夫·申德勒
Rue Franklin Apartments　富兰克林公寓

S

Sara Cornell　萨拉·柯耐尔
S. Carlo Alle Quattro Fontane　圣卡罗教堂
S. Whipple　惠普尔
Samuel Bing　萨穆埃尔·宾
Samuel Colt　科耳特
Samuel Johnson　塞缪尔·约翰逊
Samuel Sloan　塞缪尔·斯隆
Sauvage　绍瓦热
San Pietro　圣彼得教堂
SASS　社会主义建设建筑委员会
Schröder House　施罗德住宅
Scientific Management　科学管理
Secession　分离派

Sezession House　分离派展览馆
Sidney Gilchrist Thomas　托马斯
Sigfried Giedion　西格弗里德·吉迪恩
Singer Tower　胜家公司大厦
Sir Banister Fletcher's A History of Architecture 《弗莱彻建筑史》
Sir Ernst Hans Josef Gombrich　贡布里希
Sir Humphry Davy　汉弗莱·戴维爵士
Sketch I for Composition VII　构成第七号草图 1
Skin and Bones　皮与骨
Skyscraper　摩天楼
Social Contract Theory　社会契约
Space, Time and Architecture: The Growth of a New Tradition　《空间、时间和建筑：一种新传统的成长》
Spinning Mill, Shrewsbury　什鲁斯伯里纺织厂
Spiro Kostof　斯皮罗·科斯多夫
St. Annie Church，Liverpool　利物浦圣安妮教堂
St-Ouen Docks Warehouse　圣旺码头仓库
St-Denis　圣但尼
Stanley Mill　斯坦利工厂
Station for Trains and Airplanes　米兰中心车站
Still Life with Chair Caning　《藤椅上的静物》
Stockholm Exhibition　斯德哥尔摩博览会展览馆
Stoclet House　斯托克莱宫
Style and Epoch　《风格与时代》
Style in Building　建筑风格
Style in Industry　《工业中的风格》
Sunderland Bridge　桑德兰桥
Symbolism　象征主义
Synthetic Cubism　综合立体主义

T

T. Hyatt　海厄特
Tassel House　塔塞尔住宅
Taylorism　泰勒制
Technical Manifesto of Futurist Literature　《未来主义文学的技术性宣言》
Technical Manifesto of Futurist Painting　《未来主义绘画宣言》
Technical Manifesto of Futurist Sculpture　《未来主义雕塑宣言》
Terra Cotta　赤陶土
The Amalienburg Pavilion　阿玛琳堡
The Applied Arts　实用艺术
The Art and Craft of the Machine　《机器的工业和艺术》
The Arts and Crafts exhibition Society　艺术与工艺展览协会
The British Museum Library　不列颠博物馆图书馆
The Burghers of Calais　《加莱的义民》
The Charter of Machu Picchu　《马丘比丘宪章》
The Crystal Palace　水晶宫
The Development of Industrial Buildings　《现代工业建筑的发展》
The Fine Arts　纯粹艺术
The Glasgow Four　格拉斯哥四人
The Glass Pavilion　德意志制造联盟科隆展览会玻璃展览馆
The Grand Duke of Saxe-Weimar-Eisenach　萨克森·魏玛·艾泽纳赫大公爵
The Idea of History　《历史的观念》
The International Style: Architecture Since 1922　《国际式：1922 年以来的建筑》
The Jenny Lind　詹尼·林德号机车
The Marble Palace, Saint Petersburg　圣彼得堡大理石宫
The New Architecture and the Bauhaus　《新建筑与包豪斯》
The Pneumatic Caisson　压气沉箱施工法
The Red House　红屋
The Rocket　火箭号机车
The Seven Lamps of Architecture　《建筑七灯》
The Severn Bridge　塞文河桥
The Sources of Modern Architecture and Design　《现代建筑与设计的源泉》
The State Bauhaus　国立包豪斯
The Stones of Venice　《威尼斯之石》
The Story of Art　《艺术的故事》
The Tall Office Building Artistically Considered 《高层办公楼的美学考虑》

The Ten Books on Architecture 《建筑十书》
The Theatre des Champs-Elysees 香榭丽舍剧院
The Treaty of Paris 《巴黎和约》
The Vesnin Brothers 维斯宁兄弟
The Wylam Dilly 迈拉姆·迪利号机车
The Young Ladies of Avignon 《阿维尼翁的少女》
Theatre-Francais 法兰西剧院
Theo van Doesburg 特奥·范杜斯堡
Theodor Fischer 特奥多尔·菲舍尔
Theory and Design in the First Machine Age 《第一机械时代的理论和设计》
Theories and History of Architecture 《建筑学的理论和历史》
Thomas Cochrane 托马斯·科克伦
Thomas Alva Edison 爱迪生
Thomas Farnolls Pritchard 普里查德
Thomas Harris 托马斯·哈里斯
Thomas Hobbes 托马斯·霍布斯
Thomas Jefferson 杰弗逊
Thomas Paine 佩因
Thomas Telford 特尔福德
Thomas Tredgold 托马斯·特雷德戈尔德
Tony Garnier 托尼·加尼尔
Trajan, Marcus Ulpius Nerva Traianus 图拉真皇帝
Trajan's Column 图拉真纪功柱
Trans-Mississippi and International Exposition 《横跨密西西比博览会》
Transcendentalism 超验主义
Tugendhat House 土根哈特
Turpin Bannister 班尼斯特
Turun Sanomat 圣诺马特报社
Twentieth-Century living and Twentieth-Century Building 《20 世纪的生活和 20 世纪的建筑》
Typisierung 标准化

U

Ugo Nebbia 乌戈·内比亚
Ulmer Münster 乌尔姆教堂
Umberto Boccioni 翁贝托·波丘尼
Union of Soviet Architects 苏联建筑师联盟
Unique Forms of Continuity in Space 《空间中连续的独特形体》
United States Declaration of Independence 《独立宣言》
Unity Church 唯一神派教堂
Unity Temple 联合教堂
USSR Pavilion 巴黎国际装饰艺术和现代工业博览会苏联馆

V

Vers Une Architecture 《走向新建筑》
Victor Contamin 维克托·孔塔曼
Victor Horta 维克多·奥太
Victor Louis 路易斯
Victoria Regia Lily House 维多利亚百合花温室
Vienna School 维也纳学派
View from the Window at Le Gras 《窗外景色》
Vignon 维尼翁
Vincent Scully 文森特·斯库利
Vincent van Gogh 梵高
Vittorio Gregotti 维托里奥·格雷戈蒂
Vladimir Tatlin 弗拉基米尔·塔特林
Vladimirov 弗拉基米罗夫
Voltaire 伏尔泰
VOPRA 泛苏无产阶级建筑师学会

W

W. B. Wilkinson 威尔金森
Wainwright Building 温赖特大厦
Walking Woman 《行走的女人》
Walker Ware house 沃克仓库
Walter Gropius 格罗皮乌斯
Warners Silk Mill 华纳丝厂
Wassily Kandinsky 康定斯基
Wedding Tower 婚礼塔
Weer River 韦尔河
Weimar Academy of Fine Art 魏玛艺术学院
Wilhelm Schäfer 威廉·舍费尔
William Cook 威廉·库克

Y

参考文献

[1] Alan Blanc, Michael McEvoy, Roger Plank Ed. Architecture and Construction in Steel [M]. London: E&FN Spon, 1993.

[2] Alan Bowness. Modern European Art [M]. London: Thames and Hudson, 1985.

[3] Alan Weintraub. Lloyd Wright: The Architecture of Frank Lloyd Wright Jr [M]. New York: Thames and Hudson, 1998.

[4] Alan Colquhoun. Esssays in Architectural Criticism: Modern Architecture and Historical Change [M]. Cambridge: MIT Press, 1981.

[5] Alastair Duncan. Art Nouveau [M]. London: Thames and Hudson, 1994.

[6] Albert Bush-Brown. Louis Sullivan [M]. London: Mayflower, 1960.

[7] Alexander Tzonis. Le Corbusier: The Poetics of Machine and Metaphor [M]. London: Thames and Hudson, 2001.

[8] Andrew Saint. The Image of The Architect [M]. New Haven: Yale University Press, 1983.

[9] Anthony Alofsin Ed. Frank Lloyd Wright: Europe and Beyond [M]. Berkeley: University of California Press, 1999.

[10] Arthur Voyce. Russian Architecture: Trends in Nationalism and Modernism [M]. New York: Greenwood Press, 1969.

[11] Arthur Drexler. Ludwig Mies Van Der Rohe [M]. Londen: Mayflower, 1960.

[12] Bauhaus Dessau Foundation Ed. The Dessau Bauhaus Building 1926-1999[M]. Basel: Birkhäuser, 1999.

[13] Bernard Blistene. A History of 20th-Century Art [M]. Paris: Flammarion, 2001.

[14] Bernard Graf. Bridges that Changed the World [M]. Munich: Prestel, 2005.

[15] Bill Risebero. Modern Architecture and Design: An Alternative History [M]. London: Herbert Press, 1982.

[16] Bruno Taut. Modern Architecture [M]. London: The Studio limited, 1929.

[17] Bryan Lawson. The Language of Space [M]. Oxford: Architectural Press, 2001.

[18] Carl W. Condit. The Chicago School of Architecture [M]. Chicago & London: The University of Chicago Press, 1964.

[19] Carol Willis. Form Follows Finance: Skyscrapers and Skylines in New York and Chicago [M].

New York: Princeton Architectural Press, 1995.

[20] Carol Bishop. Frank Lloyd Wright: the Romantic Spirit [M]. Los Angeles: Balcony Press, 2005.

[21] Caroline Tisdall, Angelo Bozzilla. Futurism [M]. London: Thames and Hudson, 1977.

[22] Carroll Louis Vanderslice Meeks. The Railway Station: An Architectural History [M]. London: The Architectural Press, 1957.

[23] Cater Wiseman. Twentieth Century American Architect: The Buildings and Their Makers [M]. New York: W. W. Norton, 2000.

[24] Cervin Robinson, Joel Herschman. Architecture Transformed: a History of the Photography of Buildings from 1839 to Present [M]. Cambridge: MIT Press, 1987.

[25] Charles Jencks. Le Corbusier and the Continual Revolution in Architecture [M]. New York: The Monacelli Press, 2000.

[26] Charles Jencks. Le Corbusier and the Tragic View of Architecture [M]. Middlesex: Penguin Books, 1987.

[27] Charles Jencks. Modern Movements in Architecture [M]. New York: Anchor Press/ Doubleday, 1973.

[28] Christian Norberg-Schulz. Meaning in Western Architecture [M]. New York: Praeger Publishers, 1975.

[29] Claude Bragdon. Architecture and Democracy [M]. New York: Alfred A. Knopf, 1918.

[30] Dan Cruickshank Ed. Sir Banister Fletcher's A History of Architecture [M]. 20th edition Oxford: Architectural Press, 1996.

[31] David P. Handlin. American Architecture [M]. London: Thames and Hudson, 1985.

[32] David Watkin. A History of Western Architecture [M]. 2nd edition. London: Laurence King, 1996.

[33] David Watkin. English Architecture: A Concise History [M]. London: Thames and Hudson, 1979.

[34] David Watkin. Morality and Architecture [M]. Oxford: Clarendon Press, 1997.

[35] Dennis J. De Witt, Elizabeth R. De Witt. Modern Architecture in Europe [M]. London: George Weidenfeld & Nicolson, 1987.

[36] Dennis Sharp. Sources of Modern Architecture [M]. St. Albans: Granada, 1981.

[37] Detlef Mertins. The Presence of Mies [M]. New York: Princeton Architectural Press, 1994.

[38] Dora P. Crouch. History of Architecture: StoneHenge to Skyscrapers [M]. New York: McGraw-Hill, 1985.

[39] Edward Robert De Zurko. Origins of Functionalist Theory [M]. New York: Columbia university Press, 1957.

[40] Elizabeth Cumming, Wendy Kaplan. The Arts and Crafts Movement [M]. London: Thames and Hudson, 1991.

[41] Esther McCoy. Richard Neutra [M]. London: Mayflowern, 1960.

[42] Francesco Dal Co. Figures of Architecture and Thought: German Architectural Culture 1880-1920 [M]. New York: Rozzoli, 1990.

[43] Francoise Choay. Le Corbusier [M]. London: Mayflower, 1960.

[44] Frank Russell Ed. Art Nouveau Architecture [M]. London: Academy Editions, 1983.

[45] Franz Schulze. Mies van der Rohe: Critical Essays [M]. New York: The Museum of Modern Art, 1989.

[46] Frederick Gutheim. Alvar Aalto [M]. London: Mayflower, 1960.

[47] Frederick Gutheim. Frank Lloyd Wright on Architecture: Selected Writings 1894–1940 [M]. New York: Duell, Sloan and Pearce, 1941.

[48] George F. Chadwick. The Works of Sir Joseph Paxton: 1803–1865 [M]. London: The Architectural Press, 1961.

[49] Gillian Naylor. The Bauhaus Reassessed: Sources and Design Theory [M]. London: Herbert Press, 1985.

[50] Gӧran Schildt. Alvar Aalto in His Own Words [M]. New York: Rizzoli, 1998.

[51] H. W. Janson. History of Art [M]. 3rd edition. New York: Harry N. Abrams, 1986.

[52] Hans Engles, Ulf Meyer. Bauhaus Architecture 1919–1933 [M]. Munchen: Prestel, 2001.

[53] Hans Frei. Louis Henry Sullivan [M]. Z ü rich: Artemis Verlags–AG, 1992.

[54] Harriet Schoenholz Bee Ed. Mies van der Rohe: Critical Essays [M]. New York: The Museum of Modern Art, 1989.

[55] Helen Searing Ed. In Search of Modern Architecture: A Tribute to Henry–Russell Hitchcock [M]. New York: The Architectural History Foundation & Cambridge: The MIT Press, 1982.

[56] Helmut Gernsheim. A concise history of photography [M]. New York: Dover Publications, 1986.

[57] Hilde Heynen. Architecture and Modernity [M]. Cambridge: The MIT Press, 1999.

[58] H. H. Arnason. History of Modern Art: Painting, Sculpture, Architecture, Photography [M]. 3rd edition. New York: Harry N. Abrams, 1986.

[59] Howard Robertson. Modern Architectural Design [M]. Westminster: The Architectural Press, 1932.

[60] Hubert–Jan Henket, Hilde Heynen Ed. Back From Utopia: The Challenge of the Modern Movement [M]. Rotterdam: 010 Publishers, 2002.

[61] J. M. Richards. An Introduction to Modern Architecture [M]. Baltimore: Penguin Books, 1959.

[62] J. M. Richards. The Functional Tradition in Early Industrial Buildings [M]. London: The Architecture Press, 1958.

[63] James Macauley. Arts & Crafts Houses II [M]. London: Phaidon, 1999.

[64] Jean–Marie Perouse De Montclos . Etienne–Louis Boullee 1728–1799: Theoretician of Revolutionary Architecture [M]. New York: George Braziller, 1974.

[65] Jeannine Fiedler, Peter Frierabend Ed. Bauhaus [M]. Cologne: Kӧnemann, 2000.

[66] Jeremy Howard. Art Nouveau: International and national styles in Europe [M]. Manchester: Menchester University Press, 1996.

[67] John Heskett. Industrial Design [M]. London: Thames and Hudson, 1980.

[68] John Hix.The Glass House [M]. Cambridge: MIT Press, 1974.

[69] John Milner. Vlandimir Tatlin and the Russian Avant–Garde [M]. New Haven: Yale University Press, 1983.

[70] John Peter. The Oral History of Modern Architecture: Interviews with the Greatest Architects of the Twentieth Century [M]. New York: Harry N. Abrams, 2000.

[71] John Ruskin. The Seven Lamps of Architecture [M]. NewYork: Dover publications, 1989.

[72] John Summerson. The Architecture of the Eighteenth Century [M]. London: Thames and Hudson, 1986.

[73] John William Ferry. A History of the Department Store [M]. New York: The Macmillan Company, 1960.

[74] John Zukowsky Ed. Chicago Architecture 1872−1922: Birth of a Metropolis [M]. Munich: Prestel, 2000.

[75] Jolyon Drury. Factories: Planning, Design and Modernisation [M]. London: The Architecture Press, 1981.

[76] Jonathan Glancey. 20th Century Architecture: the Structures that Shaped the Century [M]. London: Carlton, 1998.

[77] Junichi Hshimomura. Art Nouveau Architecture: Residential Masterpieces 1892−1911 [M]. London: Academy Editions, 1990.

[78] Kathleen James−Chakraborty. German Architecture for a Mass Audience [M]. New York: Routledge, 2001.

[79] Kenneth Frampton. Le Corbusier: Architect of the Twentieth Century [M]. New York: Harry N. Abrams, 2002.

[80] Kenneth Frampton. Studies in Tectonic Culture: The Poetics of Construction in nineteenth and Twentieth Century Architecture [M]. Cambridge: MIT Press, 2001.

[81] Kenneth Kingsley Stowell. Modernizing Buildings for Profit [M]. New York: Prentice Hall, 1935.

[82] Le Corbusier. Le Corbusier Talks with Students [M]. New York：Princeton Architectural Press, 1999.

[83] Le Corbusier. The Decorative Art of Todays [M]. London：The Architectural Press, 1987.

[84] Louis H. Sullivan. Kingergarten Chats and other writings [M]. New York: Dover Publications, 1979.

[85] Marcus Whiffen. American Architecture 1607−1976 [M]. Cambridge: MIT Press, 1981.

[86] Mark Gelernter. A History of American Architecture: Buildings in Their Cultural and Technological Context [M]. Hanover: University Press of New England, 1999.

[87] Mary Hollingsworth. Architecture of the 20th Century [M]. Avenel: Crescent Books, 1995.

[88] Michael Raeburn Ed. Architecture of the Western World [M]. London: Orbis Publishing, 1982.

[89] Mitchell Beazley Ed. the World Atlas of Architecture [M]. Artists House: Mitchell Beazley, 1984.

[90] Nikolaus Pevsner. A History of Building Types [M]. New York: Thames and Hudson, 1979.

[91] Nikolaus Pevsner. An Outline of European Architecture [M]. 7th edition. London: Butler & Tanner, 1985.

[92] Panayotis Tournikiotis. the History of Modern Architecture [M]. Cambridge: MIT Press, 1999.

[93] Patrick Nuttgens. The Story of Architecture [M]. Oxford: Phaidon Press, 1983.

[94] Peter Carter. Mies van der Rohe at Work [M]. London: Phaidon, 1999.

[95] Peter Galison, Emily Thompson Ed. The Architecture of Science [M]. Cambridge: MIT Press, 1999.

[96] Peter Gössel, Gabriele Leuthäuser. Architecture in the Twentieth Century [M]. Köln: Taschen, 2001.

[97] Philip Johnson. Mies Van Der Rohe [M]. 3rd edition. New York: The Museum of Modern Art, 1978.

[98] Philip Webb. Arts & Crafts Houses I [M]. London: Phaidon, 1999.

[99] R. Furneaux Jordan. Western Architecture [M]. London: Thames and Hudson, 1969.

[100] Reyner Banham. Theory and Design in the First Machine Age [M]. Oxford: Architectural Press, 1971.

[101] Richard Guy Wilson, Sidney K. Robinson Ed. Modern Architecture in America: Visions and Revisions [M]. Ames: Iowa State University Press, 1991.

[102] Robert McCarter. Frank Lloyd Wright [M]. London: Phaidon Press, 1997.

[103] Robin Middleton Ed. The Beaux-Arts and Nineteenth Century French Architecture [M]. Cambridge: MIT Press, 1982.

[104] Rowland J. Mainstone. Structure in Architecture: History, Design and Innovation [M]. Aldershot: Ashgate, 1999.

[105] Russell Ferguson. At The End Of The Century: One Hundred Years Of Architecture [M]. New York: Harry N. Abrams, 1998.

[106] S. Chandraseknar. Truth and Beauty: Aesthetics and Motivations in Science [M]. Chicago: The University of Chicago Press, 1987.

[107] Sabine Thiel-Siling. Icons of the 20th Century Architecture [M]. Munich: Prestel, 1998.

[108] Sanford Kwinter. Architectures of Time: Toward a Theory of the Event in Modernist Culture [M]. Cambridge: MIT Press, 2002.

[109] Sarah Bradford Landau, Carl W. Condit. Rise of the New York Skyscraper, 1865-1913 [M]. New Haven:Yale University Press, 1996.

[110] Sheila kirk. Philip Webb: Pioneer of Arts & Crafts Architecture [M]. Hoboken: John Wiley & Sons, 2005.

[111] Sigfried Giedion. Space, Time and Architecture: The Growth of a New Tradition [M]. 5th editon. Cambridge: Harvard University Press, 1969.

[112] Spiro Kostof. A History of Architecture: Settings and Rituals [M]. 2nd edition. Oxford: Oxford University Press, 1995.

[113] Stanford Anderson. Peter Behrens and a New Architecture for the Twentieth Century [M]. Cambridge: MIT Press, 2000.

[114] Stephen Games Ed. Nikolaus Pevsner: Pevsner on Art and Architecture: The Art of Structure [M]. London: Methuen, 2002.

[115] Thomas S. Hines. Irving Gill and the Architecture of Reform: A Study in Modernist Architectural Culture [M]. New York: Monacelli, 2000.

[116] Trevor Garnham. Arts & Crafts Masterpieces [M]. London: Phaidon, 1999.

[117] Trewin Copplestone Ed. World Architecture: An Illustrated History From Earliest Times [M]. Feltham: Hamlyn, 1981.

[118] Udo Kultermann. Architecture in the 20th Century [M]. New York: Van Nostrand Reinhold, 1993.

[119] Vincent Scully. Modern Architecture and Other Essays [M]. Princeton: Princeton University Press, 2003.

[120] Vincent Scully Jr. Modern Architecture: The Architecture of Democracy [M]. London: Prentice-Hall International, New York: George Braziller, 1961.

[121] Victor Arwas. Art Nouveau: From Mackintosh to Liberty [M]. London: Andreas Papadakis, 2000.

[122] Walter Curt Behrendt. Modern Building: Its Nature, Problems, and Forms [M]. New York: Harcourt, Brace and Company, 1937.

[123] Werner Blaser Ed. Chicago Architecture: Holabird and Root, 1880-1992 [M]. Basel: Birkhäuser, 1992.

[124] Werner Blaser. Metal Pioneer Architecture [M]. Weiningen-Zürich: Waser Verlag, 1996.

[125] Werner Blaser. Mies Van Der Rohe: The Art of Structure [M]. Basel: Birkhäuser Verlag, 1993.

[126] Werner Blaser. Filigree Architecture: Metal and Glass Construction [M]. New York: Werf & CO, 1980.

[127] William Allin Storres. The Architecture of Frank Lloyd Wright [M]. 2nd edition. Cambridge: MIT Press, 1982.

[128] William J. R. Curtis. Modern Architecture Since 1900 [M]. 3rd editon. Oxford: Phaidon Press, 1996.

[129] Wolf Von Eckardt. Eric Mendelsohn [M]. New York: George Braziller, 1960.

[130] Yago Conde. Architecture of the Indeterminacy [M]. Barcelona: Actar, 2000.

[131] Yehuda E. Safran. Mies Van Der Rohe [M]. Barcelona: Gustavo Gili, 2001.

[132] Yukio Futagawa. Frank Lloyd Wright Preliminary Studies 1889-1916 [M]. Tokyo: ADA Edition, 1985.

[133] [美]阿莲娜·S·哈芬顿. 毕加索传——创造者和毁灭者[M]. 弘鉴,田珊,光午等译. 北京: 人民美术出版社，1990。

[134] [美]阿诺德·汤因比. 人类与大地母亲——一部叙事体世界历史[M]. 徐波等译. 上海: 上海人民出版社，2001。

[135] [英]爱德华·露西-史密斯. 摄影简史[M]. 殷启平，严军，张言梦译. 北京: 生活·读书·新知三联书店，2005。

[136] [英]爱德华·卢西—史密斯. 世界工艺史[M]. 朱淳译. 杭州：浙江美术学院出版社，1993。

[137] [法]埃蒂娜·贝尔纳. 现代艺术[M]. 黄正平译. 长春：吉林美术出版社，2002。

[138] [英]艾伦·科洪. 建筑评论——现代建筑与历史嬗变[M]. 刘托译. 北京：知识产权出版社，中国水利水电出版社，2005。

[139] [英]彼得·柯林斯. 现代建筑设计思想的演变[M]. 英若聪译. 北京：中国建筑工业出版社，2003。

[140] [英]比尔·里斯贝罗. 西方建筑[M]. 陈健译. 南京：江苏人民出版社，2001。

[141] [美]伯纳德·格伦主编. 世界七千年大事总览[M]. 雷自学，王迎选译. 北京：东方出版社，1990。

[142] [英]伯特兰·罗素. 西方的智慧[M]. 崔权醴译. 北京：文化艺术出版社，1997。

[143] [意]布鲁诺·塞维. 现代建筑语言[M]. 席云平，王虹译. 北京：中国建筑工业出版社，2005。

[144] 查尔斯 · 辛格,E · J · 霍姆亚德,A · R · 霍尔等主编 . 技术史: 第 V 卷,19 世纪下半叶(约 1850 年至约 1900 年) [M]. 远德玉，丁云龙等译 . 上海：上海科技教育出版社，2004。
[145] [美] 查尔斯 · 詹克斯，卡尔 · 克罗普夫 . 当代建筑的理论和宣言 [M]. 周玉鹏，雄一，张鹏译 . 北京：中国建筑工业出版社，2005。
[146] [英] 大卫 · 沃特金 . 西方建筑史 [M]. 傅景川等译 . 长春：吉林人民出版社，2004。
[147] [美] 戴维 · 拉金，布鲁斯 · 布鲁克斯 · 法伊弗编 . 弗兰克 · 劳埃德 · 赖特：建筑大师 [M]. 苏怡，齐勇新译 . 北京：中国建筑工业出版社，2005。
[148] [美] 菲利浦 · 李 · 拉尔夫，罗伯特 · E · 勒纳，斯坦迪什 · 米查姆等 . 世界文明史 [M]. 赵丰等译 . 北京：商务印书馆，2001。
[149] [英] 弗兰克 · 惠特福德 . 包豪斯 [M]. 林鹤译 . 北京：生活 · 读书 · 新知三联书店，2001。
[150] [英] 贡布里希 . 艺术的故事 [M]. 范景中译 . 北京：生活 · 读书 · 新知三联书店，1999。
[151] [美]H · H · 阿纳森 . 西方现代艺术史——绘画、雕塑、建筑 [M]. 邹德侬，巴竹师，刘珽译 . 天津：天津人民美术出版社，1986。
[152] [德] 汉诺—沃尔特 · 克鲁夫特 . 建筑理论史——从维特鲁威到现在 [M]. 王贵祥译 . 北京: 中国建筑工业出版社，2005。
[153] 赫伯特 · 里德 . 现代雕塑史 [M]. 李长俊译 . 台北：大陆书店，1982。
[154] [法] 卡巴内 . 杜尚访谈录 [M]. 王瑞芸译 . 桂林：广西师范大学出版社，2001。
[155] [俄] 康定斯基 . 康定斯基论点线面 [M]. 罗世平，魏大海，辛丽译 . 北京：中国人民大学出版社，2003。
[156] [俄] 康定斯基 . 康定斯基文论与作品 [M]. 查立译 . 北京：中国社会科学出版社，2003。
[157] [俄] 康定斯基 . 艺术中的精神 [M]. 李政文，魏大海译 . 北京：中国人民大学出版社，2003。
[158] [美] 肯尼斯 · 弗兰姆普敦 . 现代建筑：一部批判的历史 [M]. 张钦楠等译 . 北京：生活 · 读书 · 新知三联书店，2004。
[159] [意]L · 本尼沃洛 . 世界城市史 [M]. 薛钟灵，余靖芝，葛明义等译 . 北京：科学出版社，2000。
[160] [意]L · 本奈沃洛 . 西方现代建筑史 [M]. 邹德侬，巴竹师，高军译 . 天津：天津科学技术出版社，1996。
[161] [英] 拉雷 · 文卡 · 马西尼 . 西方新艺术发展史 [M]. 马凤林，李晓明，张敦敏等译 . 南宁: 广西美术出版社，1994。
[162] [法] 拉鲁斯现代万有百科编委会编 . 拉鲁斯现代万有百科 [M]. 郑州: 大象出版社，石家庄: 河北教育出版社，1999。
[163] [法] 勒 · 柯布西耶 . 走向新建筑 [M]. 陈志华译 . 西安：陕西师范大学出版社，2004。
[164] [英] 雷诺 · 班汉 . 近代建筑概论 [M]. 王纪鲲译 . 第 2 版 . 台北：台隆书店，1975。
[165] [美] 刘易斯 · 芒德福 . 城市发展史——起源、演变和前景 [M]. 宋峻岭，倪文彦译 . 北京: 中国建筑工业出版社，2005。
[166] [英] 罗杰 · 斯克鲁顿 . 建筑美学 [M]. 刘先觉译 . 北京：中国建筑工业出版社，2003。
[167] [英] 罗宾 · 米德尔顿，戴维 · 沃特金 . 新古典主义与 19 世纪建筑 [M]. 徐铁成等译 . 北京：中国建筑工业出版社，2000。
[168] [美] 罗伯特 · E · 勒纳，斯坦迪什 · 米查姆，爱德华 · 伯恩斯 . 西方文明史 [M]. 王觉

非等译. 北京：中国青年出版社，2003。
[169] [美] 罗伯特·休斯. 新艺术的震撼 [M]. 刘萍君，汪晴，张禾译. 上海：上海人民美术出版社，1989。
[170] 马德琳·梅因斯通, 罗兰·梅因斯通, 斯蒂芬·琼斯. 剑桥艺术史（二）[M]. 钱乘旦译. 北京：中国青年出版社，1994。
[171] [意] 曼弗雷多·塔夫里. 建筑学的理论和历史 [M]. 郑时龄译. 北京：中国建筑工业出版社，1991。
[172] [意] 曼弗雷多·塔夫里，弗朗切斯科·达尔科. 现代建筑 [M]. 刘先觉等译. 北京：中国建筑工业出版社，2000。
[173] [法] 尼古拉·第佛利. 19 世纪艺术 [M]. 怀宇译. 长春：吉林美术出版社，2002。
[174] [英] 尼古拉斯·佩夫斯纳，J·M·理查兹，丹尼斯·夏普编著. 反理性主义者与理性主义者 [M]. 邓敬，王俊，杨矫等译. 北京：中国建筑工业出版社，2003。
[175] [英] 尼古拉斯·佩夫斯纳. 美术学院的历史 [M]. 陈平译. 长沙：湖南科学技术出版社，2003。
[176] [英] 尼古拉斯·佩夫斯纳. 现代建筑与设计的源泉 [M]. 殷凌云等译. 北京：生活·读书·新知三联书店，2001。
[177] [英] 尼古拉斯·佩夫斯纳. 现代设计的先驱者——从威廉·莫里斯到格罗皮乌斯 [M]. 王申祜，王晓京译. 北京：中国建筑工业出版社，2004。
[178] [美]P·L·奈尔维. 建筑的艺术与技术 [M]. 黄运升译. 北京：中国建筑工业出版社，1981。
[179] [英] 派屈克·纳特金斯. 建筑的故事 [M]. 杨惠君等译. 上海：上海科学技术出版社，2001。
[180] [美] 乔纳森·格兰锡. 20 世纪建筑 [M]. 李洁修，段成功译. 北京：中国青年出版社，2002。
[181] [法] 热尔曼·巴赞. 艺术史——史前至现代 [M]. 刘明毅译. 上海：上海人民美术出版社，1989。
[182] [美] 萨拉·柯耐尔. 西方美术风格演变史 [M]. 欧阳英，樊小明译. 杭州：中国美术学院出版社，1992。
[183] [美] 斯塔夫里阿诺斯. 全球通史：从史前史到 21 世纪 [M]. 童书慧，王昶，徐正源译. 第 7 版. 北京：北京大学出版社，2005。
[184] [美] 斯蒂芬·贝利，菲利浦·加纳. 20 世纪风格与设计 [M]. 罗筠筠译. 成都：四川人民出版社，2000。
[185] [美] 汤姆·沃尔伏. 从包豪斯到现在 [M]. 关肇邺译. 北京：清华大学出版社，1984。
[186] 唐纳德·雷诺兹, 罗斯玛丽·兰伯特, 苏珊·伍德福德. 剑桥艺术史（三）[M]. 钱乘旦，罗通秀译. 北京：中国青年出版社，1994。
[187] 特雷弗·I. 威廉斯主编. 技术史：第 VI 卷，20 世纪（约 1900 年至约 1950 年）上部 [M]. 远德玉，丁云龙等译. 上海：上海科技教育出版社，2004。
[188] [英] 特雷弗·I. 威廉斯. 科技发明史 [M]. 香港：中华书局，1990。
[189] [英] 温迪·贝克特嬷嬷. 温迪嬷嬷讲述绘画的故事 [M]. 李尧译. 北京: 生活·读书·新知三联书店，1999。
[190] [瑞士]W. 博奥席耶，O. 斯通诺霍. 勒·柯布西耶全集（第 1 卷·1910—1929 年）[M].

牛燕芳，程超译 . 北京：中国建筑工业出版社，2005。

[191] [德] 沃尔特 · 格罗皮乌斯 . 新建筑与包豪斯 [M]. 张似赞译 . 北京: 中国建筑工业出版社，1978。

[192] [美] 悉尼 · 利布兰克 . 20 世纪美国建筑 [M]. 许为础、章恒珍译 . 合肥：安徽科学技术出版社，1997。

[193] 修 · 昂纳，约翰 · 弗莱明 . 范迪安主编 . 世界艺术史 [M]. 海口：南方出版社，2002。

[194] [法] 雅克 · 德比奇，让 · 弗朗索瓦 · 法弗尔，特里奇 · 格鲁纳瓦尔德等 . 20 世纪风格与设计 [M]. 徐庆平译 . 海口：海南出版社，2000。

[195] [荷] 亚历山大 · 佐尼斯. 勒 · 柯布西耶: 机器与隐喻的诗学 [M]. 金秋野, 王又佳译 . 北京: 中国建筑工业出版社，2004。

[196] 伊安 · 杰夫里 . 摄影简史 [M]. 晓征，莜果译 . 北京：生活 · 读书 · 新知三联书店，2002。

[197] [法] 伊夫 · 伊戈 . 埃菲尔传 [M]. 钱继大译 . 上海：上海译文出版社，1979。

[198] 约迪克 . 近代建筑史 [M]. 孙全文译 . 台北：台隆书店，1974。

[199] [美] 约翰 · 拉塞尔 . 现代艺术的意义 [M]. 常宁生等译 . 北京：中国人民大学出版社，2003。

[200] [英] 詹姆斯 · 霍尔 . 西方艺术事典 [M]. 迟轲译 . 南京：江苏教育出版社，2005。

[201] [苏]M · Я · 金兹堡 . 风格与时代 [M]. 陈志华译 . 西安：陕西师范大学出版社，2004。

[202] 陈志华 . 外国建筑史（19 世纪末以前）[M]. 第 3 版 . 北京：中国建筑工业出版社，2004。

[203] 刘先觉编著 . 密斯 · 凡 · 德 · 罗 [M]. 北京：中国建筑工业出版社，1992。

[204] 罗小未 . 现代建筑奠基人 [M]. 北京：中国建筑工业出版社，1991。

[205] 罗小未主编 . 外国近现代建筑史 [M]. 第 2 版 . 北京：中国建筑工业出版社，2004。

[206] 施植明 . 科比意——20 世纪的建筑传奇人物柯布 [M]. 台北：木马文化事业，2002。

[207] 童寯 . 近百年西方建筑史 [M]. 南京：南京工学院出版社，1986。

[208] 童寯 . 苏联建筑——兼述东欧现代建筑 [M]. 北京：中国建筑工业出版社，1982。

[209] 童寯 . 新建筑与流派 [M]. 北京：中国建筑工业出版社，1980。

[210] 万书元 . 当代西方建筑美学 [M]. 南京：东南大学出版社，2001。

[211] 王受之 . 世界现代建筑史 [M]. 北京：中国建筑工业出版社，1999。

[212] 吴焕加 . 20 世纪西方建筑史 [M]. 郑州：河南科学技术出版社，1998。

[213] 吴焕加 . 论现代西方建筑 [M]. 北京：中国建筑工业出版社，1997。

[214] 项秉仁 . 赖特 [M]. 北京：中国建筑工业出版社，1992。

[215] 中国大百科全书编辑委员会、中国大百科全书出版社编辑部编 . 中国大百科全书（建筑、园林、城市规划卷）[M]. 北京：中国大百科全书出版社，1988。

[216] 中国大百科全书出版社《简明不列颠百科全书》编辑部译编 . 简明不列颠百科全书 [M]. 北京：中国大百科全书出版社，1986。

后 记

本书在作者博士学位论文的基础上改写而成，虽然有较多的增删修改，但是基本框架和研究思路并没有改变。现代主义建筑的起源是一个复杂的过程，许多问题的根源可以追溯到更早的年代，但是建筑思想和风格的主要转变都发生在19世纪末20世纪初，这一时期是现代主义建筑的准备时期和过渡时期，是从传统建筑向现代主义建筑过渡的重要发展阶段，现代主义建筑的若干基本特征都在起源期形成。这一时期产生了多种不同倾向的建筑思想、风格和流派，反映了先驱者艰辛的探索历程，这些先驱者经过多年研究和实践后终于找到了现代建筑发展的正确方向。在毕业后几年的研究和教学过程中，作者深刻地体验到，现代主义建筑的起源虽然是学术界研究成果较多的课题，但是随着时代发展与学术观念更新，许多问题仍然需要从新的视角开展多层次的研究工作。在外国建筑史的教学过程中，面对诸多纷繁复杂的史料，如果只按编年顺序讲述，学生很难清晰明确地理解和认识这一段历史。本书从现代主义建筑产生的背景、现代技术的冲击和影响、功能主义建筑的产生、建筑时空观念的转变，以及现代主义建筑美学观念的形成等方面分析现代主义建筑的起源，论述现代主义建筑起源时期的建筑特征和思想内涵，从建筑理论层面剖析现代主义建筑的价值，对当代建筑理论研究和建筑发展具备借鉴价值。

回顾多年来的研究历程，首先要感谢的是我的导师刘先觉教授，在博士学位论文的写作过程中，刘老师一直以深厚的学术造诣指导课题研究和论文写作，使作者得以顺利完成博士学业；刘老师广博的学识素养、严谨的治学态度、忘我的工作热情和敬业精神时刻影响着我，使我受益终身。在博士学位论文写作及本书的增删修改过程中，还得到诸多师长和同学的指教和帮助，每次浏览当年的论文，仍能回忆起昔日的一幕幕情景。

感谢周琦教授、万书元教授、葛明副教授在论文写作之初就开始给予的帮助和指导。

感谢我的同学们对我的帮助和鼓励，与他们的友谊是我一生的财富。

杨晓龙

2011年8月18日